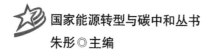

国家能源转型与碳中和丛书

朱彤◎主编

# 转型中的电力系统

## 本体论与认识论

THE POWER SYSTEM IN TRANSFORMATION AND
THAT WILL CHANGE CHINA:
ONTOLOGY AND EPISTEMOLOGY

U0226340

张树伟◎著

经济管理出版社
ECONOMY & MANAGEMENT PUBLISHING HOUSE

图书在版编目（CIP）数据

转型中的电力系统：本体论与认识论/朱彤主编；张树伟著 . —北京：经济管理出版社，2024.3

ISBN 978-7-5096-9656-9

Ⅰ.①转…　Ⅱ.①朱…　②张…　Ⅲ.①电力系统规划—研究—中国　Ⅳ.①TM715

中国国家版本馆 CIP 数据核字（2024）第 064585 号

责任编辑：丁慧敏
责任印制：许　艳
责任校对：王淑卿

出版发行：经济管理出版社
　　　　　（北京市海淀区北蜂窝 8 号中雅大厦 A 座 11 层　100038）
网　　　址：www. E-mp. com. cn
电　　　话：（010）51915602
印　　　刷：唐山昊达印刷有限公司
经　　　销：新华书店
开　　　本：720mm×1000mm/16
印　　　张：20
字　　　数：370 千字
版　　　次：2024 年 7 月第 1 版　　2024 年 7 月第 1 次印刷
书　　　号：ISBN 978-7-5096-9656-9
定　　　价：98.00 元

· 版权所有　翻印必究 ·

凡购本社图书，如有印装错误，由本社发行部负责调换。

联系地址：北京市海淀区北蜂窝 8 号中雅大厦 11 层
电话：（010）68022974　　邮编：100038

# 丛书总序

## 将"系统思维"和"效率原则"贯穿能源转型始终

- - - - - - - - - - - - - - - - - - - - - - - - - - - - - - - - - - - - - - - - - - - - -

2020年9月22日,国家主席习近平在第七十五届联合国大会一般性辩论上郑重宣布:中国"二氧化碳排放力争于2030年前达到峰值,努力争取2060年前实现碳中和"(以下简称"双碳")。这不仅充分体现了我国在气候变化这一全球危机问题上的责任与担当,也标志着我国能源转型进入一个全新阶段。

在"双碳"政策推动下,我国能源转型与减碳进程进一步提速。比如,2021~2023年,我国风能发电和太阳能光伏发电装机总和从6.34亿千瓦增加到10.5亿千瓦,两年增长65%;[①]新能源汽车销售量从352.1万辆快速增加到949.5万辆,两年增长1.7倍;新型储能累计装机规模从400万千瓦猛增到3139万千瓦,两年增长6.8倍。截至2023年底,我国可再生能源(含水电和生物质)发电总装机达15.16亿千瓦,占全国发电总装机的51.9%;可再生能源发电量达到2.07万亿千瓦时,约占发电量的31.3%。[②] 此外,我国电力部门碳减排也取得了明显成效。2022年,全国单位发电量二氧化碳排放约541克/千瓦时,比2005年降低了36.9%。[③]

然而,我们在为上述成绩而欣慰的同时,不应忽视我国能源转型实践中逐渐显现的一些问题。这里仅举三例:

一是可再生能源规模快速增长面临的网络瓶颈制约日益凸显。比如,2021年为加快屋顶分布式光伏发展而实施的"整县推进"政策对推动分布式光伏发

---

① 这意味着我国2030年前风能发电和太阳能发电装机规模达到12亿千瓦的规划目标将提前实现。

② 以上数据均来自国家能源局公开发布的数据。

③ 中国电力企业联合会:《中国电力行业年度发展报告2023》。

展效果明显,① 但该政策实施不到两年,全国很多地方就因电网冗余消耗殆尽而对分布式光伏并网亮起红灯。

二是一些应对"风光电"波动性和间歇性的政策措施面临"必要性"与"经济性"的两难困境。比如,2021 年 7 月国家发展改革委和国家能源局发布的"鼓励"集中式风力发电和光伏发电站配建储能的政策,② 在实践中演变为二十多个省份先后实施"强制配储"政策。各地"强制配储"政策一方面推动了我国新型储能短期出现爆发式增长,另一方面给配储的新能源发电企业带来了沉重的成本负担,且至今缺乏完善的储能成本补偿机制。不仅如此,在这些企业"两小时"配储成本还难以消化和承受时,一些地方在"风光电"规模快速增长的压力下,强制配储的要求开始从"两小时"扩大到"三小时",甚至"四小时"。在这种情况下,配储成本不单单是"完善配储成本补偿机制"就能解决的了,可能需要先对这些成本的"合理性"进行评估。

三是高比例波动性可再生能源电力系统的高"系统成本"问题。随着电力系统中风光电占比的增加,未来电力系统需要的"系统灵活性"规模可能数倍于目前的电力系统,从而导致"系统成本"大幅上升。OECD 和国际核能协会(NEA)2019 年发布的一份研究报告指出:当波动性可再生能源在电力系统渗透率为 10% 时,其所研究的案例系统成本为 7 美元/MWh;③ 当渗透率提高到 30% 时,系统成本相当于 10% 时的 2.5 倍;当渗透率达到 50% 时,系统成本相当于 10% 渗透率的 4.3 倍。④ 当然,由于不同电力系统的"灵活性"差异较大,波动性可再生能源相同渗透率下的电力系统成本也不相同,甚至差异很大。现有电力系统的技术灵活性和机制灵活性越强,现有机制对大量分布式、小规模灵活性资源的利用能力越强,利用效率越高,波动性可再生能源规模扩张导致的系统成本上升幅度越小。但无论如何,系统成本大幅上升趋势是能源转型不能回避的问题。我们需要认真思考:是否有减少系统成本持续增加的替代方案,以减少我国能源转型的代价。

---

① 2022 年全国新增分布式光伏发电并网装机容量 51.11GW,占当年光伏发电并网装机容量的 58.4%,与 2020 年新增分布式光伏占比相比增加了 35 个百分点(国家能源局:《2022 年光伏发电建设运行情况》)。

② 国家发展改革委、能源局于 2021 年 7 月 29 日发布的《关于鼓励可再生能源发电企业自建或购买调峰能力增加并网规模的通知》(发改运行〔2021〕1138 号)。

③ 相当于人民币每 4.76 分/kWh。

④ OECD and NEA. The Costs of Decarbonisation: System Costs with High Shares of Nuclear and Renewables. 2019. http://www.oecd.org/publishing/corrigenda.

　　上述问题的前两个问题是能源转型实践中产生的问题，而第三个问题则是根据能源转型逻辑"发现"、并且在不远的将来大概率会发生。笔者认为，这从本质上反映了能源转型与碳中和进程中"效果"与"效率"实际和可能的冲突。

　　能源转型与脱碳政策"效果"是指能源转型和脱碳政策目标实现的"程度"和"速度"。比如，2023年底我国风力发电和光伏发电合计装机容量已接近11亿千瓦，距离2030年完成12亿千瓦装机的发展目标仅一步之遥。这表明我国推动风力发电和光伏发电的相关政策无论是实现的程度还是速度，"效果"都很好。然而，政策"效果"好，并不意味着政策"效率"高，即实现具体能源转型和脱碳目标所支付的"经济成本"低。从实践来看，由于种种原因，能源转型与脱碳政策"效果"与"效率"对立的案例并不鲜见。笔者认为，其关键原因有两点：

　　第一，气候变化倒逼的能源转型决定了"效果"的地位重于"效率"。历史上发生的能源转型，比如，煤炭替代植物薪柴、石油替代煤炭等，都是由效率更高的技术创新驱动的。"每当效率更高的新"能量原动机"出现取代旧的原动机，显著提高了人类所能利用的能源的量级，能源转型就会发生。"[1] 然而，当前正在进行的能源转型则是气候变化倒逼的。这从两个方面导致能源转型实践中"效果"优先的局面：一方面，应对气候变化，缓解全球变暖的紧迫性所形成的舆论氛围和心理压力导致加快能源转型和脱碳进程的更重视"效果"的思维惯性，实践中也倾向于采用能短期迅速看见"效果"的措施（即短平快的政策工具）；另一方面，气候变化问题的"全球外部性"导致应对气候变化的国际博弈中表现出"鞭打快牛"的特征，试图让积极落实承诺的国家加快转型，提前实现碳中和，而对由此发生的成本不置一词。[2]

　　第二，当前能源转型不仅是不同能源品种替代，更是能源系统的转型。化石

---

[1]　Vaclav Smil. Energy Transitions. http：//www. vaclavsmil. com/wp－content/uploads/WEF＿EN＿IndustryVision-12. pdf.

[2]　气候变化问题的"全球外部性"特征，决定了各国碳中和进程必然面临两个难题：减碳成本分摊和碳泄漏。前者是指减碳国家付出"真金白银"减少碳排放量使全球受益，理论上受益国家应该分摊减碳成本（如何结合排放"共同但有区别的责任"原则，至少历史排放主要责任方的发达国家应该分摊相应减碳成本。）；后者是指积极减碳的国家的碳减排量被不承诺减排国家，或者承诺减排但没真正落实减排的国家增加的减排量抵消，甚至反超。导致积极减排国家的减排效果受到严重削弱甚至无效，而实际碳减排国家的成本却真实发生了。国际治理机制内在缺陷决定了这两个问题成为无解难题，使国际社会在应对气候变化的舆论和行动上表现出极大反差（语言的巨人和行动的侏儒）。这种反差进一步强化下一年能源转型和脱碳行动的紧迫性和强调政策"效果"而非"效率"的循环。

能源时代的两次能源转型如石油替代煤炭、天然气替代石油和煤炭，都属于同一能源系统中不同能源品种的替代。这两次转型同属于化石能源系统内部的转型，其能源系统技术经济特征相同：都是大规模、集中式能源生产、运输和使用系统。当前的能源转型除了有不同能源品种的替代外，更是不同能源系统之间的转型，即以可再生能源为主导的零碳能源系统替代以化石能源为主导的高碳能源系统。由于可再生能源的能量密度低、分布相对均衡，其能源系统的基本技术经济特征必然是适度规模和本地化（分布式）系统。目前的化石能源系统和未来的零碳能源系统技术特征、网络架构和用能的商业模式差异很大。这大大提高了能源转型与脱碳政策实施中"效果"与"效率"兼顾的难度。因此，如果仅仅从"能源结构变化"层面来理解当前能源转型，对现有能源系统及其背后的能源体制机制不做根本性变革条件下推动能源转型，很容易导致"低效率"能源转型与脱碳"效果"，并且这些"效果"从中长期来看又难以持续。

因此，将"系统思维"与"效率原则"贯穿能源转型实践，对于缓解和避免能源转型与碳中和进程中的"效果"与"效率"对立问题是非常必要的。而且，我们用"系统思维"和"效率原则"去分析前面提到的三个"问题"，可以极大地拓展政策制定和实施的认识视角。

第一个问题实际上反映了我国"能源系统转型滞后于可再生能源规模扩张"的现实，以及调整我国能源转型政策重心的必要性：应该把加快系统转型置于我国能源转型政策的优先地位上。过去，我国能源转型政策一直以扩大可再生能源规模为直接政策目标。这一政策一直行之有效的前提是现有的能源（电力）系统存在一定的冗余，有足够的灵活性应对波动性风光电发电量增加。然而，随着我国风光电发电量占比从 2020 年的 10%快速增加到 2023 年的 15%，电力系统的冗余已达到极限。① 这意味着我国能源转型已经进入一个"新"阶段：需要通过加快能源系统根本变革，大幅提高系统灵活性来为可再生能源发展提供更大空间。而且，随着光伏发电和风力发电技术进步带来发电成本大幅下降与竞争力提升，可再生能源发电规模扩张应该主要交给市场，政策重点应该转向难度更大、可再生能源发电企业自身难以解决的系统转型方面来。

---

① 根据欧洲能源转型的经验，当波动性风光电占发电量比重在 15%以下时，现有的电力系统可以不做根本性改变条件下能够应对这些波动性，实现系统平衡。不过，15%只是基于欧洲电网架构和电力体制机制下的灵活性情况得到的一个数值。不同国家现有电力系统灵活性情况不同，这一数值也不相同。实际上，当我国发电量中波动性风光电占比在 10%左右时，一些地方已经显示出电力系统灵活性短缺的情形。

第二个问题强配储能政策实际上已经涉及了"系统"问题，其基本逻辑是：电网难以承受风光电大幅增加带来的波动性，因而需要由风光电发电企业配置储能设施来解决。然而，无论从"效率原则"还是从"系统思维"角度，"强制"风电和光伏发电企业配置储能设施的做法都存在诸多值得商榷之处。

首先，从"效率原则"来看，电化学储能目前成本过高，提高电力系统灵活性还有更经济的手段。比如，改变抑制系统灵活性的网络运行规则，在部分负荷增加电转热设备，加快提升负荷灵活性的技术改造和机制构建，增加区域电网联络线，都是提高系统灵活性更有效率的措施。当然，尽快完善电力现货市场与辅助服务市场，提高机制灵活性是当务之急。

其次，从"系统思维"角度来看，用强制风光发电企业配储的方式来解决波动性风光电增加导致的系统平衡问题，实际上是假定现有电力系统是最优的，已经没有提升灵活性的空间和潜力。如前面所分析的，这显然不是事实。波动性风光电规模扩大的应对思路是大幅提高电力系统灵活性，灵活性可以来自电源侧、电网侧，也可以来自负荷侧。决定灵活性资源的提供方来自哪个环节取决于现阶段哪一种灵活性资源更有经济性？

最后，要求达到一定规模的风力发电和光伏发电企业承担的系统平衡责任是合理的，但以强制配储的方式要求风力发电和光伏发电企业承担平衡责任显然是低效率的。风力发电和光伏发电企业是以自建储能设施的方式还是以购买灵活性资源的方式承担平衡责任，应该是企业自主的理性选择。由于目前并不存在企业能够做出这些理性决策的体制机制环境，因而构建有利于发现灵活性资源（包括大规模灵活性资源和本地分散的灵活性资源）及其价值实现的机制才是有效率的系统灵活性提升之道。

第三个问题更值得深思。它意味着即使我们基于能源转型的逻辑优化了政策，也不得不承受能源转型必要的高系统成本。因为高比例波动性可再生能源电力需要比现有电力系统更多的"备用"和其他灵活性资源来平衡系统，导致系统成本大幅度上升。这一结论不存在逻辑问题。有趣的是，德国学者 Lion Hirth 等通过长期跟踪"德国平衡悖论"现象再次让我们开了脑洞：[①] 2008～2023 年德国的风能+太阳能装机容量增加了 5 倍，平衡备用容量反而减少了 50%，2008～

① Lion Hirth, Ingmar Schlecht, Jonathan Mühlenpfordt, Anselm Eicke. Systemstützende Bilanzkreis Bewirtschaftung: Mitregeln von Marktakteuren zur Stabilisierung des Stromsystems. Finale Version vom 12. November 2023. 下载地址：neon. energy/systemstützende-bilanzkreisbewirtschaftung.

2020 年平衡备用（aFFR 和 FCR）价格也下降了 80% 左右。① 这至少表明，波动性可再生能源发电量的增加与备用容量增加不是简单线性关系，而是存在着制系统成本增速的可能性。

如果我们再进一步拓展思路：随着零碳能源（包括节能）技术成本大幅下降，构建（一个或多个）以终端用户为主的分布式零碳能源（电、冷、热和作为储能介质的产品）系统，而不仅仅是分布式电力系统，同样可以起到降低其系统成本的作用。

总而言之，笔者想强调的是，以化石能源为主的能源系统向以可再生能源为主的零碳能源系统转型，是"百年未有之变局"。其转型的困难和阻碍不只来自实实在在的"利益冲突"，更来自在应对能源转型问题时难以跳出的两百多年来化石能源系统及其体制机制所形成的"惯性思维"，以及由气候变化倒逼的能源转型所伴随的特殊问题和风险。

正如习总书记所说的，我们承诺的"双碳"目标是确定不移的，但达到这一目标的路径和方式、节奏和力度则应该而且必须由我们自己作主，决不受他人左右。笔者认为，要将习总书记这一要求落到实处，针对实践中的问题进一步深化当前能源转型的微观机制研究，理解"系统思维"和能源转型逻辑对提升能源转型与脱碳"效率"是非常必要的。

本套"国家能源转型与碳中和丛书"就是上述思考的产物。丛书围绕当前我国能源转型与碳达峰碳中和实践中的前沿问题，力图通过系统、深入的理论研究，探寻实践问题背后的理论本质，并通过不同风格的专著传播有关能源转型与碳中和的客观、理性观点。

此外，笔者的研究团队还将与丛书出版机构经济管理出版社密切合作，围绕丛书的写作、出版和推广，通过举办系列论坛、发布会、研讨会、委托研究等方式"聚合"各界志同道合者跨界交流与合作，共同为推动我国走"可持续"的能源转型与碳中和之路尽绵薄之力。

2024 年 6 月 10 日

---

# 目　录

# 第二篇  我国转型中的电力系统

# 第三篇　路径专题

# 图目录

# 表目录

开篇导言

# 新型电力系统认识论与本体论

----------

"拉闸限电"的症结在体制机制，而不是技术。

——杜祥琬院士，2021 年 11 月

得克萨斯州人将停电三天以上以防止联邦政府插手他们的事情。

Texans would be without electricity for longer than three days to keep the federal government out of their business.

——前得克萨斯州州长 Rick Perry，2021 年初得克萨斯州停电危机时发言

只要知道了 3、6 和 9 的伟大，那么你就拥有了一把通往宇宙的钥匙。

If you only knew the magnificence of the 3，6，and 9，then you would have a key to the universe.

——Nikola Tesla（1856-1943），三相交流电机发明者

2021 年初，我国中央政府提出建设"**新型电力系统**"的主张，揭示了旧有系统的不可持续。2023 年 7 月，最高决策层再次推动深化电力体制改革，加快构建新型电力系统，显示出了改革改变的迫切性。这三年来，从政策宣示到现实发展演进，曲折而反复，但是无疑，"新型电力系统"已经成为流行语（buzzword）。尽管缺乏集体共识层面的界定，如它包括什么、它有什么功能，电力部门的转型朝向更低碳、更灵活、更智能的方向却愈加清晰。

同样在 2021 年初，教科书般的竞争性电力市场——美国得克萨斯州（Texas）市场发生了持续 5 天以上的限电切负荷事故，事故原因在当年 11 月最终事故调查报告①披露之后已基本清晰。主因是燃料短缺，供给不畅；进一步的原因

----------

① https：//www.ferc.gov/media/february-2021-cold-weather-outages-texas-and-south-central-united-states-ferc-nerc-and.

则是天气寒冷造成需求暴涨，以及主要能源基础设施（特别是天然气）抗低温能力不足。关于电力系统如何抵抗越来越多的极端天气（weatherisation）成为风险（risk）与弹性（resilience）视角的重要话题。

进入 2021 年下半年，世界能源价格，特别是天然气暴涨。欧洲批发电力市场中，天然气机组代替煤炭，重新成为决定市场价格的边际机组（marginal units），电价随之出现了 5~10 倍的涨幅。2022 年 2 月底，俄罗斯与乌克兰的战争爆发，欧盟对俄罗斯能源的过度依赖影响其地缘政治决策的独立性问题快速暴露，天然气与电力价格一度上涨超过 10 倍。作为连锁反应以及互相影响的其他系统，比如碳排放市场（ETS）、煤炭市场、电力零售市场都陆续涨价，成为宏观经济通货膨胀、社会不满情绪增加的重要推手。尽管 2023 年之后，价格迅速地下跌至恢复常态，但是无疑，市场价格过山车般的变化彻底刷新了人们对各种市场价格及其机制的认知。未来如何"一揽子"地推进能源安全、气候安全以及经济持续发展，成为一个超越"边际上改变"（marginal change）的显性问题。

目前，电力部门发展与转型受到社会的广泛关注，图 0.1、图 0.2、图 0.3 给出了电力系统在维基 Wiki 百科、百度词频以及学术数据库中的关键词联系。其程度可以说比肩电能刚刚被应用到照明系统（电等于电灯（lights））的 19 世纪末，超过 2009 年时任美国总统奥巴马提出的投资智能电网（smart grid）。并

**图 0.1　Wiki 世界中的电力工业网络联系图**

资料来源：基于维基 Wikipedia 数据库，采用 Gephi（https：//gephi.org/）绘制。

且，这一次，电力部门转型并不局限于这个部门本身，直接涉及整个能源体系的重构以及基本形态的改变，如零碳电力系统、综合能源系统、"互联网+能源"、能源路由器、能源信息学、智慧能源、能源系统数字化等，又如"**能源互联网**"①，它们都与电力系统的一个或者多个维度有关。2022 年之后，由于欧洲天然气危机的发生及其传导影响，保证能源供应安全也成为一个公共话题，甚至"上了餐桌"，与养生健康、房产经济、明星八卦并列为热门话题。

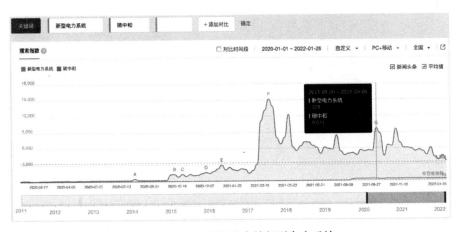

**图 0.2 百度词频关注中的新型电力系统**

注：字段词频采集时间为 2022 年初。

我们（*我们是谁？本书最后章节有界定*）要理解一个概念，通常有**认识论**（Epistemology）与**本体论**（Ontology）两个视角。前者是关于知识的理论，比如知识的方法、有效性与范围，通常的话题包括：这个东西的功能是什么？"知道"的确切含义是什么？"意思"的确切含义是什么？后者是关于事物本源的，是形而上的（metaphysics），关于存在的性质，通常的话题包括：这是什么？事物（thing）如何保持，如何变化？你是谁？

那么，关于"**新型电力系统**"，这是个什么概念，如何跟其他事物区分开来？新型电力系统无疑属于一种社会构建（**social construction**），而不是客观存在。最初，政府决策者也并未具体明确界定这一提法。这一行为从之后的快速

---

① 能源系统的基本问题是转化（conversion）与整合（integration），并不存在"互联"（interconnections）一说。"互联"通常仅指网络基础设施部分，如油气管网、电网、信息互联网等。

**图 0.3　Scopus 文献数据库中能源与数字化的关键词联系**

资料来源：转引自 Fraunhofer CINES（2022）. Digitalisierung？ Haben wir jetzt nicht ganz andere Probleme？ https：//www. cines. fraunhofer. de/。内容为 Scopus 文献数据库统计，基于 https：//www. wortwolken. com/ 绘制。

复杂变化超过所有人预期来看，无疑是睿智与深思熟虑的。现实的快速变化，已经使得在一定时期保持稳定的"界定"成为一个高风险乃至不可能完成的任务。它本身的内涵都在变化，而我们唯一能够把握它的方式，是对它的外延表现进行讨论，从而形成具象理解，而不能把它当作一种既有的真实存在。

**因此，具有现实意义的问题是：它有何功能，使得我们可以充分理解与把握它？**"新型电力系统"中到底何为"新"，跟"旧"有何区别，又有何激动人心的功能以及作用？这些问题，愈加需要理论、工业与社会的深思熟虑及多个视角的结合与互相启发。

**本书的内容即是这方面的一个努力。**

本书力图从认识论的视角来讨论转型中的电力系统以及新型电力系统的构建问题，特别是电力系统"应该如何"（should），即关于系统结构变化的驱动与约束性因素，而不是预测意义上的"会如何"（will）。它分析的是长期目标的短期含义，以及短期驱动因素的长期影响。特别地，它注重政策与行动含义，也就是我们作为感性个体，如何合作（cooperation）、互相监督与平衡（check and balance），从而具有集体理性与思考能力，即怎么做才可致力于可持续性、能动性地影响这个系统的进化方向、速度以及程度。

# 电力部门既古老又年轻

电力之于经济生产与人们生活的重要性与日俱增，尽管因为用电已经几乎成为习惯与常态，人们反而熟视无睹。随手打开照明开关、在飞机与高铁上充电、维持工厂运作与安全的 24 小时电力，都已经是常态。诺贝尔奖获得者 Nordhaus 1997 年的测算显示：以相对可比价格（相比一篮子商品）计算，1800～1992 年，照明的实际成本下降了约 3400 倍（Nordhaus，1997）。发生不常见的停电事故，特别是"拉闸"黑灯情况下，人们才会在报纸的大标题或者受影响的日常生活中对这个部门产生关注，比如，2021 年初美国得克萨斯州长达 5 天的停电。电力经济学的研究表明：相比于一度电的成本（比如 3 毛一度），停电的平均损失是这一价格的 100 倍以上[1]。因此，尽管电力部门的增加值不超过整个国民经济 GDP 的 2%，但是它的基础性作用是不言而喻的。随着电力总体规模的扩张，特别是交通（电动汽车）、工业（低温加热）与建筑用能（取暖，乃至炊事）更深程度的电气化，其重要性还将上升。

从电力发明之际，人们就对它有很多浪漫的畅想或者类比。托马斯·阿尔瓦·爱迪生当年说："我们将使电力变得如此便宜，以至于只有富人才会点蜡烛。"这早已是世界大部分地方的现实。美国"80 后"诗人与青年女作家 Munia Khan 说："爱就像电一样，它有时让你一震，但你却不能没有它。"[2] 作家、节目主持人与牧师 Gregory Dickow 将人的信念（belief）比作电力，说："你看不见它，但是你能感觉到光。"[3] 我国作家池莉在小说《来来往往》中，将负面人物皮肤不佳的脸庞比喻为"电力不足的黄灯泡"。其实从技术上来讲，灯泡发黄其

---

① https：//zhangbaosen. github. io/teaching/EE553.

② https：//www. goodreads. com/quotes/7388205-love-is-like-electricity-sometimes-it-may-shock-you-anytime.

③ https：//www. inspiringquotes. us/author/4611-gregory-dickow.

实是电压相比额定值偏低的表现。

**电力部门是一个既古老又年轻的部门。** "古老"在于这个部门的主体技术与物理形态，早在100年前就大体确定了。它催化了第二次工业革命，尽管渐进性的技术进步与规模复杂度提升一直在发生。"年轻"在于它的组织形式，在20世纪90年代以前全世界大体都是一样的，即发电、输电、配电一体化部门，政府持有的国有企业（乃至能源部委构建）或者受到严格价格管制的私营部门，垂直一体化产业组织。之后，与其他自然垄断部门，比如电信、铁路一道，英美、澳大利亚、南美、欧洲大陆国家，以及包括我国在内的地区的电力放松管制与市场化改革陆续开始。竞争性电力市场以及节点电价理论等，也是在那个时候才开始正式成型（Hogan，1992；Schweppe，1988）。

1982年，南美军事大国智利，先开始电力自由化改革；20世纪90年代初，英格兰与威尔士开始建立电力库（power pool）与竞争性交易。1996年，美国联邦能源监管委员会（FERC）发布了第888号令，确定了提高电力趸售市场竞争程度的法律框架；同年，欧盟发布了96/92/EC法令，建立了欧美电力市场的基本规则。1998年，我国开始电力体制改革，直到2002年形成正式改革决议。2000年美国加利福尼亚明显的市场设计缺陷导致了电力危机，而我国2003年发生的"电荒"也宣告改革半途而废。到今天，各个地区市场化改革（或者不改革）进展不一，并呈现高度多样化的特点。

**发电部门的结构变化在过去也是缓慢的。** 从最初的煤电与具有地理条件限制的水电，到油电，以及石油危机之后发展核电与天然气发电，尽管世界各国和地区的发电结构各异，但也存在一些高度依赖某一单一电源形式的国家与地区主体（如法国核电、北欧国家水电、南美小国生物质），但是大体延续了一条从煤炭到石油，然后到核电、天然气的路径。煤炭在整个发电结构中的比重，1985年是38%，到了30年后的2015年仍然大体是这一水平（见图0.4）[①]。这个系统的路径依赖可见一斑。

**未来，电力部门的产业组织形态、参与者数量，乃至发电结构与电网的拓扑结构，受众多约束与激励因素驱动，有望在20~30年后发生巨变。** 虽然目前仍以"输电网——批发市场"+"配电网——零售市场"为基本形态，但是一些

---

① https：//ourworldindata.org/electricity-mix.

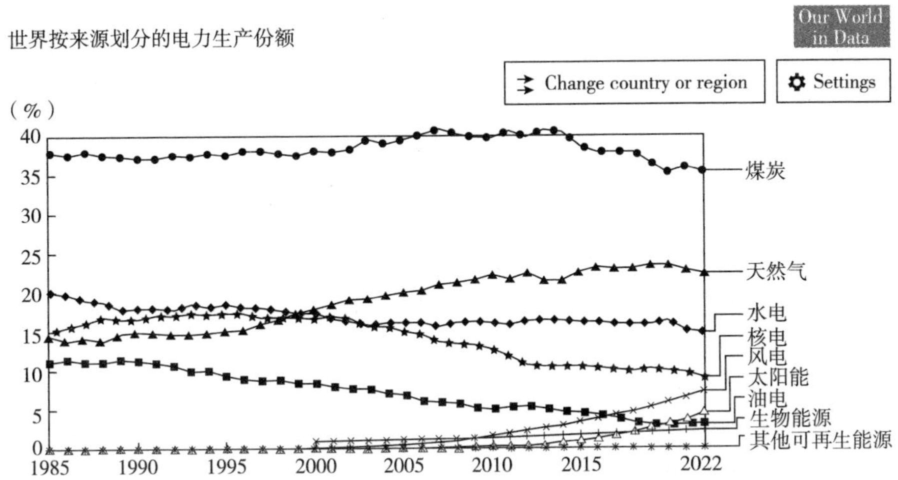

世界按来源划分的电力生产份额

**图 0.4  1985~2022 年世界电力生产结构：煤炭比重在 2015 年之前的 30 年间并无明显变化**

数据来源：Ember-年度电力数据（2023 年）；Ember-欧洲电力回顾（2022 年）；能源研究所-世界能源统计回顾（2023 年）-了解有关该数据的更多信息，查阅 OurWorldInData. org/energy｜CCBY（版权信息标识）。

数字化技术的进展有望改变整个行业的组织与协调方式：气候减排的要求使得发电结构中的化石能源必须尽快退出，传统的可控机组份额不可避免地会下降；新型的低碳零碳电源，特别是风电与光伏，既小又分散，大部分接入低压配电网，而它们的出力是由系统外的天气决定的；新型储能技术快速迭代，成本不断下降，与电网平衡范围的扩大总体上构成竞争关系。

我们现在正处于一个各种技术路线交织竞争的时代。不同"族群"的"拥趸"聚集在一些著名人物、公司以及大学研究所麾下，纷纷憧憬，要在极大程度上改造以及再造这个行业。这非常类似于 19 世纪末爱迪生刚刚发明耐用灯泡的时期，直流与交流电的争论，高压与低压的争论，电力用来干什么的争论，电动机什么样的好，等等（见专题 0.1）。

现在的争论点并不限于电力系统或者部门本身，而涉及整个能源体系的重整与再造——所谓新型能源体系。化石能源主导的能源体系必然与气候安全存在着冲突，不可持续，那么何种"脱碳化"是理想的？给定风电与光伏的零边际成本，波动性（intermittent）与不确定性（uncertainty），系统越来越多地在"富余"与"短缺"之间快速转换，这个问题如何在技术与经济层面应对？是直接的电气化（direct electrification）进一步加强，广泛地覆盖交通、工业、建筑部门；还是间接的电气化（indirect electrification），通过可再生能源电力转化为其他气态（比如氢）、液态（比如甲烷），甚至固态燃料衍生物？一个简单的答案必然是：都需要。但是这个回答没有解决特定时间、空间以及程度上的问题。不同的路线，意味着截然不同的物理基础设施及其改变，比如，全面的电气化意味着充电基础设施的大幅度增加，而油气管网将完成其历史使命退役甚至提前淘汰；间接的电气化意味着目前的管网基础设施有继续长时间存在的价值，还可能转换功能（re-purpose），运输新的低碳燃料，比如氢能。

# 电能作为商品的特殊性质

相比于人们其他的日常生活所需，电能作为一种产品或者商品是特殊的。第一个特殊，是电能以光速传播能量，电线中的存储能力是非常有限的；而其他储能方式目前仍旧较贵（尽管在快速持续下降）或者规模不大（抽水蓄能受地理条件限制很大），需要实时瞬时的平衡，以保持电力的连续供应。这意味着不同时间、地点的电力价格（价值），如果以微观经济学理论的边际成本（marginal cost）界定，会差异巨大。电力的价格，需要足够的时间分辨率。其波动程度也远远高于其他能源品种，如固态的煤炭、液态的石油以及气态的管道天然气（管道天然就是一种存储能力）。欧美的竞争性电力市场，是建立在严格的微观经济学理论上的人造市场。从这个视角来看，电力市场是最早出现的人工智能（AI）市场。这个市场的价格与购买行为更多地基于总体平衡算法决定，而不仅仅是人基于情绪、直觉的独立选择与自由意志[1]。

第二个特殊，是电力产品对用户的高度均一性（homogenous），无须区分来源与成分。一般性的商品往往具有质量区别，但是电力并不是这样的，或者说它所讲的质量是另外的含义。因此，电力往往在确定的区域保持总体平衡即可，而"特供"是无意义的。电力市场的平衡，具有物理平衡控制区（balance area）的概念[2]。在同一个控制区，特别需要（与上一个特殊性相关）但是只需要确保注

---

① 当然，消费者的选择权是存在的。这是一个"可以"（may）而不是"必须"（must）的问题。
② Cohn N. （1966）. Control of generation and power flow on interconnected power systems. Wiley.

入与引出的电力总体保持平衡即可。这完全不像其他具有质量/偏好要求的商品。比如新疆大枣，你买了就必须给你寄新疆的大枣，不能拿其他地方的小枣给你对付，否则就是以次充好。这是常识，产品品质是很不一样的。但是电力的平衡与交付，完全不需要这样。它只需要保证在一个明确边界的地理范围内在任何时刻保持**总需求等于总供给**。本书中，我们会反复用"*游泳池*"的类比来理解电力系统的物理平衡与市场交易安排。

美国麻省理工学院教授 Paul Joskow 对此有过一段非常清晰的阐述（Paul L. Joskow，2000）。他说：

- *电力网络不像铁路或电话网络那样的交换式网络，供应者在 A 点实际交付产品，然后实际运输到 B 点给给特定的用户。*
- *所有发电机生产的电力都进入一个共同的"池子"，消费者的需求从这个共同的池中提取。*
- *电网运营商必须确保该池子"水位"保持恒定水平，平衡流入和流出。*
- *物理上，某一发电机所生产的电能不可能与某一消费者所消费的电能相对应。*

**第三个特殊，跟前两个有关，系统（仍）需要一个集中控制机构来负责系统的安全稳定与电能质量要求。**系统参与者的发电与用电行为，必然存在各种误差与不确定性，如系统的无预兆宕机、工业部门消费的无法 100%预测准确、小用户用电的随机性等。由于存储有限与实时平衡要求，完全的分散式交易无法保证整个物理系统的平衡，需要引入一个中央控制者来弥补并处理这种偏差。这是人们通常认识中的调度中心（dispatch center）、系统运营商（system operator）的角色。它们负责监测确定控制区内的电力系统运行，各种指标与电能质量情况，通过购买备用就绪、在实时调用，保持系统的有功、无功、功角平衡，确保频率、电压等基本电能指标的稳定，处理可能存在的网络阻塞与过载问题。目前人们开始畅想很多新的灵活用电方式，比如点对点交易（P2P），但是系统仍需要一个集中式机构来处理偏差。这意味着备用需求。

**第四个特殊，与电力对国民经济生产与人们生活的重要性相关。**一方面，电力必须保证需求与供给的实时平衡，任何偏离这一平衡的事件或者事故都会引发电能质量的下降，超过一定限度，有些网络的发电机/设备/线路就会因为自我保护而"脱网"，从而不平衡风险存在"自我扩大"的可能，成为级联风险（cascade risks）；另一方面，人们对电力的依赖程度如此之深，使得任何的电力供应中断的可靠性（reliability）问题，都类似新冠疫情期间缺乏口罩、冬天缺乏足够采暖的燃料一样具有很大的负面影响，是需要竭力避免的情况。电力系统必须是个具有高度可靠性的系统。

关于有功平衡（对应于交流系统的频率稳定，通常是50Hz或者60Hz——*感谢特斯拉！*）之外的讨论，大部分情况下超过了本书的关注范围。感兴趣的读者可以参见电力系统工程学、系统调度控制等书籍与教材。

---

### 专题0.1　互联电力系统扩张的路径依赖

19世纪末，正是电力从科学研究、实验室的物理现象快速走向实际工业应用时期。19世纪70年代，爱迪生（Edison）开发了世界上第一个实用竹丝灯泡，明显优于之前的煤气灯以及电弧灯。他开始建立一个生产和配送电力的系统，以便企业和家庭能够使用他的新发明。1882年，爱迪生在纽约建设了他的第一家大型发电厂，其采用低压直流电给小范围的用户供电照明。由于电线（当时是铜线）价格昂贵，而直流电也不方便升压传输以降低巨大的线损，因此这种应用只能是小空间范围的，类似目前的微网与分布式综合能源系统。但是这恰恰是爱迪生及其"拥趸"的卖点。因为，高压电超过某个阈值（比如50V），人或者动物触电就有危险，而低压直流没有这个问题。很多高压电电死动物的"表演"当时在各地上演，证明了高电压有多可怕。

争论的另一方是一个克罗地亚新移民，尼古拉斯·特斯拉（Nikola Telsa）。他于1884年登陆北美，先是受爱迪生雇用，从事安装实验设备、修理发电机、设计新装置等工作。不到两年，特斯拉辞职，自己研究开发了多项交流电专利。他更加钟情交流电，因为交流电可以方便地通过变压器实现升压，可以传输到很远的地方，并且通过"三相电机"（可以形成一个恒定的旋转磁场）便捷地实现电力在照明之外更大范围的动力应用。1888年，他把专利卖给了企业家威斯汀豪斯，后者就是今天的西屋公司（Westinghouse Electric Company）的前身，其迅速成为爱迪生的竞争对手。

后来无疑交流电路线占据了上风，迅速成为主流，并应用于当时最大的水电站的电力长距离送出，电压等级30kV。随着用电范围与规模的不断扩大，互联电网的电压等级、装机容量、网络复杂程度不断上升，直到形成今天的从发电（根据容量不同，接入不同电压等级）、输电（400/500/750kV 乃至更高）、配电（220/33 以及进一步降压）到用电（居民 220V/工业各异）的基本形态。这无疑也与技术动力学上讲的"路径依赖"与"报酬递增"有关。

目前，似乎电力系统又到了一个新的十字路口，人们开始越来越多地谈论直流输电以及柔性直流电网的各种优点。比如损耗低、同样功率节省线路更加简单、各连接区域彼此独立性强等。特别地，已经实现成本大幅下降的光伏发出的电都是直流，在目前的系统中，它们需要额外结合逆变器以实现上网。如果光伏占据电源主体地位，这意味着不可忽略的成本。

此外，关于电力系统的基本形态，到底是"小而美"更高效可控，还是越大越能够取得规模经济（scale economy）与范围优势（scale strength），也是隔段时间就引发新一轮争论热潮的话题，甚至成为意识形态。

资料来源：https：//www. history. com/news/what‒was‒the‒war‒of‒the‒currents；https：//www. vox. com/2015/7/21/8951761/tesla‒edison.

（Jonnes，2004）

# 本书讨论的核心内容

最近 15 年，风电以及后来居上的光伏开始快速进入电力系统，特别是 2010 年以后。风能的应用，可以追溯到远古时期，埃及的帆船、中国的风力取水、波斯的磨面，乃至接近现代的风机，如 19 世纪末苏格兰的第一个风力发电机组[①]。1839 年，法国物理学家埃德蒙‒贝克勒尔通过将放置在酸性溶液中的氯化银与铂金电极相连，创造了第一个光伏电池，而硅电池板直到 20 世纪初才出现[②]。技术的出现是很久以前的事情，但是足够的技术进步与成本下降，却仅仅是过去的20 年，特别是 2010 年之后的事情。到 2022 年，风光合计首次占据了超过 10% 的发电份额。

---

① https：//www. altenergymag. com/article/2015/04/wind‒energy‒timeline‒%E2%80%93‒from‒persian‒windmills‒crushing‒grains‒to‒vesta%E2%80%99s‒wind‒turbines‒churning‒out‒8‒mw‒of‒output/19496.

② Jim Downey and Tom Connor （2021）. Brainstorms and Mindfarts：The Best and Brightest. Dumbest and Dimmest Inventions in American History.

  这方面无疑有更大的环境能源与经济背景，那就是解决气候变化问题所衍生的能源转型需求以及政策激励的巨大作用。如果碳回收存储（CCS）的应用无法实现大规模应用预期的话，人们目前耳熟能详的"碳中和"，约等于能源部门深度减排，约等于煤炭、石油、天然气的尽快零排放，约等于100%的非化石能源（可再生、核能及其他）满足全部能源需求。众多能源与气候情景的研究表明：电力部门是减排技术选择最多且减排成本已经实现有效降低的部门，应首先实现深度脱碳直至（近）零排放。过去20年，世界各国和地区普遍出台了可再生能源配额制（RPS）、保证上网优惠电价（feed-in tariff）、投资补贴与税收优惠等政策，促进了风光成本大幅度下降，使得风光成为一个新兴的、创造新型就业与产值不断扩大的绿色产业。

  **（近）零碳电力系统，必须在未来的20~40年实现，这是已经提出碳中和目标国家的普遍需求。**电力系统的转型如果是"术"，是工具（means），那么它的"道"，也就是目标（target）无疑是一个更具有效率从而更有可能实现的快速与深度能源转型。而后者是气候政策与气候安全所需要的。这是一个基本的逻辑，也是本书各个视角探讨的基本约束。（近）零碳电力系统，需要构成这个系统的化石能源发电或者通过碳回收（CCS），或者通过燃料转化的方式被替代掉。在CCS仍然没有大规模商业检验的前提下，人们目前的基本共识是：系统必须是一个高比例可再生能源的系统。

  **这一结构性的变化，不仅仅是个单纯的电源替代过程。**目前视野中有足够希望的风电/光伏与传统的可控电源存在多个维度的不同，需要系统在物理运行、平衡机制、主体互动关系、新增理性投资等方面的改变。而这种改变，与系统的组织管理范式、政策机制与体制乃至社会生产生活文化形态高度相关。

  ***本书讨论的核心内容，就是能源转型约束下，零碳电力系统构建相关的未来愿景、现实起点与实现路径问题。从时间维度，我们讨论未来30年的电力系统演化，到2050年；从空间维度，讨论我国作为一个整体，作为几个区域电网集合，以及包含31个省级实体单元（港澳台除外）的动态结构变化及其驱动与限制因素，以及这些因素的复杂互动关系。***

# 零碳电力系统的挑战具象

风电光伏机组的出力是由天气决定的。1千瓦的风电，出力大部分时间在25%~80%；光伏晚上以及阴天几乎不发电，大部分时间出力是标称容量的20%~50%。这强烈地区分于传统的可控化石能源机组。化石能源机组只要不缺燃料，在额定容量之内，出力在很大范围内受人的控制与调节。

因此，可以想象，风电光伏，其装机容量需要系统最大负荷的几倍以上，才能在大部分时间与少量的可控机组配合，满足不断变化的需求——所谓"容量充足性"（capacity adequacy）要求。它们在时间累计上，占据发电量的绝大部分。但是，无论你装多少亿千瓦，在一定空间范围内其理论最小出力是零，尽管这个概率很低，但并非完全不可能。什么样的备用是最能满足连续且变化的需求的？这是一个经济优化问题。欧美的研究综述（Jenkins et al.，2018）显示：风光的装机量只有达到最大负荷的3~8倍，才能够既满足每时每刻的电力需求，又实现电力部门温室气体减排80%以上（见图0.5）。

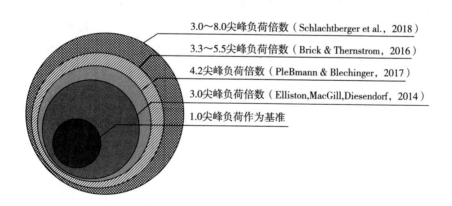

**图0.5 风光装机量需要达到最大负荷的3~8倍，才能实现80%以上的减排**

资料来源：Jenkins J. D.，Luke M.，Thernstrom S.（2018）. Getting to Zero Carbon Emissions in the Electric Power Sector. Joule，2（12）：2498-2510. https：//doi. org/10. 1016/j. joule. 2018. 11. 013.

这个"硬币"的另一面，是如此巨量的风光，在系统低谷或者本身大发从而造成"过发电"（over-production）的情况下，如何消化的问题。可以简单地把过剩电力切除（curtailed），但是这无疑意味着浪费。因为这种电同样是有能量的、无成本的，而基于市场规则价格会非常低（甚至是负的）。如果能拿来做点什么，起码这个能源投入会非常廉价，从而具有潜在的诸多应用。

从系统的进化视角，挑战同时意味着机遇，有望催生新的能源生产与消费模式，诞生更先进的产业形态与经济增长点。比如，把它经济有效地存储起来，用于高峰时刻；或者制取氢气，用于那些减排困难的工业部门的减排。这种愿景进一步扩张，比如氢气的运输较为困难，是否进一步与 $CO_2$ 结合成甲烷类燃料，就可以利用目前的天然气管道进行传输，或者氢能直接存储用于发电等。

这些不同的可能性，也意味着截然不同的基础设施需求。是更加需要连接紧密的电网来"平滑"出力波动与需求，降低彼此的不一致？还是通过燃料形态转化利用更便宜的天然气管网乃至氢网络？抑或是扩大需求侧响应与部门高度耦合（sector-coupling）的形态？既有的基础设施网络是会提供支持还是会成为路径依赖的阻碍？数字化发展可以提供何种助力与便利？同时，技术上的可行性距离现实的可能性，还需要加上众多的技术经济竞争力、配套基础设施、投资融资模式等与竞争力相关的问题。电源、电网与各种形式的存储需要共同考虑来优化整个系统，因为它们之间存在着深度的"互动"（interactions）关系。

从用户终端能源服务视角来看，电力、热力（以及制冷）与交通出行是三种基本的形式。无论人类社会如何演变，技术如何进步，能源结构如何脱碳清洁，这些服务仍将普遍存在乃至需要大幅度增加。随着成本大幅下降的可再生电力的出现，获得这些终端能源服务形式的方式有可能出现大幅度改变或者拓展。如果电气化的程度进一步上升，那么**新的能源服务必须适应风光出力波动性的特点**。技术上，这可以通过电力存储、联网范围平滑波动扩大、Power to X 以及需求更加跟随供给变化来实现。从而，电力成为唯一的终端能源（全面电气化）或者少数的二次能源（大部分终端能源是通过电力转化生成的）。

从终端视角，两种技术路线都在迅速发展进化。

- **第一类，可称为"直接电气化"**。电力直接提供热、冷和交通用能源，使用电热泵、电加热器和电动汽车等作为技术载体。

- **第二类，可称为"间接电气化"**。通过将电力转换为气体乃至液体燃料（Power to X），利用现有（或者改造后）的管网基础设施或者新的燃料电池再发电作为技术载体。

**这两种技术路线或者是互补的，或者是互相替代的，取决于何种时间空间尺**

度与具体场景。现实的发展必须是多元化的，各个决策主体分散决策的过程。但是，从宏观上探讨哪种路线更具前途，更可能在经济效率、基础设施配套方面占优，成为更有前途的选择，仍旧是有价值的。它可以帮助企业在存在不确定性的情况下，进行战略决策选择，辅助政府制定必要的补贴与有选择的支持策略，如有限预算研发资金的分配。

同时，提升的电气化水平，也是很多终端部门取得深度减排，乃至零碳发展的必要条件。我们会看到，在钢铁、化工等重工业，重型货运、航空，以及一些依靠极高过程热（process heating）环境的工业领域，电力燃料化是实现碳氢化合物燃料替代的为数不多，甚至是唯一的选择。更大程度的部门耦合既是应对电力系统波动的需要，也是提升部门终端减排力度的选择。这对于未来的能源系统与基础设施具有很深的含义——更综合、更智能、更高效。

风电光伏对传统电源的替代，是替代"有风吹，有太阳照"时间内的那部分，而并不区分这部分是既有存量还是新增电力需求产生的增量。所谓的可再生先是"替代增量、然后替代存量"的说法，从一开始就是不成立的。这对于"增量改革"思维是个巨大的挑战。给定可再生能源具有的波动特性，即使建设再多可再生能源，尖峰（净）负荷也需要其他机组去满足（比如天然气单循环），但是后者只能拥有极低的利用水平，而过去已经建成的机组往往也意味着会受到很大影响，即使有很充分的总体电力增长。这对于政治经济中各个利益群体的互动与政策影响具有很强的含义。

这些主题内容构成了本书的第一篇——电力转型愿景（见表0.1），三个视角贯穿始终：

- 技术经济（techno-economic）：成本与经济竞争力。

- 社会经济（society-economic）：社会接受度、基础设施网络效应与路径依赖。

- 政治经济（political-economic）：相应技术主体联盟的组织化程度及其政策影响力。

表0.1  电力转型愿景（第一篇）

| 章节 | 内容 | 框架逻辑 |
|---|---|---|
| 第1章 | 新型电力系统需要新在何处？新3D+ | 电力系统发展进化面临的约束与激励因素 |

续表

| 章节 | 内容 | 框架逻辑 |
|---|---|---|
| 第2章 | （近）零碳电力系统——风光需要多到何种程度 | 2050 年简单算术题，理解（近）零碳电力系统风光电的量级以及"过剩"／"不足"交织的程度 |
| 第3章 | 终端电气化——电是一切 | 电力更大程度直接用于终端能源服务 |
| 第4章 | 电力燃料化——氢能及其衍生物 | 电力通过 Power to X 转换为零碳燃料 |
| 第5章 | 用电智能化——需随风光动 | 更加智能与灵活的需求响应，包括车联网、智能家居等 |
| 第6章 | 部门耦合及其基础设施 | 能源部门耦合程度的进一步提升，同时解决风光波动、低碳以及经济效率等问题 |

# 我国建设新型电力系统

**在愿景篇的基础上，我们回到国内，从目前的电力系统现状出发，讨论零碳电力系统带来的转型含义。** 特别地，系统越来越多地在"严重过剩"与"严重不足"之间转换。过剩的问题是多余的供给怎么办？不足的时候（"稀缺"）谁来发电以及谁来少用电？这种更加频繁的变化，使得系统"协调"的有效性/速度/频率要求相比传统常态平衡大大增加。

**市场是一种协调机制，而计划也是一种协调机制，而恰恰我国目前"半市场、半计划"的诸多安排使得风光的并网①（grid integration）成为一个"从地狱来的问题"。** 如果说市场化的电力体系依然需要边际上改变，那么我国机制协调各个主体，随时（但不一定意味着高颗粒度）的政策以及政策改变进行窗口指导则需要本质性改变。否则，我们面临的问题通常并不是选择最优解还是满意解，而是可行与否（workable），以及安全供电能否得以保障的问题。

**这并不是危言耸听。这是我国在 2021~2022 年提出"建设新型电力系统"的背景与现实紧迫感。** 政府决策者无疑对此非常清楚。

2020~2023 年电力体制改革方向的快速进化充分体现了这一点。

---

① 在我国的话语体系中，另外一个广泛使用的相关词是"消纳"。这可能是一种政治话术考量选择。可再生能源发电先是一个电源，而非需要"消纳"的负担。先入为主的"消纳"概念误导了公众的理解，让人们觉得新的电源似乎是一个负担。"消纳"不了，自然就是这些电源"自认倒霉"了。这种界定亟待改变。需要明确的是，可再生能源是一种不同于化石能源的电源，它们是用来发电的，市场应当保持随时开放。

- 2021 年 3 月 15 日召开的中央财经委员会第九次会议①强调："十四五"期间，要深化电力体制改革，构建以新能源为主体的**新型电力系统**。

- 2 月 26 日，国家能源局局长章建华到国家电网公司调研②，提出"不断提升新能源消纳水平，推动抽水蓄能发展"的希望。

- 3 月 4 日，国家发展改革委副主任连维良到国家电网公司调研，希望电网积极向适应"碳达峰、碳中和"目标要求的电力系统转型③。

- "新型电力系统"提出之后，3 月 30 日，国家能源局首次在国务院新闻发布会④场合界定"新型电力系统"，强调"推进电力市场建设和体制机制创新，构建新型电力系统的市场体系"，突出系统安全可靠、灵活调节、系统效率以及技术能力四大关切。

- 8 月 26 日，调度员出身的新任命国家电网总经理⑤表示：要全力推动公司构建新型电力系统行动方案落地实施，抓好行动方案分解落实；做好"十四五"电网规划修订，将新型电力系统建设方案落实到电网规划中；加快推进示范区建设，打造可复制、可推广、可借鉴的试点示范标杆。

- 10 月 24 日，《中共中央　国务院关于完整准确全面贯彻新发展理念做好碳达峰碳中和工作的意见》⑥公布，要求**推进电网体制改革**，明确以消纳可再生能源为主的增量配电网、微电网和分布式电源的市场主体地位。后来的一系列变化表明：这一表态消弭不见了。

- 2022 年 1 月 28 日，加快建设全国统一电力市场体系⑦，确定了 2025～2030 年的建设目标，尽管对于何谓"统一市场"的理解仍旧莫衷一是，"加快建设国家电力市场、稳步推进省（区、市）/区域电力市场建设、引导各层次电力市场协同运行、有序推进跨省跨区市场间开放合作"。

---

① http：//www. xinhuanet. com/politics/leaders/2021-03/15/c_1127214324. htm.

② https：//www. thepaper. cn/newsDetail_forward_11487544.

③ http：//www. sgcc. com. cn/html/sgcc_main/col2017021449/2021-03/05/20210305091856396686106_1. shtml.

④ http：//www. scio. gov. cn/xwfbh/xwbfbh/wqfbh/44687/45175/zy45179/Document/1701277/1701277. htm.

⑤ http：//www. sgeri. sgcc. com. cn/html/sgeri/col1080000036/2021-08/30/20210830114614754675185_1. html.

⑥ http：//www. gov. cn/zhengce/2021-10/24/content_5644613. htm.

⑦ http：//www. gov. cn/zhengce/zhengceku/2022-01/30/content_5671296. htm.

措辞也更新为"有更强新能源消纳能力的**新型电力系统**"。

- 3月24日，国家发展改革委、国家能源局印发《"十四五"现代能源体系规划》，其中提及：到2035年，可再生能源发电成为主体电源，新型电力系统建设取得实质性成效，碳排放总量达峰后稳中有降。

- 3月29日，国家能源局印发《2022年能源工作指导意见》，其中提出加大力度规划建设以大型风光基地为基础、以其周边清洁高效先进节能的煤电为支撑、以稳定安全可靠的特高压输变电线路为载体的新能源供给消纳体系。

- 4月2日，国家能源局、科学技术部发布《"十四五"能源领域科技创新规划》，给出了新型电力系统及其支撑技术附录，包括电网与储能两个方面共十二大技术，特别涉及新能源功率预测、柔性直流输电技术研究示范等。

- 4月12日，《中共中央　国务院关于加快建设全国统一大市场的意见》发布，强调建立多层次统一电力市场体系，研究推动适时组建全国电力交易中心。

- 4月26日，中央财经工作会议强调，全面加强基础设施建设，构建现代化基础设施体系；发展分布式智能电网，建设一批新型绿色低碳能源基地。

- 6月1日，"十四五"可再生能源发展规划正式公布，强调要：加快构建新型电力系统，提升可再生能源消纳和存储能力，提升新型电力系统对高比例可再生能源的适应能力，建设新能源自备电站。

- 11月8日，中国电力企业联合会2022年年会举行。中国电力企业联合会理事长，国家电网有限公司董事长表示①：推进煤电与新能源优化组合，坚持**就地平衡**、**就近平衡**为要，跨区平衡互济，着力解决应急调峰电源互济能力不足等难题。

- 12月9日，2022能源电力转型国际论坛举行。国务院副总理韩正表示：构建新能源占比逐渐提高的新型电力系统。

- 2023年1月6日，国家能源局综合司发布几家体制内咨询机构编制的

---

① https：//www.cec.org.cn/detail/index.html？3-315443.

《新型电力系统发展蓝皮书（征求意见稿）》①。其中权力风格的语言（模糊性）仍旧远多于规则的语言——清晰明确可衡量。该蓝皮书最终于当年6月正式发布。

- 7月11日，中央全面深化改革委员会第二次会议提出：要深化电力体制改革，加快构建清洁低碳、安全充裕、经济高效、供需协同、灵活智能的新型电力系统，更好地推动能源生产和消费革命，保障国家能源安全。

- 2023年11月上旬，能源主管部门联合印发通知②，决定自2024年1月1日起建立煤电容量电价机制。

- 2024年2月初，能源主管部门发布指导意见，瞄准配电网高质量发展③。意见特别明确了2025年的工作目标：**到2025年，配电网具备5亿千瓦左右分布式新能源、1200万台左右充电桩接入能力。**

- 2024年2月底，政府主管部门发布了《关于加强电网调峰储能和智能化调度能力建设的指导意见》④，里面对电力系统智能化调度能力提升在运行、技术、需求侧方面提出了多层面的希冀。

- 2024年3月初，政府高层集体学习特别强调⑤："**适应能源转型需要，进一步建设好新能源基础设施网络，推进电网基础设施智能化改造和智能微电网建设，提高电网对清洁能源的接纳、配置和调控能力**"。对我国下一步能源转型目标/约束、基础设施保障，以及可再生并网目标提出了明确的要求。

这些短期内的快速迭代，有些令人惊喜，有些引发思考与猜测，有些则令人非常困惑，比如在缺乏需求的地区建设大量新机组，无论是煤电还是新能源；统一市场往往不意味着统一价格，电力卖到本地与远端无区别，而是物理电力大范围搬运就叫统一。但是有理由相信，在今后几年到十几年，乃至几十年，关于新型电力系统的社会构建⑥，其概念框架（这是"是什么"的"本体论"）与功能

---

① http：//www.nea.gov.cn/2023-01/06/c_1310688702.htm.
② https：//www.ndrc.gov.cn/xxgk/jd/jd/202311/t20231110_1361905.html。
③ https：//www.ndrc.gov.cn/xxgk/zcfb/tz/202403/t20240301_1364313.html。
④ https：//www.ndrc.gov.cn/xxgk/zcfb/tz/202402/t20240227_1364257.html。
⑤ http：//politics.people.com.cn/n1/2024/0301/c1024-40186875.html。
⑥ 必须明确，这个概念是社会学意义"构建"出来的。"何为'新'，何为'旧'"全社会并不存在共同认可乃至可以不言自明的语义学理解。它唯一的作用似乎是在政治上表明"旧"的不可持续，但是"新"究竟意味着什么，首先就需要进一步界定。这也是我们在接下来的第1章聚焦这个内容的动因。

实现（这是"能做什么"的"认识论"），特别是实际运行体系的进步将是我国现代能源经济系统进化的重要内容。转型中的我国电力系统（第二篇）见表0.2。

表0.2　转型中的我国电力系统（第二篇）

| 章节 | 内容 | 框架逻辑 |
| --- | --- | --- |
| 第7章 | 我国电力部门发展现状描述 | 电力部门总体的容量、电量、结构、空间布局、技术经济与产业组织 |
| 第8章 | 煤为主的技术、经济、政策与心理影响 | 煤为主如何影响我国电力系统的各个维度的安排与形态 |
| 第9章 | 不充分的系统协调机制与平衡责任 | 电力系统缺乏经济储能的情况下如何实现实时平衡 |
| 第10章 | 改革历程以及积极的信号 | 过去20年的电力体制改革综述与评价 |

# 从现状到达彼岸——专题讨论

在第三部分，路径专题篇，我们讨论如何从现状过渡到愿景的途径问题。必须明确的是：我们不可能以一种集体共识的方式，现在就笃定很多年后"最好"的电源结构与电网形态。由于彼此间竞争技术的成本、性能表现，以及与其相关的基础设施与社会网络、政策与政治偏好都在不断变化，这个过程必然是进化式（evolving）的。

我们特别需要确认的是：这样的进化能够在一个良性循环的轨道上，避免旧有路径锁定。风险是真实存在的：锁定在恶性循环的割裂统一市场、更加自由量裁，需要把可再生能源"改造"成可控电源，回到旧有范式窠臼的体系；更坏的情况是，监管者与垄断者"猫追老鼠"游戏使信息更加不对称，逆向选择与道德风险遍地，协调冲突与安全风险不断，从而需要回到2002年之前垂直一体化体系（电力部）才能化解的地步。

微观现实是：秒是小时的一部分，小时是天的一部分，天是月份的一部分，月份是季度的一部分，而季度是年度的一部分。从研究模拟的视角，一个年度的千瓦时平衡可能忽略更小时间尺度的平衡，用某个时间的"余量"千瓦时（需要引出系统）去满足另外一个时间的"缺量"千瓦时（需要额外注入系统），从而大幅低估风光规模的需要。加总各个电源千瓦时的过程会消灭其出力更细节的时间特征，从而无法保留出力时间信息而使得某些时刻的系统平衡面临挑战。

这无疑是个时间尺度不匹配（time-scale mismatch）问题。如果缺乏有效可得的储存形成的"时间转移"能力，大尺度的平衡模拟仿真，乃至"拍脑袋"确定，并不能解决小尺度的平衡问题。

这是本书讨论的一个方法论立足点。

**长远来看，**电力转型作为能源转型的重要方面与部分，它需要几个方面的变化同时进行。这包括：

- 可再生能源发电代替化石燃料发电，在我国特别是代替煤炭发电。
- 电力体制改革，解决部分垄断企业的"预算软约束"，以及成本社会化问题。
- 电力机制改革，如何在"不听指挥"的风光越来越多的系统中，仍旧保证系统的短期平衡与长期可靠性。市场与指令计划协调机制需要发挥何种角色。
- 电力政策改革，如何兼顾电力普遍服务的社会目标，以及妥善处理转型过程挑战，比如交叉补贴安排。
- 部门进一步耦合，特别是电力与交通、热力与工业部门的耦合发展。
- 电力部门更多主体的互动与协调，朝向一个更加可靠高效的电力系统。

这些方面加在一起，构成的挑战无疑是巨大的。但是它不是不可克服的。在最后的总结部分，我们会表明我们最大的观点：**电力改革的过程，就是国家治理体系改革的过程。电力治理就是国家治理，电力转型就是国家转型。**作为一个内循环部门，电力部门作为各种"试错"型改革的试验田，具有天然的优势与稳健性。它并不需要"中国特色"。路径专题（第三篇）见表0.3。

表0.3 路径专题（第三篇）

| 章节 | 内容 | 框架逻辑 |
|------|------|---------|
| 第11章 | 波动的经济学 | 风光作为波动性电源，波动意味着何种系统影响以及自身收益 |
| 第12章 | 更多极端天气下的系统充足性评估 | 越发频发的极端天气，如何评估保障容量充足性 |
| 第13章 | 最优电源结构与可再生能源竞争力——以浙江为例 | 基于系统成本最小化目标以及各种物理、技术、经济、政策约束，可再生依靠自身竞争力与排放总量限制，有何种竞争力与市场份额 |
| 结语 | 应对更多的电力不平衡 | 新型电力系统——风光、电池、电解槽、电力热泵系统推进过程中的关键因素 |

# 请开始阅读

感谢各位读者。让我们一起开启一段旅程，共同探讨转型中的电力系统。这是一本写给睿智成人更是写给未来孩子们的书。希望他们生活在一个碳中和、电力清洁无污染而又更加便利可负担的安全世界中。

本书注重对现实系统精确、清晰的描述，解释这是什么以及为什么长期的进化会形成这个样子。对于未来，竭力避免"会如何"的预测式描述——这无疑属于"跳大神"。而停留在目标的含义层面（implication）——要实现何种目标，需要如何，而不涉及这个目标是否可以实现的主观信念。这立于作者的理念——未来还不确定，未来取决于今天以及今后的选择；精确的未来本质上并不可知，而仍旧处于随机状态；未来是进化出来的，不是规划或者预测出来的；重要的是把握当下，一步一步以进化的方式发展进步；当一种可能最终变成现实，其他的可能性就已经观察不到了，但是我们不能"事后诸葛亮"地否定多种可能性的事前存在。

本书不是一本电力系统经济学或者系统优化模拟的教科书，尽管大部分内容以其方法论框架为背景与参照系。对一般意义上电力系统运行与投资不太了解的读者可以从头看起；能源与电力专业读者，特别是从事相关研究、智库的同仁可以直接跳到第二篇，这并不影响理解；第三部分属于专题讨论，具有相比前两篇更多的理论与解析内容，需要较多中级微观经济学/产业组织/优化理论/能源系统模拟仿真的基础知识，建议在电力系统经济学书籍的基础上阅读。

这些书籍包括：

- 电力市场设计大师 William Hogan 20 世纪 90 年代以来的全部论文。https://scholar.harvard.edu/whogan/papers.
- Kirschen D. S., Strbac G.（2019）. *Fundamentals of power system economics*. John Wiley & Sons.
- Von Meier A.（2006）. *Electric power systems: a conceptual introduction*. John Wiley & Sons.
- Morales J. M., Conejo A. J., Madsen H., Pinson, P. & Zugno M.（2013）. *Integrating renewables in electricity markets: operational problems*（Vol. 205）.

Springer Science & Business Media.

- Stoft S. June（2002）. Power System Economics：Designing Markets for E-lectricity.

**本书是与"国家能源转型与碳中和丛书"中其他选题高度互补的内容。**它以分析"高比例可再生能源新型电力系统在技术、经济、政策、政治与社会上意味着什么"为焦点，从技术经济、社会经济以及政治经济的视角，讨论相关的行业发展、管制改革以及系统进化问题。

感谢阅读！

## 数据、图表说明

在作者最大可能的知识范围内，除了明确标明来源的版权归属以外，本书涉及的所有模型（models）、求解器（solvers）均利用开放数据（比如网络数据库API）与开源免费软件（比如 CDC 线性规划求解器）建立。具体来源请参阅相应部分的文字说明。

除了明确标注来源、鸣谢、引用以及作者本人的过往工作成果（可在互联网搜索到）外，新绘图采用 D3. js JavaScript 库（版本：V4）以及 Python Matplotlib库制作。有兴趣的读者可联系获得各个章节的图库云下载地址，在非商业用途中自由使用。

若读者需要商业化使用本书整体或者部分内容，请与作者联系协商。

本书脚注部分引用部分网络材料作为信息与观点的支撑。这些网络链接可能在作者不知情的情况下发生变更、删除、更改等。若链接不再有效，请联系作者更新。

联系方式：

张树伟，首席经济师，卓尔德（北京）中心

E-mail：contact@ draworld. org

电话：+86 18510683368

第一篇 电力转型愿景

# 第 1 章  新型电力系统需要新在何处？新 3D+

Digitalisation is an enabler that facilitates the next phase of the Energiewende. It's not a magic bullet for all problems, but a tool to master the task of coordination.

——Stephanie Ropenus[①]，能源系统数字化专家

Small is beautiful.

——Ernst Friedrich Schumacher (1911-1977), in the book
*Small Is Beautiful: A Study of Economics as If People Mattered*

The wholesale market as we now know it would then only be a short term energy dispatch and balancing market that would try to produce efficient spot prices but would not be relied upon to provide all of the incentives for investment or retention of dispatchable generating and storage facilities.

—— (Joskow, 2019)，电力市场专家与改革亲历者

## 引言

**让我们回到未来（Back to the future)**[②]。

---

① https://www.cleanenergywire.org/dossiers/digitalisation-energiewende.

② 这些故事的灵感启发来自但不限于：汽车厂商宝马（BMW）公司出行魔镜（Mobility Mirror）：各种智能出行+智能家居服务场景设计；德国智库 Brainpool 对 2030 年数字化能源生活的畅想（https://blog.energybrainpool.com/en/a-day-in-2030-how-digitalisation-and-the-energy-transition-can-influence-our-everyday-life/）；《图解物联网》一书（https://www.amazon.cn/dp/B075SY46S4）。

试想 21 世纪 50 年代的一天，是个休息日。电力市场因为风电光伏的大发（零边际成本电源），以及需求的低迷，价格在凌晨降到了接近于零。你的智能家居检测到这一信息，正在加足马力开动，电动汽车与家用储能在提前充电，家里的集中供暖设施也停下来用空调或者热泵取暖。当你醒来的时候，一杯能源成本为零的热茶已经为你准备好了。

你开着自动驾驶电动车出门，由于过于惬意，居然跑出去 500 公里而不自知（这仍旧是可能的，给定电池的容量密度），电动汽车没电了。不过不用担心。你打开 APP 查询，距离你很近的地方，有一个氢动力汽车租赁站，可以有电解槽利用低成本电力制氢，并存储。你可以租一辆氢动力车继续出行，续航 1000 公里。你无须担心续航问题。

当然，在这个过程中，你的消费偏好已经全部暴露在大数据平台之上，包括你在哪里工作，家在哪里，什么时候在家什么时候在路上，甚至包括你习惯什么时候洗澡，肾功能如何（以多长时间停车需要上厕所表征），等等。

傍晚，你一天的旅行结束了，太阳也落山了。覆盖你整个地区的大型电力市场因为光伏全部停止出力，价格上升到你感觉很贵的程度。你停掉了所有非必要的电器，然而日循环（一天一充一放）的储能耗光了，你仍然没有困意，在连着充电器刷手机，需要持续用电。你打开一个据称是区块链技术支持的 APP，发现有个安了大容量电池的邻居正在出售下个小时的电量，条件是让他/她获取 10 升洗澡的热水。而你正好有个大的储热罐存储着足够的热水。智能电表的存在，使得你们之间的电力测量与精准平衡确认不再是个问题，你点了"确认"，热水换电量，共享经济就这样成交了。然后，你的邻居开始准备，要来洗澡。你打开另外一个车联网与智能家居 App，给他/她开了门，并且贴心地提前 20 分钟打开了换气扇以保持淋浴间的空气质量。

最终，在你睡觉之前，这个平台会奖励你个大红花，并弹出一个窗口："恭喜您，您今天一共行驶了 1500 公里，消耗了 30 度电，15 升的热水，2 度的照明，3 千克氢能，共享了您的热水罐，净花费 50 元。重要的是，所有的这些电力、热力与出行能源活动，都是零碳的、绿色的。感谢您为子孙后代的气候安全做出的贡献！"

这样的畅想虽然已经不具有科幻色彩，无疑还是比较遥远的。读者可以问很多必要性、可行性、操作性以及衍生性的问题。我也非常乐意听取您的这些疑问与问题。

以这个想象中的未来为背景与参照系,笔者在本章想要回答的是:一个什么样的电力系统,作为一个技术、机制、企业、用户有机组合在一起的系统性基础设施,能够促进协助这一愿景的实现?

回答了这个问题,也就回答了我们所要建设的"新型电力系统"到底是什么(本体论),以及能够做什么(认识论)的问题,也就完成了对这一概念的社会构建。

我们的逻辑链条是这样的:

- 因为气候安全的关切,我们需要在20~30年实现电力部门的完全脱碳化,这对于电力系统的发电结构具有很强的含义。分散化、小容量的风电与光伏需要并且会日益增加。即所谓**低碳化(Decarbonisation)**。

- 因此,系统走向更大程度的分布式,而不是像过去那样依靠少数大型发电设备满足高度分散的需求。即所谓**分布式(Decentralisation)**。但是,它仍然不会变成彻底的分布式。因为我们确认还会有核电,有海上风电,有提供"最后一招"备用平衡服务的既有互联电网系统。甚至扩大的互联范围(注意,不是输电!)还是平抑风光波动出力的理想方式。

- 这样的电力系统,其协调机制由于参与者数量的增加,更大的不确定程度等因素,需要进一步的进化。即所谓**放松管制(De-regulation)**是否持续的问题。朝向市场的进化需要"更大更快更短"的市场,而朝向进一步管制的进化则需要解决大型基础设施的"投资成本回收"问题。继续放松管制还是重回管制一体化,不同国家从不同的起点,可能具有高度差异化的选择空间,也会存在历史的偶然——比如被偶发事件所催化。

- 这样的电力系统,如果没有需求侧更深程度的参与(**Demand response**),供给上的波动性相比传统可控电源构成的系统要大得多,系统可能在"极端过剩"与"极端不足"两个状态之间更加频繁地切换,需要解决过剩电力的消化以及不足电力的补充两个问题。Power to X(包括氢能及其衍生物)与各种能源存储(电化学、机械储能、化学等)的快速进步,极大地扩展了人们对未来电力系统趋近综合能源系统(**Integrated energy system**)进化的各种想象。

- **数字化(Digitalisation)**可以让整个系统变得更加灵活、快速、智能,表现出"智慧"。它是一种效率工具,它如何为新的协调机制提供可能，改善市场与各种政策管制的表现，也是个相关的因素。

- 这些新的 **3D**、**3D+**，服务于同一个目标——更加可靠经济可持续的电力系统与部门，为国民经济高质量发展提供保障与驱动力。

# 低碳化 （Decarbonisation）

**日益明显的气候变化以及减缓的迫切性属于全球重大结构性问题。**我们处在一个高度变化且不确定的世界中。蔓延超过两年的新冠疫情，最大的影响是暂时转移了人们的注意力，使得新冠疫情之前的一些问题，比如气候变化危机、贫富差距持续扩大、网络安全、大公司垄断、核扩散风险、地缘冲突等被暂时搁置。这些问题都是结构性的。或早或晚必须对这些问题加以优先与严肃的面对，这比应对疫情要困难得多。本章写作开始（2022 年 2 月底），俄罗斯军事入侵乌克兰。气候安全需要跟能源安全、国家安全甚至是生存安全一起来谈了。作为个体的人是不完美的，有着诸多非理性的弱点，比如自制力有限、长期短期权衡更在乎短期、同样的失去大于同样的获得等。我们需要制度化的组织体系保障，规避人性的弱点，确保气候变化类重大长期目标与短期其他事宜的迫切性之间的理性权衡。

**伴随着 2020 年后我国气候治理体系的快速进化，碳中和已经成为集体意志。**我国二氧化碳排放力争于 2030 年前达到峰值，努力争取 2060 年前实现碳中和。这一"30·60"目标在 2020 年正式确立，如何实现比是否实现还要关键。

**碳中和约等于能源部门深度减排，约等于煤炭、石油、天然气的尽快近零使用，约等于 100% 的非化石能源（可再生、核能及其他）满足全部能源需求，如果碳回收与埋存（CCS）无法实现大规模应用。**能源需求的最终主体是人，是人每天的交通出行、建筑取暖、穿衣做饭。人类对各种产品与服务的需求，能源是基本投入或者终端产品。这意味着：碳中和需要人们生产生活各个方面都必须有结构性的重大变化，以摆脱对化石能源的依赖，给定其他既有约束，比如安全可靠、成本可负担以及其他条件。

**电力部门体量巨大，具有相对丰富的减排技术选择，特别是存在成本已经实现大幅下降的风电光伏。**在很紧的气候预算与气候安全约束下，人们普遍预期电力应该也最可能首先尽快实现大幅度的减排，直至彻底脱碳，成为一个零碳甚至是负碳部门（采用碳回收与负排放技术，比如生物质发电加装 CCS）。在此基础上，低碳电力及其转化衍生物，可以形成对非电部门化石能源的替代，以使得那些减排困难部门进一步脱碳，比如重卡运输、高耗能工业、航空等。2022 年 4 月政府间气候变化组织（IPCC）发布的气候减排第六次评估报告再一次确认了这一点（IPCC，2022）。电力部门如何实现这种深度潜力，在过去 5~10 年成为学术、政策乃至新型创业型企业讨论的热点（见表 1.1）。

表 1.1　不同发电技术单位 kWh 的 $CO_2$ 排放系数

| 技术 | 发电转化效率（%） | 发电侧排放强度（$gCO_2e/kWh$） | 全生命周期排放（LCA）（$gCO_2e/kWh$） |
|---|---|---|---|
| 陆上风电 | 100 | 0 | 3~40 |
| 海上风电 | 100 | 0 | 10~50 |
| 光伏 | 100 | 0 | 15~100 |
| 大型水电 | 100 | 2 | 2~20 |
| 径流式水电 | 100 | 0 | 2~10 |
| 压水堆核电 | 33 | 0 | 3~50 |
| 高温气冷堆 | 33 | 0 | 3~35 |
| 天然气联合循环 | 50 | 500~600 | 500~800 |
| 天然气单循环 | 40 | 550~700 | 550~1000 |
| 超（超）临界煤电 | 38 | 800~1100 | 800~1300 |

资料来源：笔者根据各种资料，在项目可比的基础上整理、汇总与估算，基于但不限于：https：//data. nrel. gov/submissions/171；https：//unece. org/sites/default/files/2021 - 10/LCA - 2. pdf；Turconi et al.，2013。

日益低碳化的电源与电网，如何跟既有的电力系统安全稳定运行的要求互动影响，如何影响市场或者管制型的价格，消费者如何更多与更方便地参与能源部门？

这些都是热门的研究与工业部门实践的话题。

# 数字化（Digitalisation）

给数字化一个明确的定义与边界，不是容易的事情，但是大体上数字化意味着社会与经济系统利用计算机信息与通信技术（information and communication technology，ICT）实现方式的改变。信息与通信技术是存储、处理与传输各种信息的工具。建立在 ICT 基础上的数字化改变，往往具有经济上的规模效益与网络效益，但是也具有其他方面的广泛影响，比如隐私、独立性以及能源环境影响。基于区块链技术的分布式数字货币——bitcoin 的"虚拟挖矿"机制，就具有能源密集与巨大生态环境足迹的影响。

**能源部门是最晚数字化的。** 互联网与强大的 IT 工具，在金融支付、交通出行、购物、媒体等方面已经对传统的行业形态进行了摧枯拉朽式的改造，诞生了诸多新的"互联网+"形态、商业模式与经济模式。新兴的人工智能+大数据应用，已经引发了"超越人类智慧、统治人类"的担忧。信息汇总、加工，得出洞见，俨然无所不知；图像、语音识别，创造音乐、小说与名画，仿佛无所不能；对弈无对手，诊断超越经验丰富的医生，筛选简历确定候选人，日益接近无所不对。而过去的能源系统，无论是电力、石油还是煤炭，都属于资本密集、建设周期长，资产寿期长到百年，短也有二三十年的产业。石油、电力均是高度管制的行业，竞争程度有限，投资决策、合同期以及技术进步都非常之慢。除了少数的石油危机时刻，整个行业非常稳定并且易于预测。IT 行业短短几年就能发生的故事，能源行业以往都没经历过。

**越来越多的人在谈论数字经济，谈论能源系统的数字化，尽管对于其含义内涵与具象外延，解读并不是相同的。** 不同的社会主体——包括个人、产业部门，甚至学术机构，倾向于按照符合他们利益与偏好的方式定义"数字化能源系统"以及类似的概念。比如智慧能源（smart energy）、"互联网+能源"、能源信息学（energy informatics）、能源中枢（energy hub）、物联网（internet of things）等。但是，没有争议的是，他们都认为，在数字化能源系统方面的努力，将会使能源（特别是电力）部门变得更好，从而对经济与社会更具工具性价值。能源行业的游戏规则是否会因为数字化发生改变（比如市场的颗粒度）？而这个行业内的权力平衡是否被打破（生产者与消费者谁更加强势）？可以做哪些之前不可能做的事情（比如与邻居买卖电）？

**企业家的嗅觉总是最灵敏的。** 随着 IT 技术的进步，带宽与传输限制的解除，特别是传感器成本的大幅下降，能源系统的数字化改造正在发生（见图 1.1），电力行业涌入了很多新的主体，特别是 IT 背景的新兴企业与独角兽。国外资本市场上的明星是一众互联网企业，包括 Google、Apple 与 Facebook，还有当代爱迪生—马斯克的特斯拉。它的一系列业务，特别是电动汽车、屋顶光伏与家用储能墙俨然已经构成一个完整的未来数字化能源生活图景的绝大部分。它们利用数据的收集、分析与互联，挖掘数据中的行为含义与商机，至少会在四个方面改变甚至改造整个行业：

- 能源管理（精细化管理、市场套利、储能等）。
- 数据分析（比如可视化、预测）。
- 信息平台（Pool 平台，行为揭示）。
- 市场交易平台（比如需求响应、P2P 交易）。

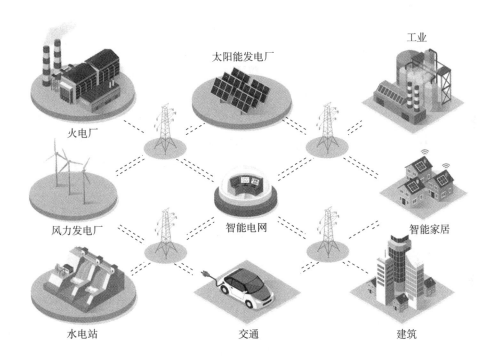

**图 1.1 能源系统数字化涉及的学科与维度**

资料来源：IEA（2018）. Digitalization and Energy-Analysis. https：//www.iea.org/reports/digitalisation-and-energy.

同在互联网出现之前，预测互联网会如何影响世界一样，能源系统的数字化会如何影响商业、行为与社会，也将是一件困难的事情。但是显然，能源行业的数字化，将远远超过通过应用程序（APP）显示控制电表，以及远程手机控制家里的供暖或者电炉的应用。数字化传输更丰富更快的信息，消除不对称，从而发挥更强大协调（coordination）的工具作用，是否将有效补充甚至替代传统的协调工具——比如市场、中央计划，完全不是个琐碎的问题。

**自然，新型电力系统需要新在技术，比如物联网与区块链技术。**当下，智能电网发展方兴未艾。物联网技术有望为电力系统运行提供更好的需求响应资源；区块链技术有助于开展分布式交易，大大降低交易难度，提高结算效率，特别是计量、票据、企业组织、参与市场会员等方面的费用有可能下降。

然而，需要特别指出的是，区块链技术在我国能源领域的应用已走入歧途——用于标记那些本属于统一市场的某个电源（所谓"溯源"①），破坏以边际成本为基础的市场竞争格局，掺和很多不相干而又很难比较的其他标准。这与统一市场建设背道而驰。

**借助大数据技术与机器学习，可以对能源消费行为进行分析，并得出洞见以改善能源使用效率，这是能源系统数字化的根本目的。**在这方面，广为人知的是Google Deepmind 所进行的探索。其设计的算法可以更准确地预测数据中心的能耗，据此调控制冷系统，提高制冷效率。据称，借助这套系统，数据中心的能耗可以降低 40%（Jucikas，2018）。将其用于英国电网的预测与运行，据称可以减少 10% 的全国电力使用量（Richard & Jim，2016）。

**实施数字化的出发点是提高效率，特别是系统运行以及用电等多方面的效率。**数字化技术能够帮助电力系统更快、更好地进行决策。德国能源数字化专家曾经说：数字化是促进"能源改革"下一阶段的推动因素。它不是解决所有问题的灵丹妙药，而是一个掌握协调任务的工具②。

**那么，我国的电力系统有必要进行更快、更好的决策吗？**从可再生能源接入的角度来说，答案是肯定的；就对调度机构的要求与激励而言，答案仍然是否定的。如果脱离了这一根本的目标，数字化的发展就有可能走入歧途，成为为了数字化而数字化的"耍杂技"。

---

① 比如，这里的噱头（http：//www.zqrb.cn/jrjg/hlwjr/2021-02-07/A1612694197069.html）。

② https：//www.cleanenergywire.org/dossiers/digitalisation-energiewende.

# 分布式（Decentralisation）不会彻底，但地区独立可期待

早在电力系统萌芽之初，爱迪生携带"竹丝灯泡"，与煤气灯、电弧灯在纽约曼哈顿竞争的时候，他就宣称自身的供电系统"用的是低压直流，发电机在半公里范围内供电，既高效又经济"（Jonnes，2004）。——这应该是分布式系统的先驱。德国社会学家 Ernst Friedrich Schumacher 曾经著书宣称论证：你如果真正在乎人们的福利，那么小的是美的（Small is beautiful）。

**何为分布式并不是一个足够清晰的概念，是具有流动性的标准。**何为分布式、何为集中式很难存在一个可以讨论的客观定义，其划分界限是变动的，即使以最简化的单机容量为标准。当然，目前大部分的化石燃料电厂，特别是煤电厂，都是不具有争议的"集中式"电源。它们总投资超过几十亿元，体量巨大，通常能为周围很大范围的用户（比如 100 万户住宅）供电。因为供电范围大，所以需要输配电网才能到达每一个用户。

**系统并不会走向彻底的分布式，除非储能便宜到超越人们想象的程度。目前来看，这几乎完全不可能。**从未来的可能形态来看，尽管风电、光伏的单机容量很小，数量却将越来越多，但电力系统仍旧会有大核电、海上风电机组。两者无疑都是目前认识中的集中式设备。小微网或者自平衡系统（如点对点交易），还需要更大的电网作为备用，并且有机构可以处理结算问题。尽管，关于一些更大程度的分布式电源成为主导形态，也一直处于理论与实践领域积极探索的内容，比如一家一个微型热电联产①，满足大部分的热能与电力需求，效率还很高（超过 90%），并且供应安全问题分散解决，整个系统韧性很强。

一个与之相关的问题是：不同地理尺度的地区可以能源独立吗？

煤炭、石油、天然气在全球范围内的分布非常不均衡，相对而言，可再生能源的分布更加均衡。传统油气市场存在垄断势力——沙特阿拉伯（占世界石油储量的 1/4）、石油输出国组织（OPEC）以及俄罗斯，电力市场则不存在这样的国

---

① 比如这个公司的产品与理念（https：//cn.weforum.org/agenda/2017/11/2030 - 832cd372 - b227 - 49b4 - a71f - 1815640d175c/）。

际垄断势力，因此，基本都是本地化的市场。在更小的地理尺度上，比如区域、省、市、县、乡，甚至几个街道，一个有价值的问题是：它们能够仅依靠本地的可再生资源实现能源独立吗？如果答案是肯定的，那么无疑意味着自主程度与安全保障程度的提升。

**"电力自立"应当被纳入新型电力系统的内涵，它只有在本地的可再生能源技术可开发潜力超过本地电力需求的情况下才有可能实现。**这一测算在不同地理尺度上的研究具有重大政策含义与行动价值。美国与欧洲的研究（Tröndle et al.，2019）充分表明，在国家与大洲层面，完全可以实现"电力自立"；在国家以下的地理尺度上，部分地区是具备条件做到这一点的，甚至在某些人口密集地区（意味着土地资源与空间比较稀缺）都有可能做到。电力部门有实现完全"内循环"的资源基础。

**我国拥有丰富的风光资源，有充分理由对实现"电力自立"持乐观态度。**正如中国可再生能源学会风能专业委员会①指出的，在全国实施"百县千村万台工程"，即在全国的 100 个县，首批选择 5000 个村，每个村安装 2 台风电机组，共计 1 万台，并以县域为单位进行集中规划、打包核准，能够为这些村集体带来数十万元的收入，这对于振兴农村地区、壮大村集体经济、落实中央提出的乡村振兴行动、夯实党在基层的执政之基具有重大意义。中国气象局开展的全国风光资源普查工作②，为回答这一问题奠定了坚实的数据与方法论基础。

# 多元化（Diversification）还不清楚

俄乌冲突引发的能源外溢效应（spillover-effect）使得能源供应的可靠性日益影响政府的政治心理与普通民众的安全感。增强能源系统供给的安全保障程度，多元化是个风险视角明确的选择。电力部门安全问题具有丰富的内涵，包含短期运行与长期系统充足性两方面。前者，可以称为一种可靠性（reliability），指的是运行的安全，以及面临各种扰动仍旧保持稳定状态；而后者，指系统不能在正常情况下存在"硬缺电"（adequacy）——缺少足够装机与电网资源。

① https：//news.bjx.com.cn/html/20201230/1126281.shtml.
② https：//newenergy.in-en.com/html/newenergy-2393873.shtml.

电源结构需要是多元化的，无论是过去还是未来，这根源于电力系统的经济性要求。电力系统实时平衡、存储困难的特点，使得这个系统不同机组具有不同的角色，固定成本大，流动成本低的电源（比如可再生、核电）承担基荷，而一些固定成本小、流动成本大的电源（比如天然气单循环、飞轮储能）承担峰荷。不同机组的角色不同，决定了系统需要多元化的最优结构。

因此，关键的问题不在于是否多元化，而是在目前的水平上更大还是更小的问题。如果我们相信风光是未来电力系统的主导，那么这种多元化的程度，起码在发电这个层面，是要下降的。因为大量的化石能源发电不再存在了。尽管电力作为二次能源的应用，可能更加广泛了。这是否在风险与韧性意义上降低了系统的可靠性，是一个需要进一步研究的问题。

## 市场作为电力物理平衡的协调机制

市场是一种分散决策机制，而价格是实现供需平衡的关键协调变量。对于一般商品，需求与供给都是价格的函数，需求随着价格上涨而减少，而供给随着价格上涨而增加，二者的交点定义了一个出清价格（clearing price）或者均衡价格（equilibrium price）。当市场环境发生变化，带来沿着或者供给与需求曲线本身的移动，那么价格需要变动来实现新的均衡。菜市场在朝向物理平衡的过程中，今天卖不掉的菜（供给过剩）可以留到下一天，或者在某些情况下丢弃；有种菜如果热销（供给不足），那么后来的消费者可能就买不到，或者因为价格高放弃购买。双边交易"一手交钱、一手交货"成交之后，总体市场就自动平衡了。

电力产品不能*单纯*依靠这种分散决策机制。双边交易总是忽多忽少存在误差。如果总体上存在，必然意味着平衡的破坏，造成电能质量以及安全稳定问题。因此调度的应然角色，是在实时对总体系统误差提供"平衡服务"（balance service），从而保证系统的实时物理平衡。在欧美市场，调度通常提前不同的时间购买（procurement）对应不同时间尺度的调节（一次、二次、三次）资源，供实时需要时调用（call-up）。

各个市场在能量（kWh）交易产品提前量（lead time）、关门时间（gate closure）、结算单元（settlement）上存在众多细节差别，但是总体上实时以前的市场，都是"期货"。它们的交付价格确定在实际交付之前，理论上都是对冲价格风险的作用。这也是最接近教科书的电力市场——美国得克萨斯州为何日前市场也是自愿性市场的基本原因。在我国，习惯上把日前市场（提前 24 小时交易，day-ahead）、日内市场（intra-day）以及实时平衡市场（real time or balance market）都称为"现货"（spot market）（见图 1.2）。

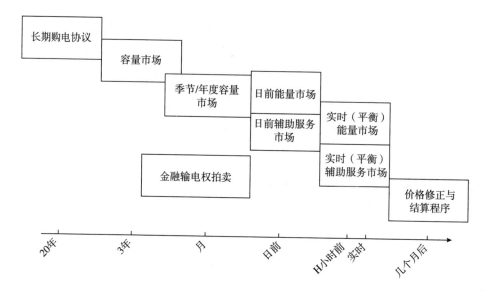

**图 1.2 竞争性电力市场中不同时间尺度的产品安排**

资料来源：Erik Ela. UVIG Workshop. https：//www.esig.energy/event/2017-forecasting-workshop/.

从交易商的交易头寸累积的视角（见图 1.3），我们可以更加容易理解发电商的实时发电义务（generation obligation），或者电力用户的用电义务。在实时交付之前，交易商可以通过多年长期合同、年度交易、日前、日内等多个市场的多种产品进行买与卖，锁定价格或者投机，这属于交易附加的金融责任（finance obligation），而发电责任在于这一系列"头寸"互相加总与抵消的净值。这一净值与事后确定的实际发电量的差别，就是其平衡责任，需按照实时（平衡）市场的价格结算①。

---

① 在实际的市场结算中，不同市场的安排存在多种选择。比如为了规避发电商故意在日前保留发电能力，以期在实时获得更大收益的"赌博"，有些市场对于实时——日前的促进系统平衡的偏差部分，也按照日前价格，而不是实时结算，消除了这一激励。

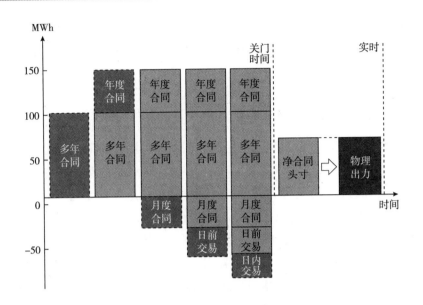

**图 1.3　能量市场关门前的交易头寸累积**

资料来源：Cervigni G., Perekhodtsev D.（2013）. Wholesale electricity markets. In The Economics of Electricity Markets. Edward Elgar Publishing.

　　**可再生出现之后，问题的复杂程度上升。**可再生资源具有独特的特点——零边际成本（需要有限调度）、波动性（短时间的变化增加，相比需求侧）和不确定性（变化的规律性也比不上需求，需要更多的备用）。但是，总体上，这种变化是程度上的，而不是性质上的。正如国际能源署（IEA）的报告所总结的"可再生能源的特性与更广泛的电力系统相互作用，产生了一些相关的系统整合挑战。这些挑战不是突然出现的，而是随着可再生能源渗透率的增加而逐渐增加的"（IEA，2020）。

　　**市场基础设施需要"更短更快更大"（shorter，faster and bigger）。**系统电源出现波动性的增加，小时内的变化也越来越可观，意味着供需的变化剧烈，价格需要更高分辨率。因此，过去小时级的结算单元也变得过长，需要进一步过渡到 30 分钟、15 分钟（欧洲日内市场），乃至 5 分钟市场（美国 7 个竞争性市场，超过 2/3 总电量），即所谓更短的市场产品与调度间隔（dispatch intervals）。可再生能源的出力受天气影响，而天气预测只有足够接近实时的时候才具有足够的精确度。因此，市场交易/机组计划的关门时间需要大幅度接近实时，即所谓更快的市场（scheduling closer to dispatch）。要平抑这种更频繁波动带来的挑战，通过更大区域的平滑出力（smoothing effect）也是一个替代性的选择。它可以降低单个机组的预测/出力误差（因为它们之间的误差往往方向不同，有的少有的多），也可以减少波动性（因为机组出力并不完全相关），并且共享和减少备用机组。这是市场/平衡范围需要更大的缘由。

从调度的备用准备视角，**市场主体更高分辨率的自我平衡，也是减少备用资源需求以及降低备用合格性条件的需要**（见图1.4）。一个形象的比方是招募一个助理来辅助业务，如果要求这个助理24小时待命，随时听候指挥，必须在接到电话20分钟内赶到办公室，符合条件的候选者注定寥寥无几。但是，如果要求变为具体某天的下午2：00~2：30到指定的地点工作20分钟，相信符合条件的候选者会非常多。备用成本，在这种更高分辨率的安排下，也会大大降低。Hirth和Ziegenhagen（2015）以及Riesz等（2013）的文章图示清晰表明了由于调度安排（discrete schedule）造成的确定性不平衡的量级随着调度分辨率提升而下降。这也是丹麦与德国风电份额迅速增加，而系统备用容量需求（大致是最大负荷水平的5%~10%）并没有增加，反而下降的主要原因。

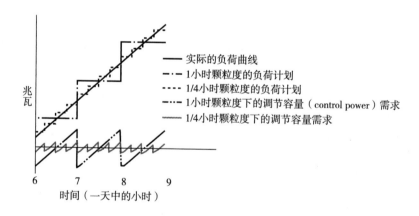

**图1.4　通过做细平衡尺度（从小时到15分钟），减少备用需求**

资料来源：Hirth L. ，Ziegenhagen I. （2015）. Balancing power and variable renewables：Three links. Renewable and Sustainable Energy Reviews，（50）：1035-1051.

**可再生能源并网带来的这些必须变化对我国的电力系统运行方式无疑是个巨大的挑战**。这是笔者之前在《能源》《风能》等专栏文章中，一再提及"可再生能源并网在我国是个从地狱来的问题"的基本逻辑。一方面，我国的调度运行体系仍旧是基荷偏好的，开机组合计划大致按照星期安排[①]；机组一旦开机上线，大体保持"一条线出力"长达 6~7 小时，甚至更长（Luo，2017）。这与更多频繁出力变化风光相冲突。另一方面，我国机组的平衡责任不同主体并不明确，而服从于调度机构的主观"考核"。实时安排仍取决于调度的无成本自由量裁指挥，实时市场建立往往启动困难。

我们在第二篇起点部分，详细讨论这方面的内容。

## 计划作为一体化体系的协调机制

电力系统最大的特点，就是电能对于消费者的高度均一性（尽管生产侧发电技术高度异质）。电力一旦上了网，一般无必要也很难区分其来源成分，因此只要保持"游泳池"式的总体平衡就可以。机组的财务义务（finance obligation）与发电义务（generation obligation）是可以分开的。无论是竞争市场还是管制体系，均采用经济调度（economic dispatch）原则，让此时此地成本最低的机组优先发电满足需求，这等价于总体系统成本最小化。在集中式竞争市场中，可用资源的调度顺序是利用每个机组的报价（bid）来确定的；而在一体化体系，调度利用对每个机组的可变生产成本（cost）的掌握来调度。经济调度无关市场有无（见专题 1.1）。各个机组的市场份额的协调问题，通过这一显性的经济原则得以明确的规定，并且具有唯一性。机组即使签订了双边合同，也没有必要保持实际的双边平衡。强迫电力市场只进行双边交易会限制可以从这种供应的可互换性（interchangeability of supply）中获得更大灵活性与效率。

**除了运行层面的发电份额协调，计划体系中的新增投资也属于需要"协调"的方面。** 从激励来讲，由于电价基于成本确定（cost of service），那么发电商无疑会有做大投资，进行过度电力投资的冲动。这方面，美国管制州多数采用综合资源规划（Integrated Resource Plan，IRP）的方式[②]去确定哪些机组应该建设，哪些机组不应该建设。

**投资层面的协调在实际操作中，当然并不是没有问题，相反问题很大。** 由于

---

① 基于笔者在东北与内蒙古的访谈（https：//globalchange. mit. edu/sites/default/files/Davidson_PhD_2018. pdf. ）。

② https：//pdf. usaid. gov/pdf_docs/PNACQ960. pdf，这个链接是一个简要的介绍。

信息不对称的存在，监管者与投资者"猫鼠游戏"的博弈结果充满着不确定性。比如加利福尼亚州①，围绕系统充足性，以及需要多少增装机，系统运营商（ISO）与监管机构 CPUC 一直处在"讨价还价"的过程中。通常的范式是：ISO 提出一个新增计划，然后 CPUC 给予打折或者推迟②。系统的备用率 ISO 保持着 12%。2020 年 8 月 14~15 日，加利福尼亚州经历了两次超过小时的停电，影响范围波及百万电力用户，特别是居民与商业用户。这次停电过程中备用率下降到了 6%。有些人认为保持 3% 就够了，ISO 过于谨慎了③。最令人啼笑皆非且无奈的无疑是南卡罗来纳州。2018 年，其电力监管部门通过了一项决定：本州的电力消费者需要持续为一个核电站每年支付 23 亿美元。问题是：这个核电站完全就没有建成，没有发电。但是因为已经纳入了批准体系，需要按照成本传导的方式，让消费者承担④。

---

**专题 1.1  美国历史上关于"经济调度"原则的争论**

2005 年，美国能源部向国会准备了一份解释说明经济调度原理，以及其优越性的文件，并且对一些争议性的问题做了分析阐述。

这些问题特别包括：

**为什么不以能效为标准（efficient dispatch）**？美国在页岩气革命之前，天然气还是总体稀缺的。当时，由于电网阻塞以及机组的运行约束等原因，经济调度并不总是最先使用高效的联合循环的。这是否意味着稀缺的天然气的浪费？能源部解释说：经济调度的根本目的是减少消费者的电力成本；如果改成效率调度，可能会有一些非期望的其他后果（比如效率是个建成后就不变的物理量，无法提供持续的有效率运行激励，甚至鼓励造假）。

**经济调度是否兼容自我调度（self-dispatch）以及双边合同（bilateral contracts）**？答案是肯定的。自主调度和双边合同是按约定的生产水平和时间

---

① 尽管它有批发市场，但是并不依赖市场本身的分散投资决策保障系统充足性。

② https：//www.utilitydive.com/news/california-regulators-propose-2-gw-new-peak-capacity-to-address-reliability/557662/.

③ https：//www.nytimes.com/2020/08/16/business/california-blackouts.html.

④ https：//www.postandcourier.com/business/sce-g-customers-to-pay-another-billion-for-failed-nuclear/article_5e8a6fb2-fe1b-11e8-8737-3783cd65f48f.html.

进行分组和调度，而不是根据经济优化。市场调度体系中，它们是作为价格接受者（price-taker）参与出清，而不是根据其成本安排。

**经济调度是否会歧视那些不属于电力公司的独立发电商？** 市场体系中，独立发电商是否可以经常被调度，取决于其自身的报价。在管制体系中，经济调度属于一个机械的优化原则，真正的问题不是经济调度本身是否会歧视独立发电商，它们可以作为必须运行（must-run）的机组参与。关键是是否有其他因素限制这些发电商公平参与经济调度，比如是否通过双边合同锁定了价格与发电量，是否购置了足够的电网传输能力等。

资料来源：https：//emp. lbl. gov/publications/value-economic-dispatch-report.

（张树伟，2020）

# 放松管制（deregulation） VS 回到垂直一体化（vertically-integrated）

如导言提到的，世界电力产业组织目前高度异质，覆盖从高度垂直一体化（美国中西部很多州）到完全的竞争性批发与零售市场（说英语的自由市场经济，以及欧洲大陆的社会市场经济，还包括俄罗斯）频谱上的各种形态。这些形态的形成，存在历史路径依赖，并且在持续进化中。比如美国的七个自由竞争市场，系统运营商跟输电公司是分开的，即所谓 ISO（Independent System Operator）；而欧洲大部分地区二者都是一体化，即所谓 TSO（Transmission System Operator），改革过程中的分开（de-bundling）甚至曾经出现过，后来重新合并了，比如在意大利。

**如何评估过去 30 年的电力部门放松管制改革？** 这涉及如何理解一个反事实问题：如果没有这种促进竞争的改革，电力部门的绩效如何？Cicala 采用 difference-in-difference 的经典计量方法，对美国市场 1999～2012 年的变化进行了研究（Cicala，2017）。他的结论是：市场通过重新分配生产降低了 5% 的生产成本。如果这个结果是对的，那么这着实算不上多大的改进，即使不考虑改革之后几次大的电力事故与危机，特别是发生在 2000 年的加利福尼亚州电力危机（Borenstein，2002），以及 2021 年的得克萨斯州停电（Rae，2021）。

**保障系统容量资源的充足性，是欧美现在突出存在的问题，而在我国不存在。**欧美在 21 世纪前 20 年面临越来越多的问题在于系统的容量不足，很多机组因为市场设计、高风险问题而缺乏必要的保留与投资。Joskow（2019）特别强调经过过去的改革，能量批发市场与长期的容量市场日益需要成为两个分开的市场。短期批发市场因为各种经济上"扭曲"，但是政治上接受度更高的规则安排（比如最高限价、脱离系统的电网备用等），无法提供长期新的电源与储能投资的激励。美国 PJM 市场中的容量市场越来越重要，近些年其机组的容量收益已经占到能源收益的 1/3 以上[1]。有些依靠尖峰价格生存的利用小时数很低的电厂，其容量费收益可能高到 50%。

**而我国的问题恰恰在于"低谷下调困难"——在需求低谷时期哪些机组调减出力直至关机，缺乏协调机制。**燃料短缺的问题因为价格机制的问题可能会发生（比如 2021 年 9~10 月的"拉闸限电"事件），但是作为电力系统的发电容量，改革开放之后解决了资本短缺问题，就不再是一个问题。

**历史到底是轮回（古希腊的观点），还是螺旋式上升（马克思主义），还是直线前进的（类似很多机构与个人主观的宏观 GDP 未来展望)？这是个哲学问题。**我国的电力部门改革，朝向进一步市场化，或者回到厂网一体化，都是一种选择，尽管二者都存在不完美的地方，但是起码从实践来看，它们都存在可行（workable）的实践地区。但是目前形态可以"骑墙"的空间，随着电源结构的变化会日益逼仄。放松管制（deregulation）或者回到垂直一体化（vertically-integrated），重新管制的体系（re-regulation），并不是一个琐碎的问题。在第二篇起点部分，我们详细阐述这一点。


# 3D，3D+，还是 X-D，服务于同一个目标——更加可靠经济可持续的电力系统


何为新型电力系统？基于上面的论述，笔者认识中的新型电力系统：

---

① Independent Market Monitor for PJM（IMM），https：//www.monitoringanalytics.com/reports/PJM _ State_ of_ the_ Market/2021. shtml.

- 需要**新在技术**，特别是信息与通信为基础的技术。
- 它需要快速地实现碳减排的下降，以满足气候安全的要求，**新在环境可持续影响**。
- 它将包括越来越多的分布式能源，智能电表支持下与系统互动的消费者（比如电动汽车），需要新在**协调机制**，特别是调度采取何种机制以保持系统平衡。
- **新在体制**，何种体制性改革能够促进上述新的技术创新、协调机制与结构快速变化的发生。

所有这些目标，都是小目标、子目标，在实现一个更大目标中发挥工具性作用。这个更大目标就是更加可靠经济可持续的电力系统，不断提升人们的用电便利性与福利水平。

这是一个福利经济学（welfare economics）框架上的理解。

# 第2章 （近）零碳电力系统——风光需要多到何种程度

What scale is appropriate? It depends on what we are trying to do.

——E. F. Schumacher（1911-1977），"Small is beautiful" 作者

It is better to be approximately right than precisely wrong.

——Warren Buffett, chairman of Berkshire Hathaway Inc.

For every complex problem, there is an answer that is clear, simple, and wrong.

——H. L. Menken，美国著名记者

## 引言

第1章我们提及，电力部门完全脱碳，成为一个零碳甚至负碳部门是未来20~30年减排事业需要先完成的工作。这指向一个近零排放的电力系统，从目前的可得技术而言，需要由可再生能源、核能以及加装了大程度碳移除（carbon removal）的化石能源机组构成。

这一系统如何构成，各个电源都是何种角色与地位，也是不乏争论的，特别是关于"能还是不能"的可行性（feasibility）问题。如果说"有没有必要实现"是个没有争议（只要你不质疑气候变化的真实性与减排的必要性）或者争议很小的问题，可以是个实证性问题，接近事实判断，那么可行性的争论边界就不清楚，关于哪个维度的可行与否就变成了一个争议甚至界定不清的问题，从而主观化。关于技术的可得性，答案可能是可以。但是必要的政策、融资与体制驱动呢？很多人就

会变得不那么笃定。争论不仅涉及技术与系统平衡挑战，还有不同学科（物理、电力工程、系统分析、经济学）关于何为可行（比如是否要考虑成本有效，cost-effective）的理解，即使在每个学科内部，也存在截然不同的意见。

比如：2015~2017 年，斯坦福环境工程学者 Mark Z. Jacobson 陆续发表了几篇文章，从仿真视角研究了 139 个国家/美国各州的 100% 可再生能源方案（WWS 方案，也就是只有水电、风电与太阳能构成的系统），引发了一场持续的大争论。

2017~2018 年，另一场争论发生在对已出版零碳（或者 100% 可再生）文章的综述理解上，包括 Brown、Bischof-Niemz 等（2018）与 Jenkins 等（2018）等。Tom Brown 教授（当时还是卡尔斯鲁厄大学 KIT 的博士后）在其博客中（https://nworbmot.org/blog/burden-of-proof.html）详述了整个过程，以及双方的主要理解分歧与争议点。

未来还未发生，掌握在我们手中。以上争论都不存在价值观方面的区别，而只是对宏观事实、考虑范畴与未来可能的变化程度方面理解（perception）的不同。它所需要的只是进一步地研究与探讨，而不是价值观妥协。

目前，风光电的成本已经下降到与传统煤电一个区间，它们是少数具有充分大规模可扩展能力（scalable）的低碳电源的认识已经接近共识（当然，共识也是在不断变化的）。本章，让我们从一个简单的算术开始，理解风光需要多到何种程度，才能实现一个**（近）零碳的电力系统**。在此基础之上，看看系统需要进一步处理解决的挑战有哪些。

建成的风电与光伏投资成本已经"沉没"（sunk）[①]，是零成本的，在一个最小化成本为基本准则的系统中总（应该）是"优先调度"的。其他的可控电源以其具有的燃料成本来满足剩余负荷。水电、核电无疑也是重要的。它们的建设周期很长，短则 5~6 年，长则十几年，并且在很大程度上，发展节奏是超越技术经济表现的政治统筹决定，确定性较强。我们在这个算术中，根据它们的典型功率出力（kW）从总需求中扣除。

此外，一些技术类型，比如生物质、加装减排措施的零排放化石能源发电，如果足够有竞争力，也会有贡献。但是，起码在目前的预期中，它们的大幅可扩

---

① 投资发生了，就成为已经付出且不可撤销（irreversible）的成本。从微观经济学讲，如果人是理性的，那就不应该在做决策时考虑沉没成本。如餐馆是否开门，取决于营业的收入是否大于可变成本（比如食材、人工计件工资等），而与房租等固定支出无关。只要满足这个条件，那么开门的选择起码会降低亏损的程度，好于不开门，无论房租高低。

展性（scalability）会面临更多的约束与障碍，我们在这里暂不考虑。

# 负荷曲线与持续负荷曲线

电力与一般商品的显著不同，**是消费侧需要维持一个连续供应**。在储能尚未大规模普及的情况下，只能依靠一个随时保持出力的供给系统去满足。微观现实是：秒是小时的一部分，小时是天的一部分，依次类推，季度是年度的一部分。任何时刻，系统的供给资源都需要满足消费者的需求，而消费者缺乏弹性或者并不会主动"脱网"。需要特别关注一些需求高峰时刻（"困难"时刻）的资源可得问题，即所谓容量充裕度（capacity adequacy）。

因此，对于电力系统而言，电力千瓦与电能千瓦时（kWh）都是有意义的。后者是总的发电量/用电量的水平，反映整个经济体一段时间内（比如全年）对电能的需求。前者是电力功率，反映在更小时间尺度电力系统满足变动需求负荷的能力。电力在年内的波动是普遍存在的，它在时间上的积分构成电量。最大负荷与最小负荷的差别，是负荷变动程度的衡量。我国 2020 年前后，最大负荷总体在 10 亿千瓦左右（出现在夏季用电高峰/冬季采暖高峰），最小负荷在 5 亿千瓦（比如春节除夕夜）。将不同时刻（比如以小时采样 8760 个负荷水平）的负荷按照时间排序，构成了电力负荷曲线（load curve）；将负荷按照从大到小的顺序排列（sorted），消除了具体时间信息，是持续负荷曲线（load duration curve）。它更加清晰地表明：这个系统何种负荷水平，持续多少时间（见图 2.1），需求超过某个负荷水平的时间有多长，等等。在某些不太关心年内（intra-year）具体时间分布的研究与应用中，持续负荷曲线被广泛使用。我们在后续章节的讨论中，将经常用到这两个概念。

不同行业与部门的负荷曲线也是不同的。比如商业部门多是在白天营业，居民主要早晚在家活动，而工业上有些是间断生产，有些是连续生产。连续生产的企业，其持续负荷曲线会非常"平"，显示其一年大部分时间都以相对稳定的负荷在生产，变化很少。

整个负荷曲线下面的面积代表着全年的发电量，除以时间就是平均的负荷水平。平均负荷水平与最大负荷水平的比值，代表着这个系统平均的负荷率。这个指标越高，证明这个系统的利用程度越高，反之则反。

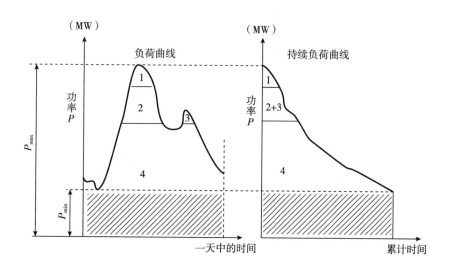

**图 2.1 电力负荷曲线与持续负荷曲线示意图**

资料来源：Lars Dittmar（TU Berlin）. Dennis Volk & Matthew Wittenstein（IEA）. IEA Energy Training Week，Paris，2010. 04. 14.

---

### 专题 2.1 负荷特性、负荷曲线、持续负荷曲线与剩余负荷

人们的生产生活存在明显的节奏（rhythm）。这个节奏指的是活动水平随着时间的推移而发生变化。比如白天上班 8 小时，穿插进餐、休息与运动，晚上睡觉。不同群体、行业、区域整体宏观叠加，存在高峰、低谷以及平段总需求，比如上下班交通高峰、傍晚看电视高峰（"黄金收视率"时段）、采暖冬季高峰等。电力需求也是这样，存在着不同时间尺度上的波动。

任何地理尺度上的总需求都是不断变化的。有些是周期性因素的影响（比如季节、工作日/休息日、白天/黑夜），有些则是趋势性的（比如房子越大，耗电量越大），有些则是外生偶然/随机扰动因素（比如日全食/地震的时候人们在户外活动，环保组织"地球一小时"关灯活动）。

电力系统分析中，通常通过**负荷特性**（load profile）或者**负荷曲线**（load curve）的图表，说明电力需求/负荷（比如单位：MW，兆瓦）随着时间的推移而发生变化。时间尺度（scale）可以是一天、一个月、一年（8760 小时）乃至更长（见图 2.2）。

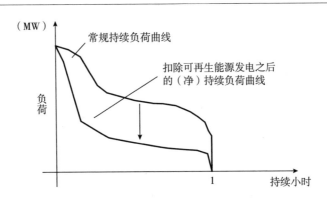

**图 2.2 持续负荷曲线与剩余持续负荷曲线**

资料来源：Biggar D. R., Hesamzadeh M. R.（2014）. The Economics of Electricity Markets, 433.

**持续负荷曲线**（Load Duration Curve，LDC）类似于负荷曲线，但需求是按从高到低排列，而不是按时间顺序。如果所有时间的需求都是一样的（极端情况），那么持续负荷曲线就是一条横平的直线。正常情况下，持续负荷曲线类似向左倾斜的"S-型"。

**剩余负荷**（residual load）顾名思义是总负荷减去某些出力之后需要其他发电资源满足的部分。通常，由于已经建成的风电、光伏是零成本的，在成本最小化系统中需要优先调度（dispatch），而它们又是不可控的，那么总负荷减去风光出力可以表征需要其他可控机组满足的电力部分。它随着时间的分布，就是剩余负荷曲线。这一指标可以表征系统的富余或者短缺的程度（a signal of scarcity or surplus）。

进一步地堆积，就是**剩余持续负荷曲线**（Residual Duration Load Curve，RDLC）。在之后的讨论中，我们会发现：RDLC 的形状，对于系统如何运行以及可再生能源的经济价值都具有非常重要的含义。

# 风电光伏出力曲线

类似负荷堆积的方式，风电光伏在时间上的分布可以形成其全年出力的出力曲线。由于天气（风速、日照强度）是变化的，从而出力也是高度波动的。反映到图上，就是部分时间，其出力为零。对于一个单独的项目尤其是这样。静风天气下，风机是不转的；光伏晚上以及阴天的时候不发电。除此之外，可以想象仍旧有明显的日内波动（这非常确定）（见图 2.3）。

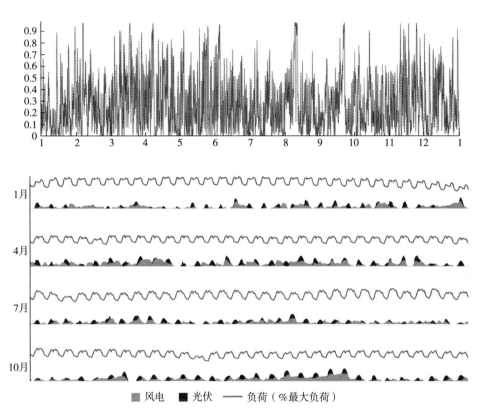

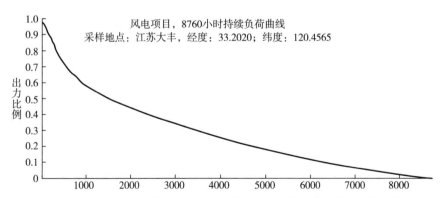

风电项目，8760小时持续负荷曲线
采样地点：江苏大丰，经度：33.2020；纬度：120.4565

**图 2.3 风电项目逐小时出力（上）、每季度第一个月出力（中，负荷、风电与光伏占最大负荷的比重）与持续曲线（下）**

资料来源：https：//www.renewables.ninja/气象数据库。

　　**即使在一个比较大的区域汇集，季节性波动仍是非常明显的。** 当彼此独立的项目在一个空间区域汇集，彼此之间的"互补"会使得波动现象减弱。如果这种空间范围扩大到区域、国家乃至大洲，风电的出力基本会消除为零的时刻，波动程度也会大幅下降。但是，季节性波动仍可能是个明显的气象因素。处于北半球的国家其光伏在冬季的出力明显会低于夏季，而风电视地区情况各异。因此，风电与光伏之间也存在互相"平滑"的可能（见图 2.4）。

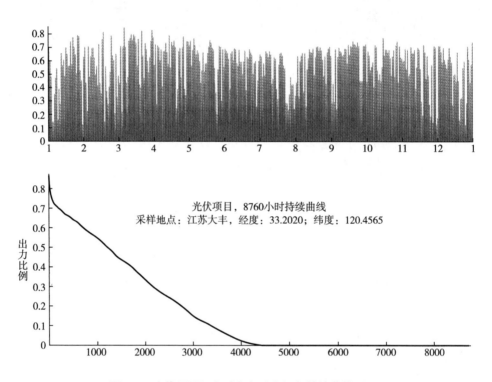

**图 2.4　光伏项目逐小时出力（上）与持续曲线（下）**

资料来源：https：//www. renewables. ninja/气象数据库。

　　**类似平均负荷水平，发电电源的负荷因子（load factor）是全年的发电量除以额度容量（也就是最大容量），代表平均（average）意义上的全年利用水平。** 可控机组取决于发电市场情况以及自身的检修计划，比如煤电多在 3500~6000 小时，而核电基本保持稳定运行，年运行小时可以高达 7500 小时以上。可再生能源更多地取决于天气以及电力切除情况。我国的大部分地区，风电的负荷因子在 25%~35%，而光伏在 10%~20%。这代表着年等效满负荷在 2200~3000 小时，以及 900~1800 小时。

从波动性出力的视角，理解为一种"波"信号，可以通过傅立叶变换的方式，去描述它在时域波动对应的频域特征。如果我们把这种波动的出力看作一种"波"（wave），也可以定义其波动的概率密度函数。横轴是出力的水平，纵轴是对应于不同出力的出现频率（可以将绝对出力转化为最大出力的百分比）。很明显，光伏只有日照的时候发电，其日波动（对应于 365 的频率）是最明显的；而风电在不同季节差别较大，对应于 4（一年四季）的频率，以及星期程度（对应于 51 个星期的频率）的波动也比较明显。

这一规律性对于我们如何平衡一个风光越来越大的体系是有用的。从互补的角度来讲，光伏需要更多晚上的发电资源与之互补，而风电更多需要季节性的资源。尽管在一个由成千上万个需求、供给组成的系统中存在额外的互相抵消或者加强的因素，但是这一理解大体上是正确的。本书也是以这种波动的规律为基本前提。

读者可能听说过一种说法：风电、光伏是一种随机性、间歇性的电源。需要强调的是：无论是随机性还是间歇性，都指的是"不确定性"（uncertainty），而不是波动性（variability）。光伏晚上不能发电，这很"确定"。只要预测准确，这种波动性就能够通过提前的计划予以充分应对。不确定的部分应该是实际出力与预测出力的差别（一个"差值"，delta）。在第三篇中，我们从理论上讨论这种波动、不确定性带来的风电经济价值方面的含义。

# 风光主体意味着多大容量

## 以 2050 年为起点

先来畅想一个简单简洁简化的 2050 年我国电力系统（专业读者，请不要着急指出您识别出来的问题，请让我们一步一步来！），总需求 13.5 万亿 kWh。这意味着从 2021 年开始年均 1.7% 的增长率，同时意味着到时候我国的人均用电量达到 1 万度。目前发达国家中只有美国等少数国家达到这个水平。

风电与光伏在全年**平均意义**上提供 10 万亿千瓦时的电量，占到电力总需求的 70% 左右。其他的由水电、核电、生物质，以及加装碳回收装置的化石能源发电来满足。根据风光资源显示的年利用小时数，70% 风电与 30% 光伏发电的比例，意味着 33 亿千瓦的风电及 27 亿的光伏，总计 60 亿千瓦。

从全年平均来看，这样的系统发电量等于用量，供需是"平衡"的。但是，如果我们的视角从年度平均放大到每个季度、每个月，以至于每个星期或者每小时，问题明显就出来了。在任何一个小时，系统的需求都需要有效地满足供给，这是一个基本的约束。

目前，我国电力系统全年 8760 小时的最大负荷约 10 亿千瓦。历史经验是负荷的增长速度往往要快于总电量的增长（也就是有些新增负荷是短时出现的）。我们假设 2050 年的最大负荷增长到 25 亿千瓦（年均增长 3%），最小负荷仍然保持目前的 5 亿千瓦左右[①]。系统很多时刻可能面临"过剩"或者"不足"。

### 2.4 倍风光下的电力缺额

我们定义在每个小时（t）上的剩余负荷（residual load）是负荷水平，减去其他可控低碳电源（核电、水电）之后与风光出力的差值（见表 2.1）。这一曲线按照从大到小的堆积，就是剩余负荷持续曲线（residual load duration curve）。

表 2.1　2050 年零碳电力系统——以未来为起点的初始值

| | 单位 | 2021 年 | 2050 年 |
|---|---|---|---|
| 全社会用电量 | 万亿 kWh | 8.30 | 14 |
| 水电容量 | 亿千瓦 | 3.9 | 5 |
| 核电容量 | 亿千瓦 | 0.53 | 1.5 |
| 水电发电量 | 万亿 kWh | 1.34 | 1.9 |
| 核电发电量 | 万亿 kWh | 0.41 | 1.0 |
| 其余零碳电力（生物质等） | 万亿 kWh | – | 1.1 |
| 剩余未满足电量 | 万亿 kWh | 6.55 | 10.0 |
| 风电利用小时数 | 小时 | 2200 | 2100 |
| 光伏利用小时数 | 小时 | 1280 | 1100 |
| 风电装机 | 亿千瓦 | 3.3 | 33 |

---

①　这是一个合意的假设。最低的负荷水平出现在后半夜缺乏需求的时候。这一水平一般并不会随着经济的扩张而同步增加。

续表

|  | 单位 | 2021 年 | 2050 年 |
|---|---|---|---|
| 光伏装机 | 亿千瓦 | 3.1 | 27 |
| 系统最大负荷 | 亿千瓦 | 10 | 25 |
| 系统最小负荷 | 亿千瓦 | 5 | 5 |

资料来源：笔者初始设定。

当风光出力不足的时候，比如 60 亿千瓦的出力不足 25 亿千瓦的时候（这是可能的），那么我们需要备用电源；当风光大发电，仅仅这两者的出力就超过最大负荷。

根据统计意义[①]上风光的出力曲线，以及负荷曲线的形状，我们可以绘制一年内这种"不足"与"过剩"的程度有多大。基于我们代表性的负荷曲线[②]，备用的最大容量需要在 20 亿千瓦，而过剩的最大程度在 28 亿千瓦。系统在极端过剩与不足之间转换，也意味着从全年的视角来看，其价格波动的程度很大。

**这部分备用既意味着额外的成本，如果是化石能源机组，也意味着可能的额外排放。** 这些备用需要发挥作用的时间有限，但是要避免在一年中的某个时段缺电，这个量级的发电容量资源仍是必要的。那么，要进一步减少相应的排放，就必须进一步提高风电光伏（或者其他低碳电源）的发电量比重，从而其装机容量必须超过最大负荷更多，才能实现极高比例（比如超过 90%）的可再生能源发电比重。从市场视角，这些时刻的电力价格将是非常高的，以使得这些时刻的机组有充分的利润来回收固定成本。

**相反，在电力过剩时刻，系统需要切除这部分电力或者创造新的需求。** 需求侧响应，或者将电力转化为其他形式变得必要。从市场视角，这个时候的电力价格需要下降到零，甚至是负的，以最大程度地将其他电源排除出出力序列，激励更多的用电。

基于目前需求特性的电力缺额（GW）在 8760 小时上的分布见图 2.5。

---

① 统计意义顾名思义就是对过去发生事情的总结，是统计规律，在结构不发生变化的情况下大概率保持稳定。它无法考虑不具有统计特征的"黑天鹅"事件（black swan）。

② 这里我们也有一个很强的假设：负荷曲线的形状在未来不变。峰谷差更大或者更小，两个方向的变化都是可能的。进一步扩大，因为需求更具有节奏感的工商业与居民用电的比重会不断上升；进一步缩小，比如需求侧呈现更大的响应潜力，或者电网"平滑"出力的范围进一步扩大。这也仅是目前的一个方便性假设。

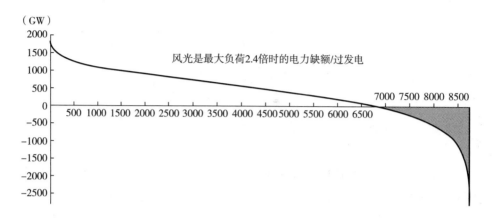

**图 2.5 基于目前需求特性的电力缺额（GW）在 8760 小时上的分布**

资料来源：笔者基于山东需求负荷与甘肃/江苏典型风光项目（平均）出力特性曲线（profile curve）逐小时差额从大到小整理（sorted）。

### 框架简化的方面

这个框架无疑是简单的，它忽略、简化以及模糊了一些额外的系统安全稳定高效运行的现实与约束，以及一些成本可能更低的其他选项组合。比如：

**忽略了风光对核电、水电在部分时段的"挤出"（crowd-out）**。在风光加起来就超过总负荷 2 倍以上的情况下，系统必然有那么一些时刻，要满足一个极低的负荷，系统存在过发电（over-production）。风光会把核电（边际成本低，但是不是零），乃至水电（边际成本几乎为零）挤出。这样，从全年平均来看，核电就实现不了人们通常印象中的高利用水平（比如 7000~8000 小时甚至更高）；某些地区可能需要部分弃水，或者反之进一步切除风光。这意味着：过发电的情况下，可再生的利用率也要下降。

这样，我们之前提到的 60 亿千瓦的风光装机，也就无法实现 3/4 的发电份额，而是要小于这个比重。如果在政策上有可再生能源更高比重的要求，那么需要的装机容量要更大，大大超过目前显示的最大负荷 2 倍多的水平（60 亿千瓦/25 亿千瓦）。

与之比较，在我国，舒印彪等（2021）[1] 利用 1.5 倍最大负荷的风光（2060年，最大负荷 30 亿千瓦，风电光伏 46 亿千瓦），能实现 92% 的可再生能源明显是个例外。这一模拟未考虑系统的更小时间尺度的运行约束可能是个原因[2]。

**简化了未来需求特性的可能变化，认为与目前类似。** 未来的变化会使得系统平衡更加困难还是更加容易，都是有可能的。一方面，如果峰谷差进一步加大，那么这种"过剩"与"不足"的程度会更大；另一方面，如果需求侧随着供给侧资源的有无而灵活调整，那么这个问题会削弱。一个理论上的"极端"，如果消费者调整自己的消费行为，过剩的时候拼命用，不足的时候拼命省，那么是否这种缺额会极大缩减乃至消失？理论上可能，不排除这种高度灵活快速反应的系统。但是对于在现实中有多大可能性，笔者的看法是保守的。这无疑是对电力用户长期形成的消费习惯与节奏的本质性改变。我们在第 5 章讨论这个"需随风光动"内容。

**模糊了一些更短时间尺度的平衡与有功平衡之外的约束。** 以上电力缺额的测算，建立在小时以及以上时间尺度之上。但是现实中的需求与供应在小时内也存在变化，特别是光伏的变动剧烈。有的时候可能构成"灵活性"问题，比如日全食时候，由于光伏出力的迅速变化，其平衡挑战需要提前准备方案应对。此外，系统的有功平衡之外，系统还需要满足无功（涉及电压稳定）、功角稳定等要求。风光越来越多的系统，其惯性水平可能会不断下降，这方面构成额外问题。但是总体上，这些挑战都是技术性的，有相应的局部与整体的应对措施。

**忽略了一些其他低碳与零碳的技术选择。** 尤其是生物质固碳零排放，以及进一步加装碳回收实现负排放。这一技术在欧美国家，特别是部分欧洲国家具有很大的市场，但是我国过去的经验表明：在操作环节扩大生物质发电的应用范围是非常困难的，面临着极高的原料收集、运输、加工相关的组织体系成本。本书无意在这方面做进一步的深入探讨，但是这并不表明作者对其潜力的主观否定态度。

---

① 舒印彪等. 我国电力碳达峰、碳中和路径研究［J］. 中国工程科学，2021，23（6）.
② 或者其建立在（净）负荷的波动有限假设上。而这种情况，唯有巨量的储能或者超大的电网平衡范围才能趋近。

# 如此之大会存在哪些额外约束

## 系统灵活性挑战

以上分析都着眼于每小时的独立运行，而现实的系统显然是连续运行的，为用户提供不间断的用电服务。大比例的风光进入系统，除了以上"量"方面的挑战，还存在调节速率的挑战。

事实上，系统灵活性的三个视角包括：最小出力、启停时间以及爬坡速率。后两者都是关于调节速率的问题，也就是从一个平衡到另外一个平衡的过渡是否足够快速跟上。因此，这个系统如果存在如此巨量的风光，那么其他的备用电源必须是足够灵活的。

这种灵活调节的另一面，就是因为这种调节（频繁停机，或者以部分出力运行），其利用水平很难到一个高水平。这意味着这些资源在全年"摊薄"投资成本的机会有限。这种资源最好是低资产密度的，比如小容量的电池、便宜的燃煤亚临界小机组，以及天然气单循环等。

当然，利用水平低到何种程度，无疑是跟具体的风电光伏的比重、出力曲线的形状、系统的净负荷曲线的形状等相关的。基于定性的阐述要足够明确清晰，可能就变得困难。我们在第三篇将定量讨论这方面的问题。此处，我们通过两个极端情况的思维实验，框定一下可能的形态"区间"。

一个极端是风电与光伏可以形成"完美"的互补（注意，不需要是一条直线！），可以无缝满足变动的需求。这意味着系统的备用相比没有风光的系统并没有任何增加。系统即使存在备用需求，那也是为不确定的需求准备的，跟之前的系统区别不大。

另外一个极端是巨量的风电出力到可以忽略的程度，等价于一个部分时间几乎没有风电容量支持的系统。那么系统要为光伏提供备用，无疑需要满足傍晚之后整夜的需求（此时光伏出力为零），以及更长时间尺度，比如冬季阳光严重不足的时候。那么一年有大约超过一半的时间，几乎将获得运行的机会，利用小时数超过 4000 小时甚至更高。无疑，这种情况下，核电/氢燃料电池因为可以在更大程度上摊薄投资，可能整体成本就要低于提供类似备用的大容量电池。

现实中的系统在这两个极端之间。因为这种波动性，未来的电力系统，需要日益成为一个轻资产、灵活的系统。第三产业与居民负荷的增长，特别是上述提及的可再生能源的日益增多，都指向这个方向——一个更少基荷、更频繁的爬坡、更多备用的系统。这对未来的发电与电网投资具有很强的含义。除了可再生能源之外的其他电源形式，需要在更短周期与更少机会内回收固定投资。

## 土地资源与公众接受度

如果风力装机密度平均为 4 兆瓦/平方公里，太阳能装机密度为 30 兆瓦/平方公里，那么占我国 960 万平方公里土地的比例是多少？这是个简单的算术题。答案是约 10%。当然，这个数值可能高估了土地资源的限制，比如风电与光伏用地在某些情况下并不是冲突的，甚至是互补的。我国还存在巨量海上风电的建设空间；风机之间的土地还能够用于其他目的（比如放牧），而通常风机的排布间距也在一个很大的范围。也可能存在一些低估的因素，比如存在大量并不适合布局风电光伏装机的城区、山地或者其他空间（见图 2.6）。

发达经济体在这方面可能面临比我国更大的约束。比如，英国的研究（McKenna et al.，2021）显示：在风景最好的 10% 地理位置避免安装风机，将减少 18% 的风电发电潜力，发电成本提高 8%~26%。而德国的陆地限制更大，基于对风场距离"居民区"（何为"居民区"成为一个焦点问题）距离的辩论曾在 2019~2020 年成为一个热点[①]。

公众的可接受度是能源项目可行的必要微观前提。这方面，各种大型工程都会有或多或少的环境景观、可持续性方面的挑战。不同国家展现出高度异质的社会与政治约束。本丛书的其他主题，会在更高的分辨率上探讨这一问题，比如洪涛的《核能》专题对核电在不同国家接受度做了对比分析等。

---

① 感谢与 Fabian Hein 在 2001~2020 年的沟通（https://www.vernunftkraft.de/是德国反对风电发展影响景观的大本营）。

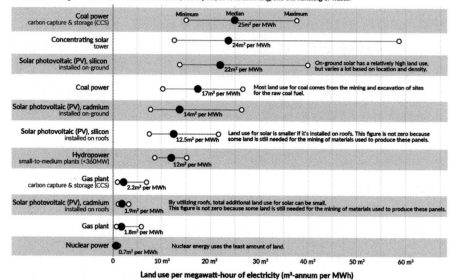

图 2.6  发电资源单位电量的土地占用密度（m²/MWh）

资料来源：https：//ourworldindata. org/land−use−per−energy−source？ utm_ source＝OWID＋Newsletter&utm_ campaign＝39d2bf489c−biweekly−digest−2022−06−17&utm_ medium＝email&utm_ term＝0_ 2e166c1fc1−39d2bf 489c−536881577.

*投资能力*

60 亿千瓦的风电光伏，如果按照 4000 元/千瓦的投资强度，意味着在 30 年内年投资额超过 8000 亿元。相比而言，目前我国电力行业年投资额在万亿元上下，其中电源与电网分别占一半左右。电源侧需要稍微增加，但是程度并不深。

以目前的科学技术水平与产出能力，我们不会缺资本。我们相当部分国有主体还面临预算"软约束"，投资能力更不是问题。

*建设速度*

2021 年，我国风电光伏合计达到 6.3 亿千瓦，要在 30 年内上升到 60 亿千瓦，年新增装机需要超过 1.5 亿千瓦。这是历史上不曾出现过的，最接近它的发生在 2020 年，由于很多"表外"项目的加入，风电光伏加起来新增超过 1.2 亿千瓦。

实操上的速度从目前看似乎是一个最大的约束——也就是，我们不能够建设（upscaling）得足够快。起码目前的速度是需要进一步提升的，如果这意味着一个理想的未来。

# 高比例可再生零碳电力系统什么样？——一个模糊正确的结构

以上分析与探讨无疑展示了这个问题的足够复杂性与各种可能的变化。但是，复杂的问题需要简单的答案。首先，这种复杂性在不同的时间、空间可能会有程度上的很大不同，并不总是复杂的，有些情况下存在大幅简化的可能，也能够有用。其次，简单的答案更加适应人们"启发式"的理解，从而能够分散式地行动，朝向一个集体理性的目标。最后，模糊的正确有时候胜过精确的错误（巴菲特语），因为只要方向正确，程度的不同往往仅仅是收益多还是少的问题，而有效规避了足以致命的错误。

基于上述讨论，我们想象中的一个高度多元、灵活、低碳（直至零碳）的电力系统，一个模糊正确的结构如下——

- 巨量的超过最大负荷很多倍的本地风电与光伏装机，满足大部分的电量需要。
- 配备着数量众多的小容量电化学电池。或多或少的电解槽，氢能利用的体系，在极端气候条件下反馈电力系统做容量贡献。
- 小市场的天然气机组。在远期，燃料源于 Power to X 甲烷化零碳天然气。
- 水电与核电实现了公众接受程度上的最大程度发展。

- 消费者日益暴露在实时波动性电价体系中，响应系统平衡要求，程度取决于各种技术、网络体系与政策监管安排的"车网互动"小系统。
- 作为古董与历史博物馆参观目的（不具有减排设施，unabated）的煤电。
- 电力、热力与交通出行需求与供给的高度灵活互补的部门耦合体系。
- 建立在互联互通基础设施上的市场、贸易与多样化的产业组织。
- 电力部门大体维持"内循环"，为国民经济持续提供有竞争力的廉价电价。

相比今天，这样的形态是更美好还是更糟糕？仅对于电力系统而言，无疑是美好的，它更加安全可靠、环境友好、敏捷，并且成本可负担。当然，任何技术都不是中性的，相比今天的电力系统的变化如此之大，这样的电力系统意味着社会权力与互动范式的转化，这可能会存在很多衍生性问题，比如数据隐私、极端天气下的可靠性、互相依存武器化等。

**这样的物理发电/用电技术系统必然意味着经济、社会与政治组织体系的相应的共同进化或者冲突**。特别是中国特色的电网接纳"新能源"的能力（我们在第二篇详细讨论）。对于一个给定的电网系统，这种关切是真实的，无论中外。因为系统的电源结构、机组灵活程度、电网坚强程度与冗余资源都是有限的，系统可能在某些情况下面临"切除风电"的需要。但是动态来讲，如果把可再生能源作为目标，而电网是基础设施，这方面的所谓"限制"界定就是逻辑问题了。我们特别需要探讨的是：什么电力系统安排能够更好地适应与支持更高比例的可再生能的并网。这恰恰应该是系统进化方面的努力方向。这是一个电源与电网的互动过程，彼此进化。

第3~5章，我们会综述适应这种更加频繁的"过剩"与"不足"的技术路线。它们在世界各地的研发、示范以及商业化应用进展，以及面临的经济、政策以及其他相关性因素。它们之间并不互斥，对应不同时间尺度上的问题解决。在第6章，我们将它们放到同一个竞争与互动的框架中——部门耦合，从更广阔的视角分析包含这些技术路径的电力能源基础设施。

# 附录

## A 特定点源风光发电项目采样

甘肃玉门：经度：40.2917；纬度：97.0449。

江苏大丰：经度：33.2020；纬度：120.4565。

测试风机类型：金风 Goldwind GW82 1500kW 机型（https：//en. wind‐tur‐bine‐models. com/turbines/1202‐goldwind‐gw‐82‐1500）。

年份：2019 年。

资料来源：https：//www. renewables. ninja/；Pfenninger S. & Staffell I. (2016). Long‐term patterns of European PV output using 30 years of validated hourly reanalysis and sa‐tellite data. Energy，114：1251‐1265；https：//doi. org/10. 1016/j. energy. 2016. 08. 060.

Creative Commons Attribution‐NonCommercial 4.0 International （CC BY‐NC 4.0）.

## B 产业经济与居民生活部门负荷（24 小时）日采样

典型需求曲线（24 小时，夏季/冬季）（见图 2.7）

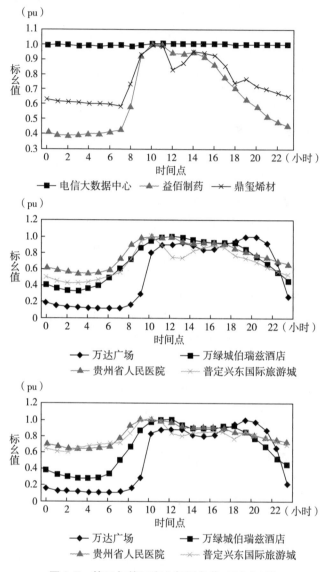

**图 2.7　第二与第三产业部门负荷（24 小时）**

注：标幺值是电力系统分析和工程计算的一种数值记法，其值等于实际值（有名值）与某一选定的基准值的比值。这里作者选取的基准值是最大负荷水平（https：//zh. wikipedia. org/wiki/%E6%A0%87%E5%B9%BA%E5%80%BC#：~：text＝%E6%A0%87%E5%B9%BA%E5%80%BC%EF%BC%88%E8%8B%B1%E8%AA%9E%EF%BC%9APer，%E5%90%84%E8%87%AA%E5%9F%BA%E5%87%86%E5%80%BC%E7%9A%84%E5%A4%A7%E5%B0%8F%E3%80%82）。

资料来源：陈露东，赵星，潘英（2020）. 贵州典型行业及用户负荷特性分析. https：//www. energychina. press/cn/article/doi/10. 16516/j. gedi. issn2095-8676. 2020. S1. 006.

居民生活部门24小时负荷曲线（见图2.8）。

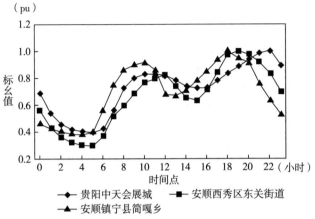

（a）居民生活典型用户夏季典型日负荷曲线

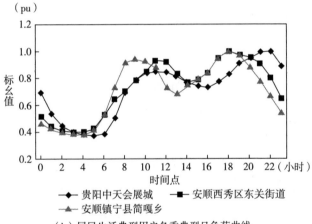

（b）居民生活典型用户冬季典型日负荷曲线

**图2.8 居民部门电力负荷及其用途（24 小时）**

资料来源：陈露东，赵星，潘英（2020）．贵州典型行业及用户负荷特性分析. https：//www. energychina. press/cn/article/doi/10. 16516/j. gedi. issn2095-8676. 2020. S1. 006，夏季与冬季典型日。

## C 傅立叶变换：数学细节

傅里叶变换（Fourier Transform）将一个时间函数（信号）分解为构成它的

频谱叠加，其方式类似于一个音乐和弦可以被表征为其组成音符的频率（或音高）。

数学形式为：

$$f(t) = \int_{-\infty}^{\infty} f(\xi) * e^{-2\pi it\xi} d\xi \qquad (2.1)$$

其离散形式可以写为：

一个由频率轴上 N 个数值（波幅）构成的序列：$\{x_n\} = x_0$，$x_1$，$x_2$，$\cdots$，$x_{N-1}$。

可以转换为另外一组时间轴上的 N 个数值：$\{X_k\} = X_0$，$X_1$，$X_2$，$\cdots$，$X_{N-1}$。

$$X_k = \sum_{n=0}^{N-1} x_n \cdot e^{-\frac{2\pi i}{N}kn}$$

$$= \sum_{n=0}^{N-1} x_n \cdot \left[\cos(2\pi kn/N) - i \cdot \sin(2\pi kn/N)\right] \qquad (2.2)$$

时域（Time）与频域（frequency）——傅立叶变换示意图见图 2.9。

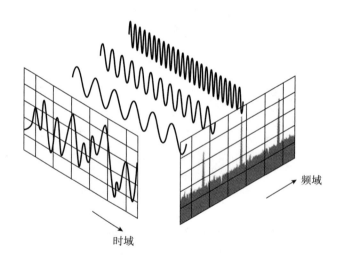

**图 2.9 时域（time）与频域（frequency）——傅立叶变换示意图**

资料来源：https://github.com/trekhleb/javascript - algorithms/tree/master/src/algorithms/math/fourier - transform.

# 第3章 终端电气化——电是一切

The fastest way to decarbonize is to electrify everything.

——环境社会活动家 Saul Griffith①, author of "Electrify：
An Optimist's Playbook for Our Clean Energy Future"

Definitely electric; hydrogen is a waste of time, obviously.

——钢铁侠 Elon Musk 回答德国社民党主席 Armin Laschet 的问题：
"汽车的未来是什么？"，2021 年

Leader in electrical heating!

——德国保温解决方案公司 Eltherm 的广告语，
提供从 65 度到 900 度的电热服务

## 引言

电能从爱迪生时代用于照明开始，可以方便地转化为机械能、热能、化学能等，不断扩展应用领域，在交通、建筑与工业领域均有广泛应用。但是，在私人汽车领域，电力败给了燃油内燃机（Internal Combustion Engine，ICE）。这其中的原因无疑是复杂的，有注定的部分，也有历史的偶然。2006 年，一部名为《谁杀死了电动汽车？》的纪录片②，还原了 20 世纪 90 年代的部分历史，电动汽

---

① https：//www.vox.com/energy-and-environment/21349200/climate-change-fossil-fuels-rewiring-a-merica-electrify.

② https：//en.wikipedia.org/wiki/Who_Killed_the_Electric_Car%3F.

车那个时候已经以商业化的模式出现了，只是失败了。

**在采暖领域，电力的份额在大部分时间比不上天然气。**过去大部分时间，世界石油天然气的价格也保持低位，除了两次石油危机以及我国开始工业化的2002~2012 年的黄金十年，电力的竞争力并不突出。此外，还是热力的稳定性以及"品位"等问题。我国 2015 年以来，在居民采暖领域"煤改电"也暴露了这方面的可持续性与质量关切。

**现在，很多结构性因素似乎都有了明显变化。**过去 10~15 年，可再生发电技术的快速、超出预期的成本下降，再一次丰富了人们对未来的想象。风光技术的持续成本降低可能提供更低的长期电价水平。风光资源区域分布，相比传统化石能源更加均衡，各个地理区域发展潜力普遍。电力成为终极能源还是其他能源载体（carrier）的问题变得有趣与有意义。

这涉及一个能源指标——**电力在终端能源消费中的比重**（%）。近年来，全球这一指标保持在平均 20% 的水平。从目标来看，如果按照"电是一切"拥趸的目标，把所有的终端用能，包括工业、建筑、交通用能全部换成电力，那么意味着这个指标需要上升到 80%，乃至接近 100%。如果考虑到气候减排的约束，这一变化需要在 30~40 年发生。当然，争议是存在的。

本章，我们讨论电力作为终极能源，并且几乎作为唯一选项的可能愿景，以及其涉及的激励与障碍因素。这一讨论是描述性的。它并不代表笔者的主观看法，不代表是否赞同或者反对这种趋向以及主观信念。

**电气化率指标的分子——电能通常以度电（kWh）来表征，而终端能源的统计即使是国际标准单位（而非英美体系），也是各种热值计量单位均存在。**它包括升（litre）或者吨（tone）的油品、立方米（$m^3$）的天然气、千卡（kcal）或者焦耳（Joule）的热力等。它们如何转换为同一个可比单位（比如热值焦耳）？存在很多方式。比如电力的热当量法或者标煤等价等。此外，终端部门的划分，不同国家与地区的统计存在巨大差别。比如家里烧天然气取暖，这个天然气到底是投入算终端，还是产出的热力（存在一个转换损失）才算终端，是一个细节但是涉及可比性的问题。

**这两个细节使得这一指标在不同国家之间的比较并不像想象中那么容易，**必须对一些简单的数字比较结果持怀疑态度。本章讨论中，我国采用**热当量法**转换各种终端能源消费（具体的能源服务产出，也就是"有用能"计量统计是困难的），力求可比性。在处理不一致或者容易引发误解的地方，给予特别提示。

# 案例：美国加利福尼亚州电气化努力

美国加利福尼亚州如果按照经济总量 GDP 计量，是世界第五大经济体。它同时也是在环境减排目标与行动上最激进的地区之一。目前加利福尼亚州一半的电力来自零碳电源（见图 3.1）。2021 年 3 月，加利福尼亚州能源委员会会同其他官方机构，共同发布了 2045 年前实现 100% 清洁电力的研究综述[①]，预期 2030 年实现 60% 的中间目标。

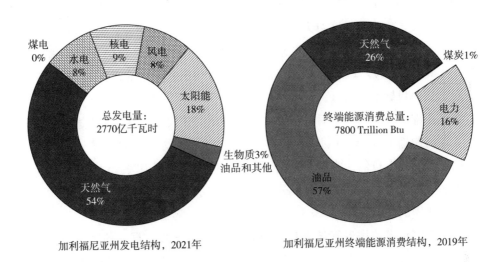

加利福尼亚州发电结构，2021年　　加利福尼亚州终端能源消费结构，2019年

**图 3.1 美国加利福尼亚州电源结构与终端能源消费结构**

资料来源：https：//www. energy. ca. govldata-reports/energy-almanac/calfornia-electricity-data；https：//www. eia. govlstate/? sid＝CA#tabs-1。计量单位：Trillion Btu。

电力部门本身的完全脱碳化的探讨非常多，这倒并不显得特别。在此基础上，加利福尼亚州目前强调进一步扩大电力终端使用的政策与趋向，强调"使用清洁电力为交通、建筑和工业运营提供动力，有助于使这些经济部门脱碳。这些部门与发电部门一起，占该州碳排放的 92%"。

---

① https：//www. energy. ca. gov/news/2021-03/california-releases-report-charting-path-100-percent-clean-electricity.

在**交通部门**，加利福尼亚州确定了 2035 年前完全停止新的燃油汽车销售的政策。电力汽车在新车销售量中的比重，2021 年达到 12.4%①。2022 年 4 月，加利福尼亚州空气资源委员会（CARB）发布了从当时到 2035 年的目标监管路线图②，电动汽车在新车销售中的份额，需要近乎线性增加，直到 13 年后接近100%。在过去的清洁燃料标准（low carbon fuel standard）中建立乙醇与生物柴油证书之后，用电进入这一体系的准备工作也在进行中（截至 2022 年 10 月信息）③。

在**建筑部门**，2019 年，伯克利地区先立法禁止建设使用燃气炊事、取暖、烘干的新建筑，到 2021 年已经有 21 个市跟进④。全州范围的"纯电建筑"规定，在政府计划当中，虽然不乏基于不同理由的反对声音，2023 年 4 月，联邦法院也新近否决了伯克利地区对天然气在新建筑的使用，理由是这是"联邦法律"管辖的范畴⑤。在加利福尼亚州北部，过去 10 年，电采暖需求增长了 1 倍（El-mallah et al.，2022）。2022 年 7 月，加利福尼亚州州长确定了到 2030 年安装 600万个新热泵的目标⑥。

在**工业部门**，如果以绝对值排放在美国各州间比较，加利福尼亚州无疑还是一个工业与制造业重镇。但是如果终端化石能源的需求没有了，那么一些重工业，比如石油化工自然作为产业链上游，很大程度上也要消失。以今天的眼光来看，彻底电气化难以解决的一些细分领域，比如水泥、部分化工产品、极高过程热，在总体中的比重不超过 5%⑦。

**这一电气化率的提升意味着电网基础设施的进一步扩展。** 前述官方报告认为："为了达到 2045 年的目标，同时使其他部门电气化以实现该州总体的气候目标，加州将需要将目前的电网容量扩大 3 倍。"这尤其是对配电网扩容的要求。

---

① https：//www.cnbc.com/2022/04/13/california-releases-proposal-to-ban-new-gas-fueled-cars-by-2035-.html.

② https：//ww2.arb.ca.gov/sites/default/files/barcu/regact/2022/accii/isor.pdf.

③ https：//energyathaas.wordpress.com/2022/10/10/should-we-pay-people-to-drive-their-electric-cars/.

④ https：//www.kqed.org/science/1973279/california-cities-are-rushing-to-ban-gas-in-new-homes-but-the-state-is-moving-slower.

⑤ https：//grist.org/energy/court-overturns-berkeley-gas-ban/.

⑥ https：//pv-magazine-usa.com/2022/07/25/california-governor-sets-goal-of-3-million-climate-ready-homes-6-million-heat-pumps-by-2030/.

⑦ https：//www.vox.com/energy-and-environment/21349200/climate-change-fossil-fuels-rewiring-america-electrify.

争议当然是存在的，特别是现存的化石能源基础设施是否可以继续利用，电力部门能否足够安全可靠，以及是否应该为人们保留选择权利等问题。

更尖锐的问题是关于现状与近期的。近年来，加利福尼亚州每年都会因为高温天气与森林山火面临电网可靠性的问题，而在 2021 年基于天然气供应可靠性的关切，还批准扩大了新的地下储气库存储容量[①]。目前的能源价格，加利福尼亚州电力价格的"离谱"程度，要高于其油品与天然气的价格（Borenstein et al.，2021）。2022 年 1 月统计数据显示，居民、商业与工业部门的电力价格，分别为 24 美分/千瓦时、19 美分/千瓦时与 14 美分/千瓦时[②]，分别比美国平均水平高出 60%直到 1 倍之多。

必须强调的是：**我们给出这个美国案例（以及随后章节的任何案例），没有我国需要"效仿"它来进行转型的意思，而只在于描述这个丰富世界正在发生的故事。这种"效仿"——所谓借鉴国际经验的主语都需要进一步明确，也必须证明这仅仅是个技术问题（即使很复杂）才有行动含义。**

从笔者的主观观点看，加利福尼亚州的能源系统，特别是其电力系统，存在诸多特色问题。未来在保持安全稳定供应基础上的低碳转型挑战仍旧是巨大的。

# 电气化现状与预期

## 电气化率缓慢上升趋势

**各国电气化率在过去 20 年呈现缓慢上升的趋势。**1970 年是 8%（Luderer et al.，2022）。2000 年前后是 15%，到 2020 年是 20%左右，20 年上升了 5 个百分点[③]。这着实算不上快。原因是很复杂的，涉及技术可得性、经济竞争力、习惯势力、信息不足乃至长寿命基础设施锁定等多个方面。

**天然气基础设施发达，价格不太贵（2021 年前）的国家，其电气化率水平**

---

① https：//www.reuters.com/world/us/california-looks-natural-gas-keep-lights-this-winter-2021-11-04/.

② https：//www.eia.gov/state/print.php?sid=CA.

③ https：//www.iea.org/data-and-statistics/charts/share-of-electricity-in-total-final-energy-consumption-historical-and-sds.

不高，而尚未解决电力普遍供应的欠发达国家（非洲）也不高。电气化率高的少数国家，是那些电力供应充足稳定廉价的国家，特别是依靠水电的北欧、南美国家，以及依靠核电的法国。笔者基于 IEA 平衡表①的测算显示：挪威接近 50%，瑞典超过 30%，法国超过 25%。唯一一个需要额外高分辨率理解的是日本。它的电气化率也不低（超过 25%），主导性原因并不显然，可能各种供给与需求因素兼而有之，特别是能源消费持续下降的因素。有兴趣的读者可以聚焦一下。

**随着可再生能源特别是风光电成本的大幅下降，对于未来电气化率快速上升的预期也在提升。**在气候减排研究领域，Luderer 等（2022）的技术细节模拟显示，由于风光成本竞争力的持续上升，*即使没有任何额外的政策*，世界的总体电气化率也会从目前的 20% 上升到 21 世纪末的 50%。这离不开电力存储技术的快速进步，以及一些终端用能技术的新发展。目前的产业与企业热点，一个是电动汽车，另一个是热泵。前者系于储能的发展，其更大的想象空间在于与电力系统的互动（第 5 章），而后者极高的能源效率（所谓能效比，通常在 3~6，也就是 1 份的电力就可以提供 3 份以上的热量供应），可以提供建筑采暖方面的化石能源替代方案。美国政府于 2022 年 8 月上旬通过的 *Inflation Reduction Act* 通过一系列税收改革提供资金，支持医疗与能源气候支出。其中，对于消费者电气化率提升的税收减免激励，特别包括电动汽车与热泵两种技术②。

### 终端更深层次、更大范围的电气化

从目前的技术进展看，大部分部门的电力替代技术选择上均可得，也就是具有技术可行性，而主要问题在于经济竞争力以及其他操作性，特别是涉及基础设施方面。技术上仍旧存在问题的几个小部门包括：

- 重载卡车与长距离运输。
- 部分化工过程，化石燃料同时充当燃料与原料。
- 炼铁。
- 部分工业过程热（process heating）。

终端部门更大程度的电气化见表 3.1。

---

① https：//www.iea.org/sankey/#? c＝World&s＝Balance.
② https：//www.democrats.senate.gov/imo/media/doc/inflation_reduction_act_one_page_summary.pdf.

表 3.1　终端部门更大程度的电气化

| 部门 | 替代性技术 | 发展现状 | 关键因素 |
|---|---|---|---|
| 私人交通 | 纯电动汽车 | 陆续形成小市场 | 基础设施便利性 |
| 商业建筑 | 热泵采暖 | 处于试验示范阶段 | 改造难度 |
| 民用建筑 | 热泵采暖 | 处于小市场阶段 | 用能习惯与热能质量 |
| 工业部门 | 电加热 | 逐步替代中 | 价格竞争力、热品质 |

资料来源：笔者汇总整理。

### 交通电气化（e-mobility）

**同风光的成本下降类似，过去 10 年，电化学储能技术也实现了快速进步，成本以极高的学习率在下降。** 从技术路线上，以锂离子电池为主流代表，其快速的技术进步与迭代呈现能量密度越来越高、单位容量（kWh）成本越来越低的趋势。锂电池的成本，在过去 30 年下降了 98%[1]。目前的普遍预期是：在 2025 年前，成本就能进一步下降到 100 美元/kWh，而能量密度提升到 350Wh/千克以上[2]（见图 3.2）。2021 年 9 月，美国能源部公布"长时储能攻关"计划（Long Duration Storage Shot），争取在 10 年内将储能时长超过 10 小时的系统成本再降低 90% 以上[3]。

**在商业领域，嗅觉灵敏的企业家已经有了很多成功的故事。** 电池性能与成本的改善，使得过去电动汽车的致命短板——续航里程与高成本都得到了极大的改善。这成为促进汽车电动化的关键动力之一。最吸引眼球的无疑是纯电动汽车公司——钢铁侠 Elon Musk 创立的特斯拉（显然是为了致敬之前那个特斯拉人物）。其从豪华汽车开局，逐渐切入大众车型市场，并且其续航里程越来越长，而售价却在下降。2020 年，M3 电动汽车向首批客户发货，其量产的信息也得以披露：标准版续航里程超过 350 公里，百公里加速 5.6 秒，最高时速 217 公里。我国的一众新兴电动汽车公司（比如俗称的"蔚小理"三家造车新势力，已经占据明显市场份额），无论是换电与充电服务、自动驾驶功能，还是其他各种增值服务方面，都成为各种创新的引领者。

---

[1]　https：//www.economist.com/graphic-detail/2021/03/31/lithium-battery-costs-have-fallen-by-98-in-three-decades.

[2]　笔者基于各种分析材料汇总。

[3]　https：//www.energy.gov/eere/long-duration-storage-shot.

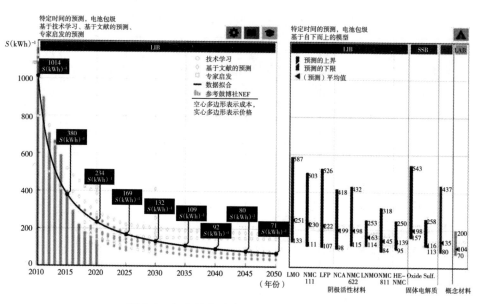

**图 3.2 锂离子电池成本的历史下降与预期**

资料来源：Mauler L., Duffner F., G. Zeier W., Leker J.（2021）. Battery cost forecasting：A review of methods and results with an outlook to 2050. Energy & Environmental Science，14（9）：4712－4739. https：//doi. org/10. 1039/D1EE01530C.

传统的汽车厂商，在环境、社会与治理（ESG）大旗下，也陆续开始承诺越发积极的电动汽车销售目标，直至承诺碳中和，以及更加直接地，尽快转型为**100%电动汽车公司**（见表 3.2）。特别是一众日本汽车制造企业。从目前的技术可得性来看，汽车厂商要实现碳中和，包括销售汽车使用中的碳排放（所谓范围3 排放，Scope3 emission），转型为电动汽车几乎是少数（如果不是唯一）的选择。这是供给侧的变化。

**表 3.2 承诺碳中和的汽车企业对电力来源的考量**

| 汽车厂商 | 目标描述 | 电力来源排放是否考虑 |
| --- | --- | --- |
| 斯巴鲁 | 在 2050 年之前，将新车（运行中）的平均二氧化碳排放量比 2010 年的水平减少 90% 或更多；使斯巴鲁全球销售的电动车（EV）或混合电动车（HEV）至少占 40% | 计算二氧化碳排放量的方法，包括电动汽车和其他车辆使用的发电所产生的排放量 |
| 马自达 | 到 2030 年，将公司的平均全生命化周期二氧化碳排放量减少到 2010 年水平的 50%，以期到 2050 年实现 90% 的削减 | 虽然它们在驾驶时可能不会排放二氧化碳，但为电池充电的发电过程会排放二氧化碳；排放多少取决于所使用的发电方法 |

续表

| 汽车厂商 | 目标描述 | 电力来源排放是否考虑 |
|---|---|---|
| 铃木汽车 | 在2050年之前,将新汽车的二氧化碳排放量比2010财政年度减少90%;在2030年之前,将新汽车的二氧化碳排放量比2010财政年度减少40% | 全生命周期方法:一种考虑到挖掘和提炼燃料以及发电所排放的二氧化碳的方法,此外还考虑到车辆行驶时从尾气管直接排放的二氧化碳 |
| 雷诺 | 在车辆的整个生命周期内减少二氧化碳排放,以期在2040年在欧洲达到碳中和,并在2050年在全球达到碳中和 | 在整个生命周期中(包括电池制造),电动汽车的平均碳足迹比欧洲同等的内燃机汽车小28%。在法国,它们的碳足迹要小64% |
| 戴姆勒 | 在我们的"雄心2039"中,戴姆勒设定的目标是在2039年之前使我们的新乘用车车队在车辆的整个生命周期中实现二氧化碳中立 | 范围3包括在供应链中产生的二氧化碳排放(购买的货物和服务),由于我们的车辆在客户手中运行(使用阶段,包括燃料和电力的生产)或在车辆的回收阶段 |
| 大众 | 到2050年,整个集团的资产负债表将实现二氧化碳中立化——这包括车辆以及工厂和流程 | 大众汽车在向电动汽车过渡的过程中采取了一种整体的方法。除了制造电动汽车,集团还生产电池片,建设充电基础设施,并提供绿色电力 |
| 保时捷 | 保时捷的目标是到2030年实现整个价值链的二氧化碳中和 | 范围3间接排放,Porche车队。报告的排放量是指保时捷在生产基地的自有车辆(100%绿色电力) |
| 捷豹路虎 | 捷豹的目标是到2039年在我们的供应链、产品和业务中实现净零碳排放 | 它自己的太阳能是由一个3000平方米的屋顶阵列产生的 |
| 福特 | 到2050年实现其车辆、设施和供应商的碳中和 | 在制定2050年的目标时充分意识到了各种挑战,包括客户的接受度、政府法规、经济状况以及可再生的碳中和电力和可再生燃料的可用性 |

资料来源:各企业社会责任报告、网站以及ESG承诺整理材料。

在政府规制层面,电动汽车普遍开始享受各种优惠政策,而禁售燃油车的政策在不少国家也有所采用。法国与英国先后表示将在2040年前彻底禁止燃油汽车的销售。而早在此之前,世界电动汽车销售的先锋国,荷兰、挪威更是将这一时间点预期在2025年。要知道,挪威最近几年的新车销售中,电动车已经占到了40%的份额。甚至印度也爆出了要在2030年实现新增汽车全部电动化这一目标的消息。当然,这些目标将在多大程度上由严肃明确的法律确定并设定实施的时间表,以及如何政策上会出现何种反复,都是未知数。

## 热泵 ( heat pump )

建筑部门减排一直被认为是比较困难的。一方面建筑本身的寿命很长,一旦建成存在50年以上,甚至超过100年。现存基础设施要改造,面临很多"开墙打洞"、寻找临时住处等操作性难题。另一方面建筑的采暖，在温带以及更冷地区的冬季，属于特别重要的能源消费，关系到基本生活质量，乃至生存需要；而制冷的需求在全球热浪天气不断增加的背景下，也越来越呈现"刚性"。加热保温与制冷的基本能源服务，可靠性要求很高。目前的空调与电风扇负荷，已经占到全球建筑用电的20%，总体用电量的10%[1]。未来预期仍具有可观增长。通过基于自然的解决方案（nature-based solution）不消耗能源来实现制冷取暖目的，是一个探讨的热点，比如"被动房"相关的一系列能量保存交换技术。它可以简单到晚上打开窗户降温，白天放下百叶窗避免太阳辐射，就可以降低室内温度14度之多[2]。

**热泵是人们视野中选择不多，但是技术上已经充分可行的选择。** 国际能源署（IEA）分析认为[3]：热泵可以满足全球90%的供暖需求，并且比燃气冷凝式锅炉（gas-fired condensing boilers）的碳足迹低很多，给定其效率（Coefficient of Performance，COP）要高3~4倍（见图3.3）。热泵的能源效率高，运行成本取决于电价水平。

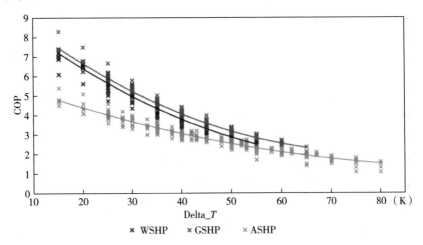

**图 3.3　热泵随室内外温差的效率曲线**

注：空气源热泵（ASHP）、地源热泵（GSHP）和地下水源热泵（WSHP）。

资料来源：Ruhnau O.，Hirth L.，Praktiknjo A.（2019）. Time series of heat demand and heat pump efficiency for energy system modeling. Scientific Data, 6（1），Article 1. https：//doi. org/10. 1038/s41597 - 019 - 0199-y.

---

① https：//www. iea. org/reports/the-future-of-cooling.

② https：//www. newswise. com/articles/to-beat-the-summer-heat-passive-cooling-really-works.

③ https：//www. iea. org/reports/heat-pumps.

虽然，热泵的缺点可能也不少。相对较高的购买成本是一个小的方面。它可以用旧有体系存在很多未能充分反映的社会成本（比如集中锅炉的污染与碳排放）来抵消，但是其他的缺点可能无法充分改进。比如，在天气极端寒冷的时候，其效率下降得很厉害，从而无法保证供暖质量，不能适用于极端低温天气地区（比如我国东北，室内外温差可能超过 50℃，甚至更多）。最合适的方式是与新建筑一起安装。对于旧建筑改造，需要在墙体上开挖改造，需要建筑改造许可，安装成本巨大，特别是地源热泵。这在人力成本高昂的欧美国家成为最大的障碍。大学讲师、专栏作家 Gernot Wagner 汇报了他们家在纽约 200 年历史的住宅的改造过程，用了 18 个月①。包括对天花板和墙壁保温处理，安装热泵，用高效新热水器取代了旧热水器，并将燃气灶换成了电磁炉，从而淘汰燃气管道，采用全电动方式。这样的改造，使得整个建筑的能源支出月度花费下降了 70%。

## 工业电加热

能源与气候减排议程中，高耗能工业受到格外的关注。一方面，高耗能行业用能总量巨大，它们是能源上游工业的客户与争夺的大用户；另一方面，它们用能的小比例变化，意味着需求绝对水平的大幅度变化。因此，它们潜在地提供更多改善系统平衡资源与方法，比如需求侧响应（第 5 章）。

高耗能工业，通常包括钢铁、有色（电解铝）、水泥、造纸、化学和石油化工等，常被认为是"减排困难"（hard to abate）部门。其中前四种产品是高度均一的，特别是初级产品。而化学与石油化工的产品成千上万，具有很强的多样性。它们的工艺流程都相对复杂，通常具有一种以上的能源投入，需要广泛使用电力、热力、动力运输等形式，以及作为原料参与工艺流程，比如焦炭作为炼钢还原剂。

其中，热力的使用是很普遍的，它是分质量的，温度在一个宽的频谱上，从几十度到两千度。比如食品工业，电炉已经非常普遍了，特别是在"不炒菜"的国家，而一些工业高温应用（比如超过 500 摄氏度）电加热仍旧是少见的，特别是炼铁、水泥、陶瓷与玻璃。但是总体上，欧洲工业部门逐一的详细技术评估表明（Madeddu et al.，2020）：78% 的能源需求可以通过目前的技

---

① https://gwagner.com/fossilflation/.

术实现电气化，而99%的电气化可以通过扩大目前正在开发的技术应用来实现（见图3.4）。

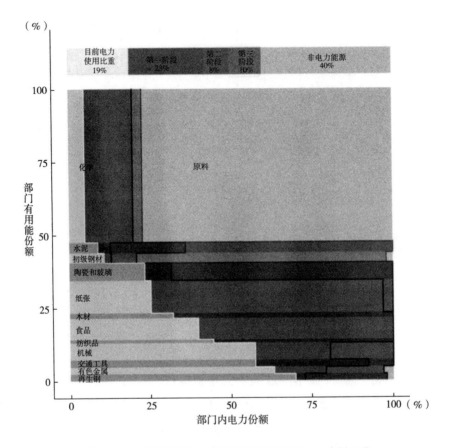

**图3.4　工业子部门的电气化率现状与预期——欧洲工业**

注：笔者在每个工业子部门（纵轴），区分了三个不同实现程度的电气化阶段（Stage 1~3）。一些部门，比如基于废钢炼钢、有色金属已经有相当高的电气化率；而食品、林业、造纸行业都可以相对容易地提升电的比例；而高炉炼钢、水泥与化工行业由于工艺路线的原因，其电气化率提升潜力相对有限。

资料来源：Madeddu S., Ueckerdt F., Pehl M., Peterseim J., Lord M., Kumar K. A., Krüger C., Luderer G. (2020). The CO$_2$ reduction potential for the European industry via direct electrification of heat supply (power-to-heat). Environmental Research Letters, 15 (12): 124004. https://doi.org/10.1088/1748-9326/abbd02.

# 专门问题

## 电能可以长期维持低价吗

相比其他竞争性燃料的低价，电力长期维持是更深电气化程度的前提。这在理论上是可能的，给定其长期成本已经在大部分地区低于传统的发电技术。但是，世界能源价格 2021~2022 年发生的暴涨，还是出乎了所有理论预见、从业者与公众预料的程度。在欧美地区，由于电力价格是由边际机组决定的，而边际机组在需求呈现"刚性"的情况下，大部分是天然气。因此，天然气价格涨一倍，电力价格也会随着涨一倍；天然气价格超过 100 欧元/MWh（欧洲 2021 年底的价格水平），那么电力价格很多时候就会是 200 欧元/MWh（给定天然气发电的效率接近 50%，边际成本就是这么高）。转型过程中各种随机性因素的作用引发了价格的波动，甚至是大幅度波动，仍旧是不可忽略的。

**目前的电力，由于附加了诸多税费与其他政策目的下的负担，显然不是足够低价的，特别是对于商业与居民用户。**无论是美国加利福尼亚州还是德国，其电力的税费负担都大大高于油品与天然气。批发市场的价格占用户需要支付价格的 1/5 甚至更少①（见图 3.5）。如果没有电价体系的结构性调整，特别是诸多电价手段的取消，这无疑构成电力替代的障碍。

**我国的情况与之存在相同与不同的地方。**相同的是，无论是在工业的国际竞争力还是居民的负担程度意义上，我国的电力价格整体上也是偏高的（见图 3.6）。电力在很多应用中缺乏竞争力，比如已经开展的"煤改电"等实践活动。不同的是，其实我国电力中的税费负担（价格手段），相比加征巨额（超过终端销售价格的 25%）消费税的油品要少很多。如果电力价格在**机制意义**（比如市场充分竞争形成的价格）上能够进一步有效降低，这将是电气化的好消息。

---

① 必须指出的是：2021~2022 年由天然气价格暴涨引发的电力价格上涨，在一定程度上改变了这一图景。竞争性部分上涨的程度一度接近 10 倍，而显然其他部分不会有这种程度的上涨，甚至并不上涨。

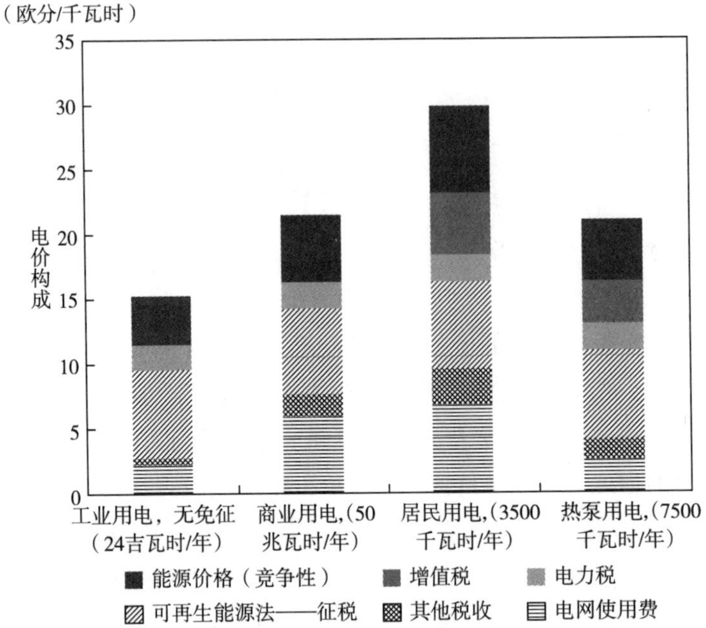

（欧分/千瓦时）

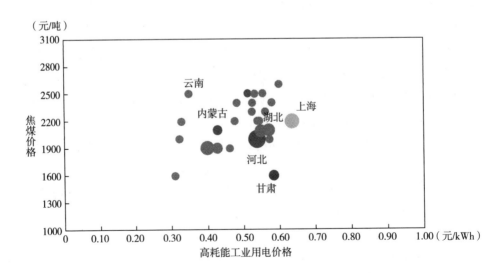

图 3.5　德国电价的结构

资料来源：德国能源合作机构（GIZ），https：//www.energypartnership.cn/fileadmin/user_upload/china/media_elements/publica tions/Energy_Storage_in_Germany_CN_Final.pdf。

图 3.6　2021 年前我国大工业电价水平普遍高于国际同行

资料来源：卓尔德根据 2021 年目录电价水平整理。

这对于钢铁、水泥等行业有效促进转型与电气化率的提升尤其具有意义。这些部门的减排，电力替代是技术可行的为数不多的选择。过去，我国基于能源的"稀缺性"，对高耗能部门征收各种惩罚性电价或者加价。这是区别于"统一市场安排"的实用性的减少能源使用的方式，但是明显欠公平，并且对于需要依靠更多电力使用来转型的部门是一个阻碍。2022 年 4 月，我国 12 个部委发布《关于印发促进工业经济平稳增长的若干政策的通知》[1]，提出要整合差别电价、阶梯电价、惩罚性电价等差别化电价政策，建立统一的高耗能行业阶梯电价制度，着力发挥电价杠杆作用。这方面具体政策的设计，我们拭目以待。

### 电动汽车减排否

2022 年 7 月 22 日，明星企业家、吉利控股集团董事长李书福在动力电池大会上提到能源多样化战略时表示："现在电动汽车用的电 70%～80%还是由煤炭发电，其实是不是清洁能源，大家有不同的看法。"[2]

电动汽车上路，都是没有排气管的，显然路上是减排的。但是，考虑到电力的来源——电力系统还是排放密集的，这个结论会反过来，特别是一些以煤电为主的系统。电动汽车充一度电大概跑 5 公里。如果是煤电，那么一度电排放二氧化碳大概在 1 公斤。单位公里的生命周期排放约在 200 克/公里。这其实是高于先进的汽油内燃机车排放的，在 20～200 克。

当然，必须认识到，电力部门的低碳化速度，快于电气化速度。比如目前电网的排放因子，欧美国家以天然气为主的系统在 500 克/千瓦时以下，并且在相对快速的下降。这个排放因子水平使得单位公里的电动汽车排放已经低于传统燃油汽车。

再者，这是基于平均逻辑的比较，而更严格地讲，这种替代的效果需要考虑边际量，也就是"额外一个电动汽车对电力的使用，是增加还是减少排放的"。那么显然，由于目前大部分电力系统的边际机组仍旧是煤电或者天然气，边际上电动汽车显然是不减排的。在我国，煤电占据大多数，很多时候可以预料它也会是边际电厂；在某些省份的运行实践中，调度分辨率仍旧过粗，煤电还以稳定出

① https://www.ndrc.gov.cn/xxgk/zcfb/tz/202202/t20220218_1315822.html.
② https://finance.sina.com.cn/roll/2022-07-22/doc-imizirav4961485.shtml.

力为美，系统事实上是一个风电出力随着需求波动调节的系统，那么边际电厂就会是风电（这并不意味着这么做是合理的）。因此，短期减排还是不减排，取决于系统是如何运行的。

**如果这种电动汽车的引入还造成了市场供需紧张，就需要增加新的发电设施。** 如果新增的投资完全是风电光伏，那么显然电动汽车的长期影响无疑是减排的；如果因为电动汽车仅仅拉动了煤电的投资，那么的确电动汽车的发展恶化了总体的减排形势。几位美国学者对美国的情况进行了模拟[①]。由于在美国的电源结构中，煤电很大程度上是边际成本最高的机组，那么在很大程度上，电动汽车的充电需求会拉动事实上煤电的消费，电力排放的增加可能会抵消因减少汽油动力汽车而减少的一半以上的排放。从这一视角，长期投资的尽快低碳化，是保证电动汽车环境减排效益的重要条件。

**如果存在碳市场，那么电力部门一般是覆盖在碳市场中的。而交通部门由于高度分散，很难通过这种方式去控制。** 因此，电动汽车替代燃油汽车，是将无限制的排放部门，转移到存在总量限制的部门中，是指向减排的方向的。

**宏观经济影响取决于太多的因素。** 要考虑电动汽车发展的宏观经济影响，特别是长期影响，这其中至少存在 3 种效应。

- 电动汽车支持政策扩展了本部门的要素投入（资本等），减少了其他部门的投资等要素，降低了相应的活动水平，减少了排放（直接效应）。
- 增加了电力需求，市场价格上涨，打击了用电部门产出，减少了排放（间接效应）。
- 电力市场中的化石能源发电份额同期增长，增加了排放（间接效应）。
- 电动汽车作为储能 V2G 直接改变了电力系统的运行，这个影响一般是正面的，意味着减排。

所以，最终的效应是减排还是增排，无疑是个"It depends"的复杂问题。技术上，电动汽车的发展无疑是鼓舞人心的，也已经日益形成一个小规模的市场。政策上，这一问题的清晰回答以及其背后的前提甚至是价值观，无疑是政策力度与实施合理性的必要依据。

总体上，确保减排与交通电气化推进理性之间，既不充分，也不必要。

---

[①] Holland S. P., Kotchen M. J., Mansur E. T., Yates A. J. (2022). Why marginal $CO_2$ emissions are not decreasing for US electricity: Estimates and implications for climate policy. Proceedings of the National Academy of Sciences, 119 (8), e2116632119. https://doi.org/10.1073/pnas.2116632119.

# 案例：我国贵州电气化前景评估

贵州无论是经济总量还是人均水平，在我国都属于欠发达地区，煤炭仍旧是大部分经济活动的主要燃料（见图 3.7）。但是，贵州独特的特点，也使得其有望通过完全电气化的方式，完成自身的碳减排直至零碳的过程。

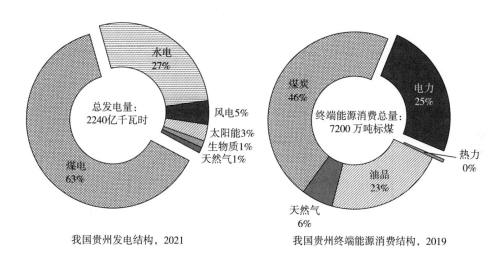

我国贵州发电结构，2021　　　　我国贵州终端能源消费结构，2019

**图 3.7　我国贵州电源结构与终端能源消费结构**

资料来源：《中国电力统计快报（2022）》；《中国能源统计年鉴（2020）》；电力按照电热当量法折算，其他能源按照发热量折算。

它的优势主要在于：

- **历史上是长期向东部送电的地区，具有巨大的装机容量与电网基础设施**。虽然目前煤炭还占据 60% 的份额，但是丰富的可再生能源，包括从生物质、水电到风光的分布，使得其未来发电低碳化潜力巨大。2021年发电量超过 2200 亿千瓦时，本地用电量仅 1700 亿千瓦时，超过 1/3 电量以低价外送了。

- **天然气管网刚刚起步，历史存量有限，搁置问题不突出**。无论总里程还是人均里程，贵州的天然气管道都相对有限，而农村生物气发展却很有特点，有望直接跨越"油气"基础设施阶段。

- 天然气由于地理因素，运输成本高，是我国少数几个非民用天然气价格超过 3 元/立方米（贵阳）的地区。"气荒"发生的概率不低。替代选项的成本竞争力有望更强。

- 贵州高海拔，低气温，低电价，非地震带，因地制宜发展成为我国的"大数据中心"，经济的服务业特征明显。更容易实现电力的高比例利用。

- 从居民炊事特点看，蒸煮菜式比较多，也相对容易转为电力加热[①]。

终端能源 100%电力，这在今天看来，还是非常需要想象力的。但是必须明确的是，在 40 年内，我们需要部分实现这种电力广泛覆盖的情况。特别是在贵州这种具有先天优势，而其他化石能源，比如被认为是起到"桥梁"作用的天然气产业链严重欠发达与缺乏竞争力的地区。

在第 4 章，我们来综述另外一种存在竞争关系的未来愿景——电力燃料化，就是所谓的 e-fuels。

---

① Personal communication with Huo Molin, June 2022.

# 第4章 电力燃料化——氢能及其衍生物

--------

Hydrogen is the most plentiful element in the entire universe. It's clean. It's inexhaustible.

——美国演员/环保运动家 Dennis Weaver（1924—2006）

Wirentwickeln jetzt gemeinsammit Marokko dieerste industrielle Anlagefür grünen Wasserstoff in Afrika.

——德国前环境部部长 Svenja Schulze 2020 年 6 月称①

## 引言

2022 年 2 月，正当笔者写作氢能章节的时候，关于天然气供应的不可靠以及对俄罗斯能源过度依赖的讨论日益激烈。受突然变化的国际地缘政治心理的影响，德国政府极大地提速了本国 LNG 与新型能源燃料的工作进程。政府要员陆续访问了挪威与卡塔尔等国家，签署了能源伙伴计划，签署了波罗的海八国致力于合作发展海上风电与制氢的《Marienborn 宣言》②。氢能利用与合作比以前更加迫切。在此之前以及（主要）之后，很多其他国家，包括法国、澳大利亚、美国、日本等都陆续发布了氢能国家战略。

目前氢能维持一个小市场，主要来源于天然气/煤重整制备或者工业尾气副产品，

--------

① https：//www. bundesregierung. de/breg-de/themen/klimaschutz/wasserstoffstrategie-kabinett-1758824.

② https：//www. project-syndicate. org/commentary/baltic-energy-cooperation-to-defuse-russian-fossil-fuel-leverage-by-robert-habeck-et-al-2022-08.

用于石油石化与化肥行业。电化学原理，也就是通过电力去分解化合物质，获得一些纯净物，早在19世纪初就被发现了。从投入产出关系看，法拉第第一定律说明：在电解过程中，物质在电极生成的质量，与通过电极的电量成正比。法拉第第二定律说：在电解过程中，使用相同的电量，不同物质在电极生成的质量，与该物质的当量重量（摩尔质量）成正比。这两条基本定律，对于电解槽的效率与寿命都具有含义。

此外，很多人钟情于氢能，还在于通过可再生能源制备的绿氢，还是部分碳减排困难部门，比如重工业、重载运输、化工原料、航空等方面的气候解决方案（climate solution）。在这些领域，电力的更广泛利用不经济，或者灵活性可靠程度不足，乃至技术上并不可行。比如，在需要大量储存的领域，电池存储还过于昂贵；而液体与气体的运输也比电力运输要容易廉价得多——8个300万千瓦架空线的传输能量跟1个1.2米直径的天然气管道相当①。

氢能产业链与氢能经济很早就有此设想。2008年北京夏奥会，有3辆氢燃料电池汽车示范运行。2022年北京冬奥会，816辆氢燃料电池汽车（轿车、中巴车、大巴车）为冬奥会提供交通运输服务。这一次，相关的研发、示范与不同规模的应用，从21世纪20年代开始进入了快速的进化。2021~2022年，世界天然气与石油价格暴涨，电解制氢的各种技术路线的经济性进一步凸显。工业项目的审批、融资与建设动态日新月异。非常重要的是：目前能源市场的主要参与者巨头，比如各大石油公司，对氢能的热情要高于风电与光伏进入市场初期的情况。

2023年5月，信息与情报咨询机构麦肯锡组织的氢能委员会发布了最新的全球氢能项目总结②。2023年9月，国际能源署（IEA）也发表了这方面类似的综述③。欧洲氢能项目的跟踪与分析工具（hydrogen project tracker）也在时刻更新④。北美大陆的项目也在不断汇总中⑤。这些项目涵盖整个产业链，总数已经超过1000个，处于计划、可行性研究、投资准备、在建以及投运的不同阶段。尽管所有的项目都有望在2030年前建成，但是无疑，最终能够投产运行的肯定只是一部分。可行性方面需要不断试错，重大战略性技术路线选择、技术、资金与管理问题与挑战必然伴随着整个项目周期。

① https：//www.edsoforsmartgrids.eu/wp-content/uploads/TASC-slidedeck-final.pdf.

② https：//hydrogencouncil.com/wp-content/uploads/2023/05/Hydrogen-Insights-2023.pdf.

③ https：//www.iea.org/events/global-hydrogen-review-2023.

④ https：//www.deloitte.com/global/en/Industries/power-utilities-renewables/perspectives/gx-european-hydrogen-economy-report.html.

⑤ https：//www.cleanegroup.org/initiatives/hydrogen/projects-in-the-us/.

　　本章，我们讨论电力燃料化的技术路线、工业商业实践以及相关短期与长期的考量问题。这是一个正在快速进化的内容领域，任何结合现状的讨论可能在 3 个月至 1 年过时。我们从一个市场如何从无到有、从小到大、从局部到全球发育的视角来进行 2022 年底前的讨论。

# 案例：德国氢能网络愿景

　　**德国是能源转型（德语 Energiewende）一词的起源地。**德国的国土面积比我国的京津冀略大，人口（8400 万）略少。它是欧洲的大国，世界第四大经济体，被很多人认为是欧盟的一大主心骨，尤其是经济事务方面。它也是跟加利福尼亚州一道，在气候减排与能源转型上走得较为激进的地区之一。总体上，其电力部门的结构在快速变化，而建筑、交通等部门的转型却落后于设想。2020 年，德国因为新冠疫情，经济活动水平大幅下降，"非结构化"地实现了相比 1990 年减排 40% 二氧化碳的既定目标。

　　Shammugam 等（2022）的反事实（counter-factual）分析表明：德国 2019 ~ 2020 年的减排量中，约 58% 可归因于新冠疫情。部门层面的研究结果显示：如果没有疫情，交通部门将是唯一无法完成目标的部门。这根源于交通部门强烈地依赖油品，其可选的替代方案——电动汽车在德国的发展有限，而其上游——汽车工业具有强大的政策影响力。

　　**德国的天然气管网异常发达，而电网相对滞后。**有超过 50 万公里的管道，运输能力是电力的 4 倍以上（按能量值衡量）。为了满足冬季的需求高峰，拥有约 260TWh 的天然气储存能力，可以满足 2 个多月的峰值需求，而无须额外来源。相比之下，电力存储仅相当于 40GWh 的电力，不到一小时的峰值需求[①]。电力系统长期的南北阻塞（congestion）问题，也因为线路的建设无法推进而长期得不到解决[②]。而欧盟跨国之间的天然气交换能力，是电力的 10 倍以上[③]。

　　**俄乌战争的发生，使得西欧国家，包括德国坚定了摆脱对俄罗斯能源高度依**

---

[①]　https：//www. frontier-economics. com/uk/en/news-and-articles/articles/article-i4606-gas-infrastruc-ture-can-smooth-germany-s-energy-transition/#.

[②]　其中的原因是复杂的，并不存在一个单一的因素。电力传输总体上比油气管道传输要困难。

[③]　http：//www. frontier-economics. com/media/2247/fnb-green-gas-study-english-full-version. pdf.

赖的现实，各种氢能及其衍生物的应用与合作示范极大提速了。预计到本地制氢场地资源与能力有限，德国现政府更是与很多国家，包括挪威、印度、埃及与阿联酋签署了能源伙伴（partnership）或者合作计划（cooperation），氢能贸易的合作是重要甚至是主要的部分。

**国家间签订了合作协议（partnership），但是国家毕竟只是个模糊的地理概念，而不是具有能动性的主体。** 比如德国与挪威的协议，那么实际的操作必然是企业间的合作。相关的操作层面企业合作也陆续展开。2022 年 3 月，德国经济与气候部与卡塔尔发表了联合声明[1]，而第一船氢衍生物燃料（氨）也在 2022 年 10 月首次从卡塔尔运往德国汉堡港[2]。最初的氢来自"蓝氢"，短期内替换为"绿氢"也在计划中，不晚于 2025 年。这也是深度能源转型后油气时代中东新的商业模式探索。

**发电结构中，2021 年，可再生能源的发电量超过了所有化石燃料（煤、天然气、石油）的总和，满足德国 40% 以上的电力需求[3]。** 其中，最大的份额来自风电，大约占 20% 的发电量份额（见图 4.1）。2022 年，德国将关闭最后 2 个核电站，2030 年前淘汰全部煤电。发电中可再生能源的份额从目前的 40% 上升到 2030 年的 80%，2035 年的 100% 已经是一个相对确定的集体共识与目标。

**终端能源消费中，采暖（包括小比例的制冷）无疑是一大需求，按照德国的统计口径（遵循欧盟 EU Directive 2009/28/EC 法令确定的范围与核算方法），热力部门要占到总体终端能源消费（煤炭、油品、天然气、电力）的 50%。** 这一能源需求如何更多地通过电力与可再生能源去满足，无疑是整体经济零碳目标实现的难点与重点之一。

**基于目前形势，在后油气（煤炭比重已经不大）时代，如何形成主要以氢能为载体的新的低碳化的能源结构，在学术、工业与政府都有很密集的讨论，也存在很多技术经济与适用性的争议。** 比如德国的输气网络运营商 FNB Gas 对氢能网络的形成进行了 2030 年的畅想[4]。最初用于连接德国北威州和下萨克森州的氢能需求与北部利用风电制取的绿氢（见图 4.2）。该游说团体认为：这个 1200 公里

---

[1] https：//www. bmwi. de/Redaktion/EN/Pressemitteilungen/2022/03/20220321 - federal - minister - robert-habeck-expand-cooperation-on-hydrogen-with-united-arab-emirates. html.

[2] https：//www. bmwk. de/Redaktion/EN/Pressemitteilungen/2022/10/20221021 - first - hydrogen - shipment-from-united-arab-emirates-arrives-in-hamburg. html.

[3] 必须指出的是：这一比例的分母是电力消费量。它与电力生产量因为存在净出口的原因有略微不同。

[4] https：//fnb-gas. de/wp-content/uploads/2021/09/explanatory_ note_ on_ the_ h2_ starter_ network_2030-1. pdf.

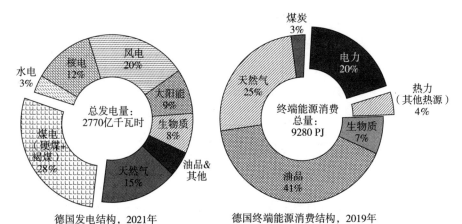

德国发电结构，2021年　　　德国终端能源消费结构，2019年

**图 4.1　德国电源结构与终端能源消费结构**

资料来源：https：//www. ceanenergywire. org/newslgermanys-energy-consumption-rising-；https：//www. iea. org/countries/germany，Unit：PJ.

2030年H₂启动网络

**图 4.2　德国 FNB Gas 通过现存气网建设氢能网络设想**

注：■表示 2030 年前的网络，■表示 2030 年后的网络；实线表示通过既有天然气管道改造的管线，虚线表示新增投资项目。

资料来源：https：//fnb-gas. de/wp-content/uploads/2021/09/explanatory_ note_ on_ the_ h2_ starter_ network_ 2030-1. pdf.

的网络主要由改造的天然气管道（repurpose）构成，天然气网费只需增加不到1%就能为该项目提供建设资金。但是，由于整个氢的转换链条过长，利用效率低，并且氢气的技术特点，特别是分子小、易逃逸，对存储与运输设备要求极高，爆炸极限宽，都需要假以时日寻找解决方案。

# 氢早已有之，但是绿氢将是新的

氢能经济的设想早已有之。如果以"hydrogen economy"在搜索引擎搜索，可以找到超过150万条结果，而这个词的提出可以追溯到20世纪70年代。电化学专业教授John Bockris首次定义了氢能经济一词，他1972年在《科学》杂志发表一篇3/4页篇幅的短文（Bockris，1972），**从核能发电—就地制氢—传输到工厂与家庭的燃料电池**（fuel cell）开始，描绘了氢能经济的众多优点，甚至包括给家庭提供充足的**间接饮用水**（氢能利用转化的唯一产物）。目前，氢一直维持一个工业小市场（niche market），高温燃料或者原料目的，用于石化行业的炼油（加氢裂化）以及生产氢能衍生物，比如甲醇、氨化肥以及其他。

**历史会对今天的发展有影响吗？这次会有不同吗？**类似今天火热的AI其实在20世纪60年代就有过一波热潮，氢能经济其实在历史上有至少三波密集的潮流（wave）[①]。

**第一波：20世纪70年代。**早在1966年，美国汽车制造商通用汽车（GM）就制造了氢能驱动的汽车。受两次石油危机驱动，寻找石油之外的替代能源，成为能源安全与经济可承受的战略选择。但是，经过若干年的探讨与实践，随着石油价格的大幅回落，以及空气污染问题用其他方式得以解决，氢能被束之高阁了。

**第二波：20世纪90年代。**受气候变化问题解决的驱动，以及与碳埋存（CCS）、燃料电池一道实现碳中和的愿景，日本与欧盟引领，主要汽车厂商跟进，探讨将氢能应用于汽车等行业。这是世界能源价格保持极低水平的时期（我国的经济快速增长在2001年加入WTO之后），因此，可能持续的研究开发一直没有中断，但是实质上的商业增长是极其有限的。

**第三波：21世纪初。**这应该是20世纪90年代的延续。美国2003年发布氢

---

① 此部分内容信息来自 https：//www.jstor.org/stable/resrep26335。

能与燃料电池国际伙伴计划，推动研发、统一标准以及投资基础设施等活动。但是，气候减排国际应对体系的停滞不前，以及释放中的高基础设施成本（比如一辆燃料电池汽车基本 100 万元起），使得这一讨论也大大受到了影响。2006 年，我国著名氢能专家、世界氢能协会副主席毛宗强教授出版了《氢能——21 世纪的绿色能源》一书，系统性地介绍了世界氢能技术发展，是笔者开始聚焦氢能与 Power to X 研究的启蒙书籍。

2014 年，日本汽车公司丰田发布了一款名为 Mirai 的氢燃料电池汽车。截止到 2020 年，一共售出了超过 1 万辆[①]。与纯电动与混合动力汽车相比，这个数字不算大。

**氢能并不是新的，这一次新的是氢的来源。**目前工业部门使用的氢气，普遍来自化石能源重整制备。大部分人的想法是，给定过剩的可再生能源电力（我国是个例外，我们在第二篇讨论）可能总量比较有限，因此，要形成一个氢能经济完整的产业链，利用蓝氢甚至灰氢作为桥梁与过渡是可行与可以接受的（见图 4.3）。但是，一个不容回避的问题是：传统的化石能源制氢，生态足迹巨大，碳排放巨大，而其倚仗的碳回收方式一直处于"潜力巨大、而一直缺乏大规模实践检验"的境地。

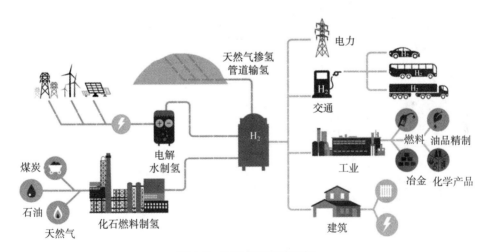

**图 4.3　氢能经济与产业链**

资料来源：邹才能，李建明，张茜（2022）. 氢能产业技术进展及前景. 天然气工业 . https：//www. hxny. com/nd-70357-0-51. html.

---

① 　https：//iea. blob. core. windows. net/assets/9e3a3493-b9a6-4b7d-b499-7ca48e357561/The_ Future_ of_ Hydrogen. pdf.

氢能也并不是为"可再生能源"而生的，而是有自身的固有价值。这是越来越多国家制定氢能发展战略的由来。它可以用来消化过剩的风光，但是这显然并不是它唯一的目的。它还可以替代工业减排困难部门中的原料投入，比如焦炭炼钢变为氢冶金，化学品与化肥生产中代替化石能源生产的甲醇与氨，航空煤油替代、燃料电池燃料等，乃至代替普遍使用的汽油与柴油。

为了对不同的氢能来源进行区分，人们将在连续区间的排放绩效离散化，区分了灰氢、蓝氢与绿氢，乃至更多介于它们之间的概念（见图4.4）。环境足迹最高的硬煤与褐煤制氢自然是"灰氢"；如果这部分排放可以充分避免或者回收，比如利用低排放的天然气或者生物气，那就是蓝氢；而通过可再生电力制备的氢能，则是绿氢。其他颜色代表着核能制氢、各种电源组合在一起的网电制氢等。不同的技术路线意味着很大的成本区别，以及迥异的实践成熟度，包括政策与社会上的接受程度。

松石绿氢：将天然气分离成氢气和固体碳
灰氢：蒸汽甲烷重整，产生的碳被释放到大气层中
棕氢：取自煤油燃料（主要是煤），是最"脏"的制氢方式
蓝氢：与"灰氢"的过程相同，但碳被捕获和储存
粉氢：利用核能进行电解
黄氢：利用太阳能（或各种能源的混合）进行电解
绿氢：利用可再生能源进行电解

电解利用电力将水分子分解为氢原子与氧原子。
蒸汽甲烷重整（SMR）涉及极高温蒸汽与甲烷的化学反应

**图4.4　灰氢、蓝氢与绿氢等概念**

资料来源：https：//www.boilerguide.co.uk/articles/hydrogen-rainbow.

# 设想中的氢能全产业链如何发展起来

## *市场发育中的政府*

截至 2022 年 3 月我国发改委发布《氢能产业规划》之际，世界主要经济体均在 2019 年前后的这几年发布了各自的氢能国家战略与市场创造计划。这些经济体特别包括欧盟、英国、美国、韩国以及深耕这个领域几十年的日本。即使没有专门氢能战略的国家，也将氢能利用作为其碳减排实现的支撑性技术之一。

政府的支持与管制政策无疑对启动这个新型市场是重要的。按照目前设想的计划，欧盟总体到 2030 年，要实现 40GW 以上的电解能力，产出 10mt 的氢能，主要分布在北海（North Sea）地区，利用海水风电资源。其中，英国、荷兰与德国进展较快。

2022 年，英国将在 2021 年《国家氢能战略》的基础上，发布低碳氢经济商业模式与支持方式，包含一项 2.4 亿英镑的基金，锚定到 2030 年实现 5GW 左右的绿氢生产。作为 CFD（Contract for Difference）补贴机制的发源，预期也将用这种方式实现对最初小市场阶段的生产支持，弥补高成本劣势。德国政策层面讨论中的补贴消费侧，也类似这种增量成本"报销"的补贴机制。

笔者的好友 **Johannes Trüby**[1] 供职于世界著名咨询机构德勤（Deloitte）。他们与其他同事合作，**2020~2021 年搭建了欧洲氢能项目的跟踪与分析工具（hydrogen project tracker）**。2022 年的更新显示：如果宣布所有氢能项目都按计划实施，那么到 2030 年，欧洲的产能达到 54GW，年产氢能达到 5.2mt，3/4 为电解槽生产绿氢，其他是结合碳回收的天然气重整制氢。如果未来进一步提速，也有望进一步实现 170GW，年产 20mt 氢能的能力[2]。这一测算考虑了决定市场规模的众多因素，包括政府的支持政策以及企业的商业模式，比如对于项目地点、规模以及运行决策的考量。

---

[1]　https：//www2. deloitte. com/fr/fr/profiles/johannes-truby. html.

[2]　https：//veranstaltungen. handelsblatt. com/wasserstoff/kurzinterview - versorgungsluecke - von - 10 - millionen-tonnen-wasserstoff-jaehrlich/.

在消费侧，一直存在一批深耕燃料电池与氢发动机的汽车厂商，特别是日本与韩国厂商。当然，与当前对电动汽车的高关注度相比，它显得有些进展缓慢。在氢能运输方面，2021 年，第一船液氢也在 12 月 26 日出发，从日本运往澳大利亚①。通过液氢边运输边驱动船只也是下一步的考虑。德国与加拿大签订了绿氢合作协议，推动建设国际产业链，从加拿大通过风电制备，到德国的第一批氢能源最早计划于 2025 年开始②。

## 供给侧：谁来产氢

氢作为一个新的商业增长点，正逐渐进入大企业的视野与经营业务。2020 年以来，主要从业者都宣布了 GW 级别的电解工程计划③。德国的蒂森克虏伯（5GW）、澳大利亚的 Fortescue Future Industries（2GW，与 Plug Power 合作）、英国的 ITM Power（5GW）、法国的 McPhy（1GW）已经宣布了 GW 规模的工厂。Plug Power（美国 1GW，韩国 1GW），美国制造商 Cummins（两个 1GW 的工厂，一个与 Iberdrola 合作，另一个与中国石油巨头 Sinopec 合作）和印度的 Ohmium（500MW，但"可扩展到 2GW"）。在澳大利亚，BP 等石油巨头投资了 AREH 绿氢项目，试图在 6500 平方公里的范围内装机 26GW 的风能和太阳能，为附近采矿业提供电力与绿氢，并有转为氨存储而且还有出口到亚洲的计划④。

传统的石油公司如何转型，氢能经济是否可以成为新的增长点尤其为人关注。主要石油公司相当多的押注氢能作为新的业务与增长点。意大利石油巨头 ENI 在英国建设了年产 90 千吨的蓝氢装置；挪威原国家石油公司 Equinor 计划在 2026 年形成 150 千吨的生产能力。相比而言，一步到位的绿氢装置，要袖珍一些。2021 年，多个 10~30MW 的电解槽装置在欧洲各地建设，容量达到 100MW 的电解槽也在筹划。已经立志在远期不再生产与销售石油的壳牌（Shell）与英国（BP）石油公司，都有在 2025 年开始生产绿氢的计划。

---

① https://ryzehydrogen.com/2021/12/30/worlds-first-liquefied-hydrogen-tanker-embarks-for-australia/.

② https://www.bmwk.de/Redaktion/EN/Pressemitteilungen/2022/08/20220823-speeding-up-the-roll-out-of-green-hydrogen-canada-and-germany.html.

③ https://energycentral.com/c/cp/siemens-energy-build-multi-gigawatt-hydrogen-electrolyser-factory-berlin-recharge#.YkloDEhjAYM.linkedin.

④ https://www.rechargenews.com/energy-transition/stay-tuned-bp-renewables-chief-says-more-green-hydrogen-mega-projects-on-radar-after-australia-swoop/2-1-1238654.

我国的氢能及其衍生物的工业级示范项目也非常引人注目，特别是在河北、山西、内蒙古等能源富集地区的风储氢综合能源项目。这些项目规模相比国际同行更大，而单位投资成本只有发达国家显示成本的1/2甚至更低。Glenk 和 Reichelstein（2019）的工作显示：基于德国和得克萨斯州的当前环境，可再生氢气在小市场（niche market）应用中已经具有成本竞争力（3.2欧元/千克），尽管还不能用于工业规模的供应。如果最近的市场趋势在未来几年继续下去，这一结论预计将在十年内改变（实现2.50欧元/千克）。2022年3月，我国知名光伏制造商——隆基股份创始人、总裁李振国首次提出了"一块五一方氢"的绿氢发展理念，如果光伏发电成本下降到0.1元/度，那么对应的制氢成本可以到5元/千克①。

## 需求侧：谁来消费

传统的用氢部门，比如高耗能钢铁、化工以及炼化，是新型绿氢的首批客户。它们具有使用经验与基础设施，可以相对便捷地更换氢能投入来源，实现深度碳减排。在小的地理尺度上，比如工业园或者科技园，结合制氢、传输与存储，用氢一体化的综合能源（integrated projects）项目是最初的商业模式（Business mode）。

传统的氢能消耗行业需求是有限的，并且相对稳定。新的行业扩展，相关技术已经愈加成熟，越来越多地处于示范项目的阶段，特别是涉及氢燃料电池在工业与交通上的应用。理论上，需求与供给作为市场与产品平衡方程的两端，存在供给推动与需求拉动的相互影响与共同进化（见表4.1）。但是现实中，在某个空间与时间范畴内，两者的不匹配也可能带来很多衍生问题，甚至造成可持续性的中断，比如从生产、运输、存储到消费的全链条。在供给侧参与数量相对有限、投资与生产确定程度较强的情况下，如何能够通过激励政策，创造起步阶段的分散性需求与最小规模，也是政府的角色与责任。到2021年底，我国已经建成的加氢站数量达到260个，占到全球的40%以上②。

---

① http：//www.news.cn/energy/20220310/54333825f10f41149dec1ee3ae8c1443/c.html.

② https：//mp.weixin.qq.com/s/rb7VU_eoI20UORoj5HQxsw.

表 4.1　氢能市场与产业链的创造逻辑——供给与需求

| 产业链环节 | 关键要素 | 进一步的案例研究 |
|---|---|---|
| 生产 | 何种公司，在何地，通过何种方式制备，设备如何保持最优运行 | $H_2$morrow project① 氢能炼钢项目 |
| 储运 | 传输氢气还是性状更接近油气产品的衍生物 | （Andersson & Grönkvist，2019） |
| 使用 | 传统化工行业之外如何逐步发育，增量成本如何消化 | CCFD 机制及其应用② |
| 跨国贸易 | 是否形成新的对外依赖以及产业转移担忧 | （Pflugmann & Nicola De Blasio，2020） |
| 金融、咨询、基建、租赁等 | 转型中相比传统路线的竞争力与可持续性 | 绿色债券/ESG 投资等 |

资料来源：笔者根据各种材料汇总整理。

### 储运基础设施

基于目前存在的基础设施现状，氢能的运输起码有三种选择：与天然气混合运输（存在比例限制）、改造天然气管道，以及建设新的氢能传输网络。它们三者并不是互斥的。不同空间、时间选择可能会多样化。相关的更多操作性问题，比如交易、调度、结算等都需要假以时日才能发展起来。谁来承担储运基础设施的成本，特别是高昂的前期投资成本，总体上是一个尚待明确的问题，尽管通过现有的天然气管道掺混与运输可以节省部分投资。

储运氢能还是它的衍生物？氢能本身的能量密度不高，作为气体的氢气储存通常需要高压罐（350~700bar 罐压）。作为液体，需要低温，因为氢气在标准大气压下的沸点是 $-252.8℃$③。因此储运都相对不那么方便，尽管在盐洞（salt cavern）或者废弃的天然气田（gas field）中储存气态氢气已实现工业化。纯氢进一步通过与 CO 或者 $CO_2$ 反应生产的衍生物的化学性质就"优良"很多。这方面技术上的选择无疑是多样的，比如氨（$NH_3$）、甲醇与甲烷，都是氢能化工的产物。将氢能转化为更接近目前油气产品的能源（高能量密度、可储存、可运输），特别是利用目前的 LNG 船与接收站基础设施，是热门的讨论话题。

---

① https：//www.equinor.com/energy/hydrogen.

② https：//www.diw.de/documents/dokumentenarchiv/17/diw _ 01. c. 825142. de/presentation _ cfmtraction_ chia ppinelli_ 11012021. pdf.

③ https：//www.energy.gov/eere/fuelcells/hydrogen-storage.

# 战略问题

## *靠近发电侧还是消费侧*

这涉及集中制氢然后运输分发还是分散制氢直接使用的问题。前者意味着节省的输电损耗（通常比较高）成本更高的转化效率以及规模经济，但是增加氢能传输损失与基础设施成本。后者相反，需要先将电力传输到需要的地方，然后本地化制氢，由于规模可能更小（无规模经济），因此转化效率可能会低，投入能源的价格（电力或者天然气）可能也更加波动，但是避免了长距离传输与存储氢的成本投入。因此，大体上，这是低利用率的氢能系统与低利用率的电网（传输有限的剩余电力）之间的得失平衡（见图 4.5）。

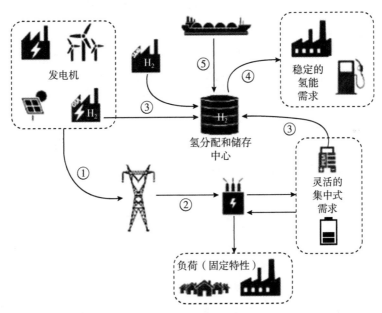

**图 4.5 如何决策地理布局——得失平衡（trade-off）的多种因素**

资料来源：Cloete S., Ruhnau O., Hirth L.（2021）. On capital utilization in the hydrogen economy: The quest to minimize idle capacity in renewables‑rich energy systems. International Journal of Hydrogen Energy, 46（1）：169-188. https://doi. org/10. 1016/j. ijhydene. 2020. 09. 197.

这个问题目前没有一个显然的答案，也并不存在明显占优的选择。它可以存在于多个空间尺度上，小到一个项目布局，中到地区产业布局，大到国家间的氢能产业合作。Sens 等（2022）在洲际尺度上比较了德国需求中心的氢能需求，从可再生能源丰富地区（北海的沿海地区、西撒哈拉和阿尔及利亚的部分地区）输送以及德国境内制氢的比较。不同方案的成本到 2050 年可以相差 50%（3 欧元/千克 VS 4.5 欧元/千克）。但是，如果氢能能够实现大规模的存储，那么本地就可以选择更合适的时间点去制氢，有效降低氢能的供应成本，彼此地区之间的成本差异就没有那么大了。

### 耗水会成为一个问题吗

这个问题在目前的阶段似乎有点危言耸听。生产一千克的氢，大致要消耗 9 升的淡水。如果要利用海水生产，电解槽的腐蚀问题严重，海水淡化（电力消耗！）的必要性又出来了[1]。Beswick、Oliveira 和 Yan（2021）对此做了测量。依据 2.3Gt 的氢能需求量（作为对比，目前全球每年消耗 120mt 氢能），每年需要 20.5Gt 或 205 亿立方米的淡水，这只占地球可用淡水的 1.5%[2]。总量问题应该不大。但是局部地区如果过于集中，而恰恰这些地区又存在淡水资源不足的长期问题或者农业用水急剧增加，那么问题也有可能变得严重。

### 新的对外依赖

贸易平衡与电解槽的布局，与通过何种方式运输来实现供给与需求匹配相关。从地缘政治的角度，如果今天的石油天然气贸易是个问题，那么未来大规模的氢能贸易同样也是。这是符合逻辑的。Pflugmann 和 Nicola De Blasio（2020）于 2020 年的工作展示了基于经济竞争力逻辑的每个国家在绿氢系统（占据至少 10%的能源需求）中的"应然角色"。德国工业界已经普遍畅想从东南欧、北非等地进口氢能。

但是没有人会确切地知道一个零碳，甚至氢能主导的能源系统，对于地缘政

---

① Kuang 等（2019）称开发了一种涂层材料，可以直接使用海水电解。
② 氢的大多数应用需要通过燃料电池燃烧或泵送，将氢气转化为电力和水，尽管大多数水可以回收，但一般不会返回到原来的水体中，将被视为消耗。

治以及国际的权力分布有何影响。一个直接的想象是：相比石油天然气资源分布的高度不均衡（富集于中东、俄罗斯以及美国），氢能经济有望分散削弱它们的权力。因为任何地点技术上都是可以安装电解槽的，而可再生电力也是普遍存在的，尽管质量有所差别。因此，即使有氢能国际贸易的再次依赖，创造新的出口者与进口者，这种依赖也并不会像石油天然气依赖如此的"不对称"，从而为一方对另一方的"敲诈"（blackmail）提供可行性。

这方面，在快速变化的国家政治经济环境中，如何解决地缘政治忧虑，增强政治互信程度，提高多元化供给程度，是摆在大部分国家面前的新课题。目前，受地缘政治以及战争的心理影响，人们采取保守策略变得更加普遍。

### 产业转移担忧

产业转移是能源贸易格局之上更进一步的动态变化。比如挪威用其便宜的水电电解氢能，接下来的问题就是为何要把氢能输出去，而不是把钢铁行业引进来，在本地实现绿色钢铁制造（green steel），变出口氢能为出口钢铁，这不是更加方便还节省基础设施投资吗？同时，这也是面临不确定的氢能需求的有效对冲策略。但是这种问题，显然是令今天大的钢铁企业及其政府感到紧张的问题。

它涉及本质上我们如何理解国际分工。传统的要素禀赋理论与比较优势理论认为：国家应该从事他们具有比较优势的行业，而贸易可以促进彼此的双赢。保罗·克鲁格曼在 20 世纪八九十年代观察到：要素禀赋相当一致的国家之间也可能存在广泛的贸易存在，构成全球产业链。这是依据比较优势从而形成国际分工所无法解释的。他试图证明：规模经济也是某个国家专业化在某个领域的原因。至于国家之间形成具体的合作分工，那更可能是一种历史的偶然[1]。

现在，现实的发展反复证明：不对称的依赖在地缘政治上不是一个好消息。这其中的逻辑起点与推演是：贸易形成的彼此依存，很多时候参与者的地位并不像想象中那么平等，而是一个非对称的网络结构。比如美国对于互联网域名系统、金融国际清算结算系统（SWIFT）、美元结算体系等网络的主导，形成一种"权力"。一方对另一方单向依赖太大，网络化依存不对称，在某些环境与条件下就有特权参与者，从而为对抗提供可能的"工具"。俄乌冲突当中，我国感受

---

① https://www.nytimes.com/2021/08/06/opinion/covid-vaccine-supply-chain-bown-bollyky.html.

到了双方从权力视角很多的制裁与反制裁措施，来源于基于互相依赖形成的不对称权力。未来的世界，普遍的"重商主义"存在是个大概率现实，新的产业政策竞争日益存在。静态的分工效率不再是唯一的布局标准。

# 国内案例愿景：江苏省液体燃料格局前景

江苏省GDP总量超过10万亿美元，人均GDP超过2万美元，在全国各省名列前茅，是我国最发达的省份之一。目前，其电源结构人均高度依赖煤炭发电（超过3/4），但是预期未来可以有更丰富的电力来源，特别是海水风电（目前装机超过1000万千瓦）、核电以及外来电力（见图4.6）。光伏产业在江苏也有很大比重的集中。未来的电力可以预期"过剩"的程度会比较大。

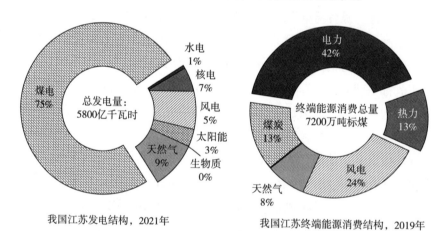

我国江苏发电结构，2021年          我国江苏终端能源消费结构，2019年

**图4.6 我国江苏省电源结构与终端能源消费结构**

资料来源：《中国电力统计快报（2022）》；《中国能源统计年鉴2020》；电力按照电热当量法折算，其他能源按照发热量折算。

与此同时，江苏省是我国天然气消费第一大省（占全国天然气消费量的12%以上），近年来管道气覆盖率85%，居民气化人口3700万，城镇气化率65%，高出51%的全国平均值14个百分点。整个省区的天然气管网覆盖程度很高。

近年来，江苏省以及各地市纷纷出台氢能产业规划，投资氢能产业链，覆盖从制氢、加氢站到燃料电池汽车的市场覆盖。主要产业活动集中在苏州、南京、南通、无锡、盐城、扬州六座城市[①]。

- 苏州落地张家港市，依托港口资源及本地产业基础，组建氢能产业联盟。苏州承担消费端示范（另外一个是南京），率先运营氢燃料电池公交车。
- 南通如皋计划打造完整氢能源产业链，使氢能成为当地经济的新增长点。
- 无锡则体现在制氢领域。煤制化肥企业灵谷化工巨大的氢气制备能力，将满足无锡甚至长三角周边城市中短期的用氢需求。
- 盐城的清洁能源制氢则可以为江苏提供长期的氢气来源。其拥有丰富风光资源，创立"风光渔"立体开发模式。
- 扬州的氢能产业则更注重于技术装备的创新研发，以氢璞创能为代表。

从终端能源消费结构看，江苏的电力使用比例已经不低（超过40%，相比我国平均25%的水平），容易实现的部分已经潜力有限。通过其强大的经济实力、高度发达的产业链配套，以及基础设施的相对完善，开展氢能全产业链示范应用具有技术、经济、政策等方面较为优越的可行性。

**与过去的氢能潮流涌动（有人批判性地称之为炒作，hyper）不同的是，这一次人们拥有了成本已经实现大幅下降，在长期成本上可以与传统发电设备竞争的风电与光伏的选项。**因此，它会成为新的能源供给与重要的系统范式，甚至是主导性的部分，还是像过去几波一样，逐渐淹没在各种暴露的问题或者持久的高成本锁定（比如相比传统的油品价格）上，逐渐变得悄无声息，笔者并没有特别强烈的观点，这仍然取决于氢能的成本动态以及与终端的配套程度。让我们一起拭目以待。

**从电力视角，电力借助电化学实现燃料化，无疑也是未来一个充满想象的话题。**它一方面意味着新的终端能源的产生，实现能源系统的多元化以及新的增长；另一方面如果处理得好，可以有效解决"过剩"可再生能源如何消化的问题。这无疑意味着更容易的系统物理平衡，以及用更低的成本为全社会提供更好能源服务的机会。要实现这种预期，该多用电的时候用电，该少用电的时候关机成为关键。

这就是所谓的***"用电智能化"***。

下一章，我们回到电力系统的视角，探讨这方面的内容。

---

[①] 以下内容资料动态主要来自新闻报道（https://m.jiemian.com/article/3555547.html）；以及2022年4月18日与顾为东先生的交流。

# 第5章 用电智能化——需随风光动

Achieving low-carbon energy goals depends on shifting demand to match supply and reconceptualizing interactions between time and energy.

——Elizabeth Shove，社会学家，研究能源消费的时间尺度（time scales）与节奏（rhythms）

Consumers' personal choices and behavior are unlikely to change unless and until they believe that change is in their best interest.

——Levitt 和 Dubner（2011）

Who's gonna keep me warm when the sun don't shine and the wind don't blow?

——在可再生能源发展早期质疑者经常的疑问

## 引言

在第3~4章，我们从供给侧讨论了如何利用廉价过剩电力的问题，包括直接电气化（electrification）与间接电气化（E-fuel）。需要明确的是：需求与供给永远是一个硬币的两面。供给侧电力用于制氢或者电池存储起来，那么从需求侧看，就相当于电力（不）平衡方程的新的需求量；需求侧的电动汽车根据电价信号安排充放电节奏，即所谓"智能充电"，从供给侧看就相当于需求侧响应，实现削峰填谷的作用。二者是一一对应的。

用能是普遍存在节奏的，这根源于人们的生产生活习惯。一日三餐，白天工作，晚上睡觉。这是大部分人的节奏，也是最明显的以天为周期的节奏。月度的节奏也存在，比如农民何时该播种，何时该收获；季度的节奏，比如何时出游，何时"家里蹲"。从而能源消费行为也具有不同的时间状态（time state），存在高峰与低谷。这也可以理解为介于最大（1）与最小（0）的变动的负荷因子（load factor）。目前人们的用能节奏变化是比较缓慢的，特别是在工业稳定负荷占大部分的我国。这种情况下，互补性的出力①，比如风光互补、风光水互补去形成更"稳定"的总体输出，趋近需求曲线的形状，存在经济价值。

**未来，人们普遍预期更具有波动性的负荷会进一步增加。**各种理论、应用、咨询界的研究与模拟，最大负荷水平的年度增长，甚至快于总的用电量，反映了峰谷差的持续扩大。习惯是很难改变的，因此一个合理的预期是用能存在明显的节奏会是一个长期的不变量。理论上通过巨量的电力存储，可以把电力负荷曲线从一条高度波动的曲线拉平为一条直线。但是，这并不是人们用能节奏改变能实现的。

**当然，在"多一点还是少一点"的边际视角，如果这种用能的节奏可以方便低成本改善，变为风光多的时候消费大，风光小的时候消费削减，那么供需时间上不够匹配的问题也在很大程度上缓解了，不再需要供给侧互补。**电力的价值是在需求高的时候高，需求低的时候低，而不是稳定输出具有全系统价值。社会学家 Elizabeth Shove 在这方面有很启发思路的讨论②。她说："*过去的能源研究使用的是化石燃料时代形成的单位和概念，以及如何界定问题，强化了当前的社会用能实践和消费模式。实现低碳能源目标取决于转移需求以匹配供应，以及重新认识时间和能源之间的互动。*"要促进这种节奏上的"和谐"，从经济激励视角需要电力动态定价（dynamic pricing）。这方面的讨论是电力经济学的一个热点。

本章，我们从需求侧审视电气化，特别包括这些终端部门的需求如何（能够）给电力部门的平衡提供灵活性（flexibility），而不仅作为一个电能消耗（kWh）设备。这涉及比年度时间尺度更小的需求如何动态调整，成为类似可调度电源的可调度需求（dispatchable demand）。比如季度、星期、天、小时乃至更短。这属于广义的消费者需求侧响应（demand response）的范畴。

① 从数学上，两个电源的出力是互补还是趋同，可以通过出力序列的相关系数（correlation factor）来表征。如果相关系数为 1，代表二者完全趋同，不具有互补性；如果为 -1，代表二者完全互补。

② 比如 Shove E.（2020）. Time to rethink energy research. Nature Energy. https：//doi.org/10.1038/s41560-020-00739-9.

# 国际案例：智能电表与需求响应

目前，人们的用电更多的是一种习惯，并不会主动脱网。你按一下电动开关，或者旋转一下洗衣机的按钮，就默认有能源输入进来，使得电灯点亮或者洗衣机开始运转。这是一种习惯成自然。人们对能源与电力价格与花费经常缺乏明确概念，只是被动地用电，而不会主动脱网。

这种情况有望随着智能电表的推广应用变得互动性更强，但是目前的进展仍旧是缓慢的。过去，电力消费者，特别是居民消费者面临的电价，通常在一段时间（比如月甚至是年）是固定的。这并不反映电力供需平衡的变化带来的边际成本的改变。智能电表与能源系统数字化的进展有望改变这一形态，为进入实时定价（real-time pricing）提供基础设施可能。一方面，智能电表的广泛采用，为观测/计量更细颗粒度的电力消费提供了可能；另一方面，消费者监测自身的电力消费，因为智能手机 APP 的出现变得更加方便，可以更好地理解自身的能源消费动态，以及更低成本与便利地改变自身的用电行为。总体上，智能电表采用的收益还未被消费者明显感受到，更大的进展仍需要时间。

2022 年 9 月 6 日星期二下午 5 点 45 分左右，美国加利福尼亚州紧急事务办公室向 2700 万人发送紧急短信，呼吁他们减少用电[①]。原因是极高的气温，电力系统的备用容量在急剧下降，可能出现容量不足情况，而批发市场的价格也到了创纪录的 1 美元/度以上。它似乎起了作用，下午 5：50~5：55，整个加州合计电力需求下降了 1200MW。

信息数据的流动在某些国家/地区是个敏感涉及隐私的话题，比如欧盟。用电习惯的数据披露会提示很多其他方面的信息，特别是一些更小时间尺度的信息（见图 5.1）。因此，数据安全与隐私条款要求消费者数据的采集必须间隔足够长的时间（比如天以上），并且必须对数据进行"脱敏"之后才能公开，比如将电力消费与人名的联系隐藏掉。

---

① https://energyathaas.wordpress.com/2022/09/12/how-high-did-californias-electricity-prices-get/.

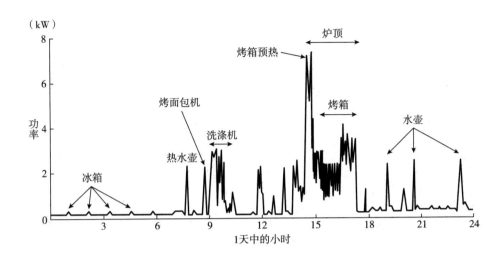

**图 5.1　居民用能节奏及其揭示的行为与隐私**

资料来源：Newborough M. ，Augood P. （1999）. Demand-side management opportunities for the UK domestic sector. IEE Proceedings-Generation, Transmission and Distribution, 146 （3）：283-293.

# 目标：更加有利于系统平衡

通过需求侧的响应调整来帮助电力系统的平衡，一直是人们追求的目标。它总体包括各种需求根据供给侧的资源可得情况在多个时间尺度上的调整，比如避峰、削峰填谷、负荷转移、战略节约/增用、灵活负荷等（见图5.2）。因此，它不仅是在"节约电力"与节能方向，这是大时间尺度（年、多年、十几年）的事情，还包括在系统平衡困难的更小的时间尺度上增加负荷的做法。这种情况下，能源效率（energy efficiency）要求不再是个要紧的事情，因为"过剩"的电力消耗越多，系统的平衡更容易。

新兴的电动汽车如何充电，以及如何与电网互动是当下与未来的重要问题。最初，人们认为电动汽车引入电力系统，将替代化石燃料——各种油品，从而助力减排。而从更细节的充电节奏来看，假设充电发生在夜间或者可再生大发的时候，可以不增加化石电源利用率或者容量。后来发现通常这并不是消费者所做的。终端电气化如果增加了高峰时段短时负荷，那通常意味着需要额外的电网资

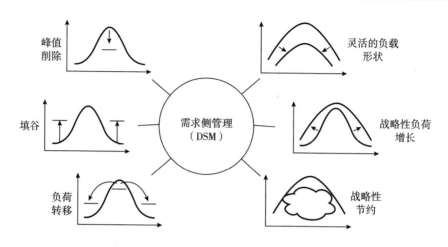

**图 5.2　需求侧管理技术**

资料来源：Sarker E.，Halder P.，Seyedmahmoudian M.，Jamei E.，Horan B.，Mekhilef S.，Stojcevski A.（2021）. Progress on the demand side management in smart grid and optimization approaches. International Journal of Energy Research，45（1）：36-64. https：//doi. org/10. 1002/er. 5631.

源，特别是配电网的巨额投资，大体就不是理想的电气化（见图 5.3）。特别地，如果这种额外的需求对应的是化石能源的投资，那么电动汽车的减排效果也会大打折扣，甚至完全消失。Holland 等（2022）对美国的情况进行了模拟。由于美国的电源结构中，煤电很大程度上是边际成本最高的机组，那么很大程度上，电动汽车的充电需求会拉动事实上煤电的消费，电力排放的增加可能会抵消因减少汽油动力汽车而减少的一半以上的排放。因此，智能充电（smart charging）的概念被引入，通过各种经济、政策与社会运动的方式引导人们的充电行为，在可再生能源丰富（电价低的时刻）的时刻充电。

**电力燃料化中，电解槽何时开动和如何避免网络阻塞也是重要相关的问题。**为了避免制氢引发传统化石能源电厂出力增加或者网络阻塞，在目前电力价格在高位运行的情况下，欧盟在 2022 年初出台了有争议的制备绿氢的严格"额外性"（additionality）标准。要求制备的电力来源必须证明其可再生来源，比如额外的新容量，或来自"弃掉"的可再生能源，或来自严格监管下的电力购买协议（PPA）——2027 年前要求"月度匹配"，而之后可能要求"小时匹配"①（可以

---

①　https：//www. rechargenews. com/energy-transition/proposed-stringent-eu-rules-on-green-hydrogen-would-put-the-brakes-on-development-/2-1-1223746.

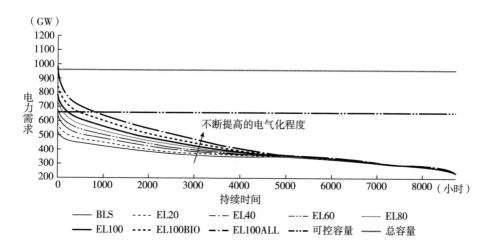

**图 5.3 电气化如果增加了高峰时段短时负荷，那就不是理想的电气化**

注：电气化程度的提升，意味着新的电力需求。但是，如果增加了负荷高峰时段的短时电力使用，那么这种电气化意味着更多的新增投资以及系统总体利用率的下降，就不是理想的。特别是在化石能源仍旧主导的电力系统中，比如印度与我国。边际上这种负荷增加还可能形成对新的化石能源发电的需求，使得未来的温室气体减排任务进一步加重。如何通过需求侧的灵活性减少这种增加无疑是值得探讨的。

资料来源：Thomaßen G., Kavvadias K., Jiménez Navarro J. P. (2021). The decarbonisation of the EU heating sector through electrification：A parametric analysis. Energy Policy，148，111929. https：//doi. org/10. 1016/j. enpol. 2020. 111929.

称之为"同时性"，超越额外）。这意味着，如果采用电网电力制氢，那么这种证明将是极其复杂的，并且制备的时间机会下降，设备的利用率会大幅下降，从而单位成本上升。2022 年 9 月，欧盟内部投票，正式废除了这一"同时性"要求①。

笔者对于这种在小尺度上给电力"划成分"的做法持反对的态度，它违背了电力系统"游泳池平衡"基本惯例与最有效率原则。高程度的可再生与氢电解槽"耦合"（coupling）同时性，使得电解决策不能在单纯依据整个市场的供需价格信号（反应整体可再生能源可得与充分程度），而取决于自身是否"锁定"可再生资源资产。比如太阳能大发的时候，一个只购置"制氢风电电量"的电解商就无法生产。这会短期推高制氢成本，为了小尺度下与可再生对应引发

———————————

① https：//www. rechargenews. com/energy-transition/scrapped-eus-controversial-additionality-rules-for-green-hydrogen-are-history-after-european-parliament-vote/2-1-1299195.

长期额外电解与储氢投资。这种情况下，的确可以确保排放不至于因为制氢增加，但是无疑也有别的方式可以更有效率地实现这一目标。比如已经存在的碳市场排放总量（cap）安排，以及年度的额外性要求就可以充分保证这一点[①]。

当然，如果这种尝试的目的是推动电力系统的创新，这种严格的高分辨率的匹配实验无疑还是具有意义的。这方面典型的例子是如日中天的 IT 高技术公司 Google。它通过购买可再生能源证书或者签订长期合同 PPA，目标是确保每小时的电力使用都是可再生能源，即所谓 14/7 Clean Energy[②]。显然，它需要需求侧做大量的工作，以实现这种严格的可再生出力供需"匹配"。这是一个公司的自愿性行为，不应该无法成为一个行业的共同要求。

# 工具：能源系统数字化

**信息互联网正在迅速地改变着人们的生活与生产方式**。互联网作为一种强大的工具，在金融支付、交通出行、购物、媒体等方面已经对传统的行业形态进行了摧枯拉朽式的改造，诞生了诸多新的"互联网+"形态、商业模式与经济模式。这种改变可能是一夜之间的，如 Uber（滴滴）对出租行业的颠覆；抑或是细水长流的，类似媒体领域对传统媒介的替代。

**计算机与通信通用技术善于处理一些定义清楚、需要快速以及反复处理的复杂事情**。那么信息技术如何改造能源行业呢？表 5.1 给出了一个电力系统数字化应用的潜在领域。它广泛地覆盖从发电、输电、配电到用电的各个领域，涉及大数据、机器学习、物联网、区块链等方法工具的应用。

表 5.1　电力系统数字化应用

|  | 发电 | 输电 | 配电 | 用电 |
|---|---|---|---|---|
| 大数据 | 通过分析提升运营效率 | 预测未来的负荷与价格 | 优化社区微型发电与储能应用 | 能源使用与节能建议 |
| AI/机器学习 | 通过风速预测优化风电场运行 | 自动智能体能源交换 | 优化网络应对物理故障风险 | 需求响应自动化 |

---

① 张树伟（2022）. 保证氢能制备来自绿电，有必要吗？. 风能，（7）.
② https：//www.google.com/about/datacenters/cleanenergy/.

续表

|  | 发电 | 输电 | 配电 | 用电 |
|---|---|---|---|---|
| 物联网 | 无人机设备监测 | 智能电网传感器、监测与资产管理 | 嵌入式控制助力本地微网 | 电动汽车、家居传感器 |
| 区块链 | 排放证书与原产地证书* | 直接能源交易* | 微网与本地市场 | 结算、计量与需求响应 |

注：*是原报告中的。但是，基于电力对消费者的高度均一性质，这种额外的标记往往是无意义的。此外，电力生产/消费必然存在偏差，需要系统运行者集中处理，无法实现完全意义上的"分散交易"。

资料来源：https://spiral.imperial.ac.uk/bitstream/10044/1/78885/2/4709_EFL_Digitalisation_briefing_paper_WEB2.pdf.

仔细审视这些应用，可以举几个例子，比如：

**第一，服务于结算目的。**

结算这一点有点像算账与记账。IT 技术无疑可以进行更先进更实时的计量。此外，随着分散、随机出力的可再生能源（主要是风电与光伏）越来越多，系统无疑将是越来越分布式的，问题的核心聚焦在这一分布式系统是否需要集中式的协调与数据管理（coordination and data management），类似现在调度角色，还是这一功能也彻底成为分布式的。

分布式的协调与数据管理思路（区块链）出现，使得构建"生产者为中心"的数据共享成为一种范式。数据存在于所有参与者之中，但没有在任何单一系统内。要实现这一目标，信息技术将起到关键性的角色，比如目前出现的区块链技术在能源部门的潜在应用。这方面，技术是一种"摧毁式"的创新，可以打破旧有体制机制的桎梏。

**第二，分散资源的集合优化控制。**

这无疑是一个非常专业的领域。这种集合优化控制，存在发输配用各个环节，广泛地涉及生产者与消费者，以及不同的地理尺度。

比如，过去的规划与优化，由于通信技术的落后，系统的状态监测，涉及发电、配电等部分，透明与实时监测程度是不够的。简单的例子，配电网发生了停电，非数字化电网体系只有接到了报告电话，才知道哪里线路跳了。现在有了通信系统的帮助与进一步的数字化（物联网），这一系统的设计、运行与故障诊断与修护也将更加透明与自动化，极大地提升系统的可靠性与安全程度。在这方面，技术往往是第一位的。

第三，更便捷地提供辅助服务。

这一点明显体现在促进消费者对系统平衡的参与上。更加方便、实时获得电力的供需波动（体现为价格）信息，将有助于消费者更方便地采取行动，促进系统平衡，加上互联网传感体系的辅助，也使得这种辅助更加自适应（人工智能/深度学习），比如快速的频率响应。对消费者的整合，以及 Prosumer+储能，也是这个环节重要的参与者。这方面，无疑机制的建立是技术得以发挥作用的前提。

第四，下一代调度中心。

**物理传感器硬件成本的大幅下降，使得更加可视化的调度控制系统及其模拟变得更加可行。**在调度运行领域，一些人工智能、机器学习以及数字孪生应用，可以进一步改善调度控制中心工作的便利与透明程度，提升可再生能源出力、偏差以及线路过载（line overload）等预测预警（AI 与机器学习）的精度与反应速度。

这方面的进展，可以参阅"control room of the future"[①] 等可视化内容。

# 既有实践：需求侧管理（DSM）与响应（DR）

按照教科书给出的定义，电力需求侧管理（DSM，系统视角）或者响应（DR，消费者视角）是电力公用事业企业在政府支持下开展的项目，旨在改变电力用户的用电方式，降低或转移高峰用电需求。其通过特殊激励政策、价格体系或两者相结合的方式促使用户改变用电需求，从而保障电网稳定，并抑制电价上升的短期行为[②]。基于行政命令，削峰填谷、拉闸限电与有序用电也可以归为此类。在电价几乎不波动的情况下，通过创造一个额外的"市场"（比如需求侧管理市场、补偿安排等）也是个临时可选的方案。

**从管理的视角，任何用电部门都存在削减负荷来帮助系统平衡的"能力"。**笔者小时候（20 世纪 80 年代）在农村生活，那个时候最兴奋的事情就是跟着父

---

① 比如，美国国家可再生能源实验室（NREL）开展的数字控制中心模拟助理工作（https：//www.nrel. gov/grid/control-room. html），以及调度运行机构，比如荷兰与德国的 TennetT TSO 开展的工作（https：//vimeo. com/599526623）．

② http：//www. raponline. org/wp－content/uploads/2016/05/rap－china－demandresponsemanagingpeakloadshortages－cn－2015－mar. pdf.

母晚上浇地，不知道什么时候就睡着了，也不知道是如何回到家里的。当时全国电力紧张，农村地区只有后半夜才有电可供农田灌溉。这其实也算是一种农业的需求侧响应，只不过苦了要灌溉的农民。我国的《有序用电管理办法》规定，优先确保重点单位与居民用电，按照"先错峰、后避峰、再限电、最后拉闸"的顺序，组织工业企业错峰。这不是一个经济原则，因为工业限电的损失要大于居民，特别是无计划的限电措施。更进一步，是否限与如何限，消费者是没有发言权的，是调度的自由权衡。因此，关键的问题在于：这种行为的变化，是基于价格体系、额外激励，还是义务强制。

2020 年，山东省能源局发布电力需求响应补偿公告，采用系统导向的紧急型需求响应和价格导向的经济型需求响应的"双导向"参与模式，以及容量市场与电能量市场相结合的"双市场"价格补偿机制。其中，前者是基于激励的（消费者削减动作，给钱），后者是基于价格的（消费者削减动作，省钱不花钱）。但山东似乎还给予了额外的补偿费用，存在"重复奖励"的嫌疑。补偿均来自省间现货市场的"资金池"[1]。

2020 年 8 月，山西能源监管办发布《山西独立储能和用户可控负荷参与电力调峰市场交易实施细则（试行）》，提出参考历史用电情况来确定"调峰服务"程度，其成本由新能源企业、火电企业、批发侧用户进行分摊。这无疑又是一种"抓壮丁"，在此就不再赘述了。当然，参考历史用电情况来确定需求侧贡献，的确也是一种国内外通行的做法。

2021 年 5 月 13 日，广东电力交易中心发布《关于开展市场化需求响应系统公测和结算试运行工作的通知》，启动需求响应交易结算试运行。运行结果显示[2]：每个时间段的中标容量均远不及需求容量，出清价格更是价格的"天花板"——4.5 元/千瓦时。这一高价格如果成立的话，只能说明广东的发电资源已经耗尽，否则无法理解电厂为何对如此高的价格不动心。另一种可能性是，需求侧与电厂竞价割裂了，彼此的价值并不"联通"，这是典型的市场设计问题。

**2022 年，虚拟电厂概念在我国特色推开**。有文章认为[3]："按照 2025 年全国最大负荷 5%参与系统调节，12 亿千瓦，大概 6000 万千瓦可响应负荷。按照 300 块钱每千瓦计算，可以计算负荷型虚拟电厂数额 180 亿千瓦。"这无疑又是过度

① https://mp.weixin.qq.com/s/AH5uLmIBbKeWKhCSvzZoOA.
② https://shoudian.bjx.com.cn/html/20210517/1152727.shtml.
③ https://mp.weixin.qq.com/s/qTJaEGuSn6M4Q_Gget8fWQ.

补偿。从备用的机会成本而言,以现在电厂的利润水平,每度电只有几分钱,电厂就是半年做备用(剩下半年卖电量),损失的价值也不过 2000 小时 * 5 分钱利润,也就是 100 元/千瓦。何况,系统可能还存在其他成本更低的备用方式。

# 分析:为何潜力巨大,而实现仍有限

**需求侧响应的潜力一直被认为是巨大的,相比供给侧昂贵的供给设施投资。**从理论潜力到技术潜力,表征了包含重新投资/转移资产与否;技术潜力到经济潜力,考虑了"可以变得灵活的需求"中那部分具有市场吸引力的部分;从经济潜力到实际潜力,需要考虑公司的其他额外战略考量或者能力因素等,从而构成"可接受"的潜力。

**理论上评估经济潜力具有很直接的方法论——基于停电损失代表的机会成本。**如果电力价格上涨到超过这种停电损失的程度,那么从消费者的"剩余"(也就是福利水平)来讲,用这一度电就得不偿失了。

**停电损失显然会大于零,但是也不是个无穷大的数字。**计划准备好的停电损失远远小于非计划停电。工业用户的停电损失要大于居民,因为它代表着工业活动的停止与产量损失。居民的停电损失随着时间推移有迅速扩大的趋势,比如停电 6 小时以上,冰箱的食物就坏掉了;但是长期损失又有下降,停的时间长了也就习惯了,比如过去中国缺电时期仍未通电的农村。

**高耗能工业因为用电体量巨大,是需求侧响应研究的一个热点,特别是在可再生能源份额越来越大的系统。**在系统发电资源紧张的时候,高耗能工业如果能够有效低成本切除负荷,效果影响比成千上万个分散独立小型个体的响应要大。在这个过程中,伴随着用电成本的大幅下降,对高耗能行业起到"省钱"的效果。2021 年下半年开始,世界能源价格暴涨,特别是在欧洲。天然气价格飙升了 5 倍甚至更多,带动电力价格上涨类似的程度,主要高耗能工业开始削减产出。比如 Yara 化肥厂减少了 40% 的天然气消耗,改为直接从欧洲以外的工厂进口氨,以继续欧洲的化肥生产[1];Lech 钢铁厂关闭了部分高炉设备[2]。

---

[1] https://www.reuters.com/business/energy/yara-brings-ammonia-europe-after-gas-price-hike-ceo-says-2021-09-20/.

[2] https://www.sueddeutsche.de/bayern/bayern-lech-stahlwerke-strompreise-tageweise-oefen-1.5545135.

理论上巨大的潜力，实际在各个国家实现的程度普遍是有限的。其中原因存在很多解释，比如测量错误说——实际潜力其实没有那么大，调整用电节奏的成本是高昂的；消费者缺乏必要的响应手段——不能；消费者难以改变习惯——不想；等等。这是一个高度多元的交叉学科，不同学科采用的术语甚至都不一样。比如对于"习惯势力"，社会学家称之为"社会时间节奏"，而经济学家归为"非技术障碍"（non-technical barriers），政治经济学家称之为"偏好"（preference）。

如果要额外补偿，如何衡量响应程度是操作性难题。需要确定需求侧贡献出多少"负（-）负荷"。不可避免地，要回答一个"反事实问题"：如果没有响应，其需求水平是多少？从而为界定响应的程度以及定价提供参考基准。这并不是一个显而易见的问题。加利福尼亚大学伯克利分校教授 Severin Borenstein 对需求响应补偿模式特别"反感"：相比推行实时电价，这种给钱模式可以被称为"无谓花钱"（money for nothing）[1]，是非常没有效率的。

其背后的逻辑恰恰在于确定"开始贡献"的基准设定包含的难度。在加利福尼亚州，这个基准在操作上，通常是过去一段时间的平均电力消费（比如2022 年）。但很显然，这在激励上存在问题，会使得用户故意推高参考基准时间区间内的用电量，产生意想不到的长期影响。且实际受到"奖励"的人，经常并非有意识进行节电的人，而完全是随机情况下少用电的人。这表明，基于历史的基准线是存在很大问题的。在 Borenstein 教授看来，这种奖励体系，实际是非高峰时期用户（事实上电价不低）补贴高峰时期用户（不应该那么高）。

在山东，紧急型需求响应确定对消费者补偿的基准，是系统指令下的"削减或者增加"。基本上是由调度确定从哪里开始计算，它说多少是多少。而在经济型需求响应中，其参考基准可能是负荷的电能量市场的竞价结果，似乎是想将这部分电力用户当作负"备用"来支付备用费用。

然而，即便如此，"增加用电负荷"还给钱仍十分令人费解。它其实意味着电力价格已经为负。如果映射到统一竞争性市场，这关系到电能量市场与备用市场的紧密互动。若两个市场是分立的（类似欧洲的情况），那么，机组下调（对应消费者上调）在大部分情况下是不存在机会成本的。电厂可以节省发电燃料成本，消费者多用电也没有任何损失。这一变化的边际成本是零，甚至是负的，不需要按度电给予补偿。

---

① https://energyathaas.wordpress.com/2014/05/12/money-for-nothing/.

# 智能用电专题

## 专题 5.1　智能家居

**能源系统数字化正在快速追赶其他部门。**智能电表，智能控制（比如灯光、采暖）和智能电器（特别是生活家电）正成为很多传统电力与电器厂商、IT 新贵的战略重点。这些可以帮助人们更加方便快速地使用各种电气设备，监测自身能源消费，自动运行或者关闭某些电气设备。

**智能家居正从智能走向自治，3A 体系正在快速进化。**以空调为例，最初的是自动控制空调（几点启动关停），即 Automatisation；后来是自适应空调探测人员情况，根据情况启动或者关停，即 Algorithmation；进而走向自治——自我优化控制（智能家居，不断学习），可以称之为 Autonomy。3A 智能家居（也可称为 programmable devices）的出现，使得能效提高在技术进步之外多了一条途径——进一步精确匹配能源服务与需求。比如，人不在屋里的时候，降低采暖功率，以及更加精确控制与外部天气相关的舒适温度等。2022 年 9 月，知名 IT 公司苹果（Apple）发布了新一代 iPhone14 手机，具有一项叫作"清洁能源充电"（clean energy charging）的功能，据称它可以通过优化电网选择清洁能源充足的充电时间来减少用电的排放①。

**智能家居到底会增加还是减少能源消费，**答案并不显然。广大厂商承诺了某些巨大的节能前景，政府决策者也希望这些先进技术的发展与普及能够进一步推动经济的增长与气候变化问题的缓解。为了减少能源浪费并提高欧洲家庭能源效率，欧盟委员会的战略能源技术计划（SET）将 2030 年的目标定为在 80% 的家庭中 80% 的能源使用通过信息通信设备（ICT）可控②，以为消费者节能提供有效的信息披露与手段。当然，增加能源消费的可能性也是广泛存在的。这其中有消费由于效率提升的反弹，有改善的能源服务质量（比如安全目的的常态照明）驱动的额外能耗等。

---

① https：//www.yahoo.com/lifestyle/ios-16-apple-introducing-clean-181248227.html.

② https：//energy.ec.europa.eu/topics/research-and-technology/strategic-energy-technology-plan_en.

这无疑是一个快速发展进化中的部门，国内外众多的有声望的大公司或者创业型公司在持续投入。比如小米、优能拓、欧瑞博、云丁科技等。智能家居、智能电表与数字化生活，是一个互相促进的综合体系。

## 专题5.2　车联网与V2G

汽车是一个交通工具。随着各种传感设备的加入，智能汽车也构成数字化生活的重要部分，在此基础上与交通系统耦合，形成车联网（connected vehicle）。车联网是以车内网、车际网和广域网（移动互联网）为基础，按照约定的通信协议和数据交互标准，在车车、车辆与互联网之间，进行无线通信和信息交换，以实现智能交通管理控制、车辆安全控制和智能动态信息服务等的一体化网络，是涉及交通、通信、控制、汽车、服务等领域的复杂巨型系统（田大新等，2015）。此外，从与电网系统的交互视角，电池潜在地可以作为与电网互动（Vehicle to Grid，V2G）的资源，在灵活智能的充电放电中体现系统价值，提高整个电网系统的运营效率。一些创业型智能用电/智能建筑/综合能源服务类的公司，比如特来电、特斯雷等在此领域不断进取。车联网还是智慧城市发展的一个"入口"。与交通智能化结合，通过信息集成、共享与协同控制，可以显著地提升交通运行效率，比如无人驾驶与智能交通系统的耦合。这方面，我国也存在一些深耕这一领域的创业型公司，比如图扑软件、坤湛科技、数字看点等。

基于"需随风光动"的原则，电动汽车可以在发电资源充足的时候更多充电，而在电网需要的时候，以电池储能的方式提供各种潜在的系统服务，比如热备用、频率调节以及高峰供电等。徐沛宇2021年3月发表在《财经》杂志上的文章①对我国的车网互动现状做了很好的综述，谈到将电动车当作电网的充电宝，其障碍因素还不少，但是从车主侧，车网互动的核心是看电价差额是否足够大，差价越大，越能激励车主充放电。想让分散的车主这么做，只能对其进行经济激励。

从整个系统视角，这是涉及可再生能源发电商、电网运营者、车主、充放电聚合商、电动汽车制造商、监管机构与政府政策的复杂互动（见图5.4）。目前，

---

① https：//www.huxiu.com/article/412756.html.

各国突出的问题是电网与充放电聚合商/车主之间的协作界面不清晰，电网无法给车主的自主充放电行为提供平台，与市场结构中足够有分辨率的价格信号。此外，还存在很多政策与法律问题，比如车主作为电力产销者，需要接受何种监管以及具备何种基本条件，另外，还涉及网络安全与数据隐私问题。

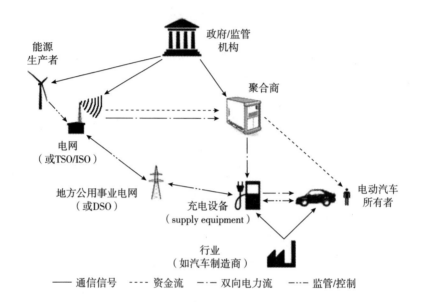

**图 5.4　V2G 系统中的相关方以及电力、信息与财务流**

资料来源：Noel L.，de Rubens G. Z.，Kester J.，Sovacool B. K.（2019）. Vehicle-to-Grid：A Sociotechnical Transition Beyond Electric Mobility. Springer.

## 专题 5.3　P2P 电力交易

能源部门点对点交易的想象其实也来自平台经济（share economy）部门。这是 IT 技术改进以及信息不对称消除之后出现的新的经济业态，很多人认为其潜在地将极大改变社会的组织形态。它以交易的分散、大量、灵活以及定制化为特点，大部分是消费品的买卖。

以平台参与交易的"参与度"划分，平台还可以分成不同的类型[1]。包括：

---

① 这一分类标准阐述受到 Tirole（2017）的启发。

- **纯基础设施提供者**。比如 P2P 最初兴起时候的 eBay、Uber、Airbnb，以及国内的淘宝（taobao.com）。商家与消费者的直接交易，平台不参与或者参与程度非常有限。在非商业领域，比如一些论坛交换各种免费资源（如书籍、音乐等），也属于此类①。

- **超市类型**。比如天猫。货品的摆放者与交易组织者，类似贸易商或者"统购统销"的中介机构。

- **代理商**。类似目前拥有雄厚实力的制药企业角色，比如辉瑞、强生、诺华等。它们代理其他创业型公司研发的新药的申请认证、测试以及大规模生产等工作，成为一个交易事实上的操盘手。

电力交易的 P2P 形式，涉及与其他平台经济类似的内容，比如参与者的构成、价格策略、计量与计费、政府如何监管、市场效率以及社会影响等多个维度。但是，由于电力产品的特殊性，其自身的特点也将非常明显。特别是：

- **生产者与消费者的匹配（matching）相比消费品更难**。由于缺乏存储能力，消费数量具有明显的时间特征，具有更大随机性。交易达成可能性的限制更多。

- **备用仍旧是需要的**。由于生产与消费都存在不确定性，其电力拥有者也无法 100%确保其产品交付的准确性，因此仍旧需要与其他电网"池子"交互调剂余缺，或者安装储能等。

屋顶光伏、电动汽车拥有者具有成为这种 P2P 交易者的最大潜力。因为它们自己发电，也消费电力，成为产销者（prosumer）。有些时刻可能用不了，但是卖给大电网可能价格比较低，而卖给认识的邻居、好友还会额外获得经济收益之外的"满足感"，从而使得这种交易具有充分的激励。

**IT 技术正在迅速影响电力行业，也带来了大量泡沫**。比如，由于电力对于消费者的均一性质，一些 IT 技术（如区块链）对电力来源的标记应用，是没有任何价值的，属于破坏统一市场的"倒行逆施"。其真正的价值是降低交易的成本，从而为形成更小、分散的市场，进而真实反映实时价格提供可能（见图 5.5）。借助这些更快、实时的低成本工具，电力市场有望更加多元化，从现在的普遍"架设"在输电网，转成多层次的市场，"架设"在配电网也成

---

① 这些交换的产品其发布者是否具有产权与处置权，是一个灰色地带。但是，这些论坛性质的平台需要"利他"精神（altruism）支持才具有可持续性。

为可能与选择（类似于我国的"隔墙"售电）。

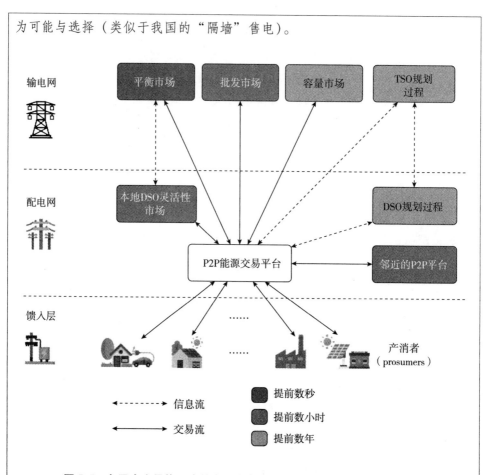

图 5.5  多层次交易体系中的点对点电力交易平台及与其他市场的互动

资料来源：Morstyn T.，Savelli I.，Hepburn C.（2021）．Multiscale design for system-wide peer-to-peer energy trading. One Earth，4（5）：629-638. https：//doi. org/10. 1016/j. oneear. 2021. 04. 018.

## 专题5.4  实时电价及避险

价格高了，消费者衡量用电的成本与收益后，可能会觉得用 1 千瓦时的电得不偿失，就主动不用电，从而节省了钱，系统也自动实现了需求响应的目的。这是理论上动态定价（dynamic tariff），从而消费者更显著地暴露了批发市场价格的逻辑所在。问题是，目前市场中的大部分用户被隔离在价格波动之外，尤其是中小用户。

随着可再生能源在系统中所占份额越来越大，出于节能减排的目的，根据系统供需情况的变化而对需求侧加以调整，将变得更加必要。推行实时定价（Time-of-Use Tariff，ToU），或者至少是它的简化版本，比如尖峰定价成为市场设计的重要内容。在实时电价体系中，如果于目前（通常提前 24 小时）形成的电力价格非常之高（意味着实时也可能很高），消费者预测到这个情况，就有可能提前做准备，到时减少用电，有效地实现需求响应，帮助系统平衡。那么，实时电价就不会像预想的那么高，系统的平衡自然也就更加容易实现。同时，电力更加反映其社会成本，也意味着经济效率的提升。

当然，这会让消费者承担更大的价格风险，需要那些"厌恶"风险的消费者自己去寻找降低风险的金融工具。实时电价可以激励消费者在正确的时间用电，具有减少总体电力费用的潜力。但是对于中小用户而言，如果处理不好，也有可能成为极大的价格风险，如果在极高的价格下无法"脱网"的话。

美国得克萨斯州的停电事故提供了一个绝佳的观察视角。2021 年 2 月美国得克萨斯州停电期间，价格高达 9 美元/度，期间部分用户的巨额账单是这方面一个新的生动的例子（Blumsack，2021）。德州电力市场运营商 ERCOT 主导设计的规则，是世界电力市场中最接近教科书版本的，批发侧（发电商与大用户售电公司交易）与零售侧（售电公司卖给中小用户）均实现了开放竞争。这种情况下，售电公司的卖电价格与条款有非常多的形式，只要双方都认可。问题在于：消费者对他们签字的合同并不一定具有完整的了解程度。比如批发价格的直接传导合同，一般情况下由于市场价格波动不大，极高的价格持续时间不长，消费者并不会产生巨额账单。但是这次大停电期间，严重的物理短缺与（设定的）高价格持续了好几天。部分零售用户，由于与售电商签订是批发电价的传导合同，其月度电费账单达到了 15000 美元。并且直到收到账单，电力用户才意识到这一点。最终，提供这种电力套餐的 Griddy 售电商也因此申请破产保护①。

此外，这种改变面临操作性障碍。比如，德国的终端电价中，服务于其他政策目的的成本超过 10 项，终端电价（比如之前 25 欧分/度），真正属于批发电价的部分只有 20%（5 欧分）。因此，一个简单的算术，如果批发电价上涨了 5 倍（25 欧分），那么终端只是上涨 50% 而已。如果电价中固定的部分太多，那么

①　https：//www.reuters.com/world/us/texas-power-retailer-griddy-files-chapter-11-bankruptcy-protection-2021-03-15.

> 这种传导形成的价格区间（price spread）也将是很窄的。消费者即使从固定电价转为动态定价，其潜在的收益可能有限，无法覆盖变化的适应成本（包括物理的成本，比如更换电表以及心理成本）。这个改革无疑也将是一个系统工程，从哪里开始是个难题。德国从2022年开始取消可再生能源附加启动降低电价的进程。

# 国内案例愿景：风电供暖+储热

我国由于电源间市场份额竞争机制不畅，相当部分地区（比如东北）存在需求"低谷"时期的弃电问题，而且这种弃电的损失不假思索地加到了新的发电者——风电上，称之为"弃风"。也就是，通过切除风电并且不给予必要补偿来解决这个问题。这种情况下，探讨如何利用低谷风电的必要性就显现出来了。

利用低谷风电供热无疑是个方向。技术路线上，直接加热电阻丝供热无疑是效率低下的，而蓄热式电锅炉正在成为一种选择。2021年12月出版的《全国可再生能源供暖典型案例汇编》①总结的唯一一个风电供暖项目——**国家电投繁峙风电清洁能源供暖项目**，采用的是固体氧化镁砖高温蓄热电锅炉。项目主要利用夜间电网低谷电力，进行制热、蓄热和供热，满足某一空间区域全天持续供暖的要求。

要进一步提高这一模式的竞争力与可扩展性，实现无缝的"需随风光动"，无疑还有很多工作要做。特别是涉及快速响应、价格机制方面的问题。比如：

**客观上，供热区一般远离风电场，因此目前大多采用非直供电模式。**即风电场发电全部送入电网，锅炉再从电网购电供热。定价机制上，由于已经是零售侧，低谷电价格还是比理论上的"零价格"（系统价格需要下降到这个程度把发电电源尽量排除出去以利于系统平衡）高出很多，削弱了项目的竞争力。

**响应速度方面，电锅炉调节受速度、深度与频次的制约，与风功率波动及随机性无法匹配。**有的系统通过加装小容量储能改善出力特性。这其中的"供电—储电—储热—供热"上的联合调度优化非常具有空间。

资料来源：王鹤、庄冠群和李德鑫．（2016）．蓄热式电锅炉融合储能的风电消纳优化控制．http：//der. tsinghuajournals. com/article/2016/2096 – 2185/101427TK-2016-2-001. shtml.

---

① http://www. nea. gov. cn/2021-12/03/c_1310354623. htm.

# 第6章　部门耦合及其基础设施

Business as usual is no more. We will need to "bounce forward" and not "bounce back".

——欧盟委员会主席 Ursula von der Leyen 谈及建立一个有弹性的、
绿色和数字化的欧洲挑战①

*未来能源系统的核心是电力和电网。*

——中国工程院院士薛禹胜②

## 引言

在第 3~5 章，我们从如何利用巨量波动性电力的视角，讨论了终端电气化、电力燃料化，以及用电智能化三个主题，主要涉及技术可行性现状、国际最佳实践（best practice）与趋势、发展视角的优势与潜在问题等专门内容。这或多或少涉及能源生产与利用，包括电力与工业、交通、建筑部门的进一步耦合（sector coupling）。电力更加广泛地直接或者间接地用于终端部门，帮助这些部门进化与脱碳，同时这种利用也给电力部门提供运行灵活性。相比过去以及目前的能源体系，这无疑是个显著的变化。由此构成的新的电力与能源系统，结合了各种能源形式、信息技术与智能控制在不同的地理尺度与场合被赋予了各种名字，包

---

① https：//www.euractiv.com/section/future-eu/interview/von-der-leyen-we-now-need-to-build-resilient-green-digital-europe/.

② http：//finance.sina.com.cn/roll/2018-03-27/doc-ifysqfnh2781750.shtml.

括综合能源系统、智慧能源、能源枢纽等①。

**过去的相对独立的从一次能源到中间转化，到终端利用的能源系统，可能变得更加复杂，综合程度更高。**最初，电力主要应用于工业与居民部门，而热电联产先将电力与热力部门联系起来；随着电动汽车的出现，交通部门与电力部门耦合程度提升；要实现进一步的深度减排，无论是直接电气化还是电力燃料化替代传统的化石能源，工业与建筑部门与电力部门耦合的程度需要进一步提升。比如绿氢来自电力，必要的时候还可以进一步发电去辅助电力系统的平衡。这无疑对未来的能源基础设施，无论是硬件（发电、电网与用能设备）还是软件（能源管理，需求侧响应）都有很重大的意义。

**回到第 3 章我国构建的未来能源供应的场景，从消费者视角看，是一个电力、热力、交通出行、氢能无缝衔接、互相竞争与补充的综合能源体系；从生产者视角看，就是一个最优投资与运行优化的问题；从监管者与政府视角看，是一个因势利导推广何种产能与用能模式的问题。**这其中存在众多经济竞争力、社会偏好与政治决策选择问题。

在本章，我们把这三方面的内容放到一起，讨论部门间更深程度的耦合及其系统含义问题。我国考虑更加广阔的经济与基础设施因素，比如成本竞争力、业已存在的基础设施影响、具有进一步成本下降潜力的技术以及网络效应等影响问题。

# 国际案例：丹麦电—气—热耦合②

丹麦是一个北欧小国，人口 550 万。但是在其他方面，它无疑是个不折不扣的大国，即使以绝对数量，而不是相对于其国家体量而言。比如，丹麦是世界猪肉出口的第一大国，占全球贸易量的 20% 以上。这意味着其农业生物质与生物气资源（沼气等）比较丰富。丹麦也是世界上最早开始利用风能的国家之一，Vestas 是最早的商业风机制造商，产量与出口量长期位列世界前列。同时，丹麦的风电在发电结构中的份额上升非常快，2020 年前后达到总用电量的 50%。

---

① https：//www.esd.kit.edu/85.php.
② 笔者特别感谢丹麦能源专家 Lars Møllenbach Bregnbæk 和 Ea Energy Analyses（Ea）与笔者 2017 ~ 2020 年的多次讨论。

由于地理因素，丹麦全年供暖需求长达6个月以上，全年室外常温感到舒适的时间只有3个月（6~9月），对于热力与热水的需求是刚性的。目前，家庭普遍采用区域供暖（district heating）或者自采暖。大量分布的小型热电联产机组（CHP）同时提供电力与热力，燃料主要是天然气、生物质以及少量的重油。

这样的电力与热力体系构成，使得发电能源越来越多地来自不可控的风电光伏以及总量有限的生物质，而热力往往需要维持常态的供给。这对系统的灵活运行提出了很高的要求。这恰恰是丹麦的产业界、学术界乃至居民用户长期耕耘并持续探索的电—气—热耦合系统的优化配置与运行问题。

一个典型的多种能源耦合的系统运行决策优化如图6.1所示。

- （阶段1）当电力价格很低（比如接近于零甚至是负的）的时候，热电联产发电面临着亏损，而直接采用电加热变得有利可图，热电联产机组下降到最低出力甚至停机，生物质锅炉仅作为补充。与此同时，多余的热存储起来，以供其他时间使用。

- （阶段2）当系统可再生能源出力严重不足，市场电价非常高的时候，热电联产机组更大比例的生产电力，同时提供热力。而电加热与生物质炉停止运作。

- （阶段3）介于以上两种情况的不高不低电价的情况，有限原料的生物质炉的热力供应成本是最低的。在它的总量有限的情况下，通过储热罐补充进一步的热力需求，而不赚钱的热电联产以及成本显得高昂的电力直接加热被避免使用。

由此可见，丹麦电力市场的电力价格以及热力的边际供应成本两个价格信号在其中发挥了引导行为的关键作用。


# 有用能与能源投入


**2020**年新冠疫情之后，笔者有了大量的空闲时间，可以看很多年累积未读的书了。曾经浏览了一本书，叫作 *Foragers，Farmers，and Fossil Fuels：How Human Values Evolve*。它是一位历史学家写的，关注的是能源使用在人类进化中的作用。作者认为：人均每天的能源使用量是决定社会价值观以及社会变化的主导因素。从采集、种植到化石能源时代，人们对能源的利用方式决定了社会的

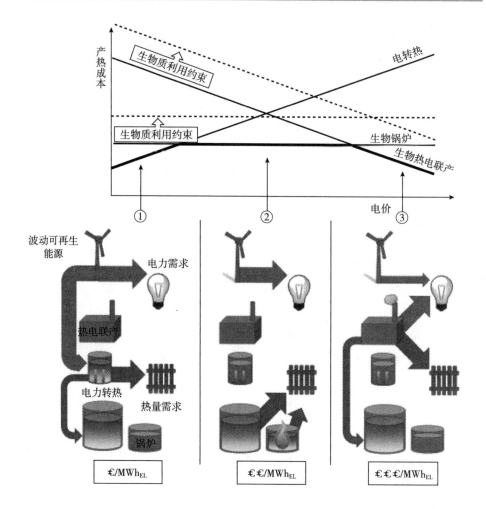

**图 6.1　电力、热力与天然气耦合系统的运行决策**

资料来源：Sneum D. M.，González M. G.，Gea-Bermúdez J.（2021）. Increased heat-electricity sector coupling by constraining biomass use? Energy，222，119986. https：//doi. org/10. 1016/j. energy. 2021. 119986；丹麦电网公司 Energinet 介绍材料（https：//en. energinet. dk/Green-Transition/Sector-coupling）；https：//www. bmwk. de/Redaktion/DE/Downloads/P-R/plattform-strommarkt-praesentation-future-chp-danish-perspective. pdf? _blob=publicationFile&v=4；https：//www. quora. com/What-is-the-most-usual-way-of-heating-for-households-in-Denmark.

组织方式，从而影响社会的进化。这无疑受到了地理决定论与唯物主义思想的熏陶。笔者对能源是否有这么大的作用没有概念，遂请教能源系统动力学大师 Arnulf Grübler，预想他有更具洞察力的看法。结果他直截了当地说："即使不看书的内容，这种论点也是站不住脚的。他应该用能源产出（useful energy，也称为㶲，exergy），也就是人们实际利用（utilisation）的能源，得到的能源，而不是能源投入（energy input）。"产出与投入间的关系，也就是能源效率改进，几万年来不知道改进了多少倍。因此，能源投入不能表征人们实际使用的能源水平。

**举个照明的例子。**自从爱迪生发明了耐用灯泡以来，100 多年人们依赖白炽灯，1 瓦提供大约 15 个流明（lumens）的亮度；后来出现了卤素灯，1 瓦提供约 25 个流明；再然后是人们常说的节能灯泡——CFL，1 瓦提供 60 个流明；然后是目前的 LED 灯，单瓦可以提供 80 个流明。从能源服务的视角，提供同样的能源服务（照明亮度），LED 灯的效率是传统白炽灯泡的 6 倍。同样的能源投入，随着转化效率的提升，可以提供更多更好（数量以及质量）的能源服务。

**人们需要的是能源服务（service），非能源产出以及投入本身。**整个能源服务序列，从自然资源到能源转化、物理运输、能源服务、获得能源福利（benefits），取得利用价值（values），后者是目的，而前者是必要的手段（见图 6.2）。能源服务比如照明、取暖、加热、机械力、交通移动等。重要的是获得多少能源服务，而不是最初的能源投入是何种品种。甚至，如果能源的来源并不是有限的话，能源效率都变得不再那么重要。因此，提供同一或者类型能源服务的技术路线与能源品种，存在相互比较与竞争的必要，去满足人们或多或少、或增加或减少的能源活动需求。

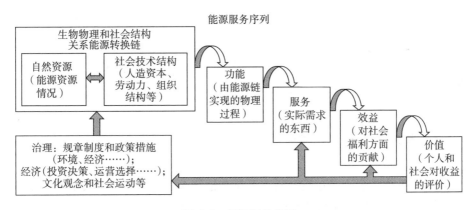

**图 6.2 能源服务序列**

资料来源：Kalt G., Wiedenhofer D., Görg C., Haberl H. （2019）. Conceptualizing energy services: A review of energy and well-being along the energy service cascade. Energy Research & Social Science，2019，（53）：47–58. https：//doi. org/10. 1016/j. erss. 2019. 02. 026.

因此，无论是电—电（电存储）、电—气，还是电—热耦合的系统，它们本身都不是目标（the end），而只是实现更好能源服务的手段（instruments）。从电力部门的视角，这些都可以称为电的灵活性需求（electricity flexible demand），帮助电力系统更好地平衡。但是，这些平衡的手段都是需要额外投资的。这种投资是否合算，在一个分散式的体系——比如市场中是否具有回报或者商业模式，取决于它是否给人们提供了更好的最终能源服务。这是我们需要一直强调的。

多元化格局，以及不同技术在互相竞争与协同中共同进化无疑是未来的最大可能。给定竞争性的技术路线具有不同的技术经济特性，因此从市场培育视角，建立一个技术之间的公平竞争环境（a level playing field）总是一个正确的目标，未来的能源系统也一定是各种技术组合在一起的多元化体系。但是问题的关键是如何识别那些妨碍公平竞争的外部性因素，比如网络效应、报酬递增、隐性补贴等，以及理解这种多元化格局，平衡战略（balance strategy）中"多一点还是少一点"的最优组合问题，而不是"零还是100%"，以及"主体 VS 非主题"的二值选择问题。

# 技术经济：竞争互补组合

现实世界是个多样化的世界，提供类似功能的产品是多种多样的。即使是同样的严格一致性的产品（比如对于消费者无区别的电力），其生产结构也是多种技术路线并存，而不是"赢家通吃"。这代表着经济理性，也就是在特定的空间、时间与规模上，占优的技术选择是不同的，不存在"万金油"的选择。

## 组合 1：直接电气化 VS 间接电气化

间接电气化，无论是直接利用氢还是其他衍生物，均保留了传统的"燃烧"过程，旧有的化石燃料基础设施经过改造，大体可以使用。这意味着更好的现存利益主体更好的接受度。但是，由于燃烧的效率受到热力学第二定律的物理限制，其转化损失较大。

全生命周期视角的分析提供了相对一致的结论（Ueckerdt et al.，2021）：间接电气化从电力生产到最终的有用能提供，效率在 10%~35%。这一转化效率在汽车动力输出上，比电动车效率低 5 倍；在高温热利用领域，比电炉低 2 倍左右；与低温热利用与热泵相比，更是低 10 倍甚至更多。这意味着要提供同样的能源服务，间接电气化路线需要的风电光伏的量，要比直接电气化高 2~10 倍。

　　从这一视角，间接电气化应该仅用在难以直接电气化的领域，作为直接电气化的"补充"（见图 6.3）。当然，这一结论成立至少包括两个前提。第一，能源效率在大部分情况下可以表征经济效率的高低。这在大部分情况下是成立的。特别是对于长寿命资产，其能源成本是长期平均成本中最大的。第二，基础设施方面的可得性与便利程度相当。现实是：直接电气化需要把既有的基础设施全部淘汰掉，而"忍受"新的基础设施从一开始的低利用率的阶段（比如充电基础设施与足够的电动车之间的互动），而间接电气化这方面的过渡似乎更容易一些。对于大部分人口密度很高的国家，比如日本、欧盟等，本地无论发展何种路线，都面临土地稀缺的约束。这种情况下，国家间的气体/液体燃料贸易，显然要比电力贸易方便得多。这是国际氢能合作日益成为讨论热点的基本物理原因。一些资源大国，比如中东北非、澳大利亚都有积极者。

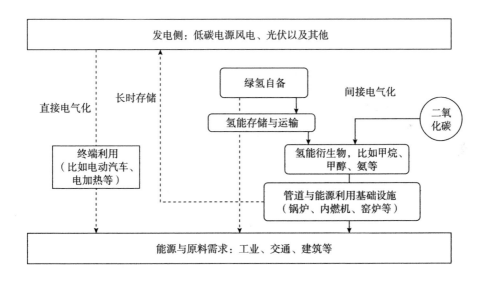

**图 6.3　直接电气化 VS 间接电气化**

资料来源：笔者绘制；基于 Ruhnau 等（2019）、Ueckerdt 等（2021）、Ramsebner 等（2021）、He 等（2021）等的研究。

　　**当然，回到现实，无论是直接还是间接电气化，它们在目前以及未来的短期**

内，都必须跟传统的化石能源竞争。整体上，新的技术路线的技术经济特性与使用的方便程度，都还无法与既有的路线相比。从气候与能源政策的视角，这需要强有力的政策手段，特别是基于"污染者付费"（惩罚坏的）与"有能力者付费"原则的政策的不断加强。如果整个社会的碳税价格信号不足够高，那么提供这些路线发展的补贴成为为数不多的选择。

这一电气化路径的不同，也意味着截然不同的基础设施及其扩张的要求。欧美国家，扩大电网连接，长距离只能走架空线，否则成本太高（如果不是完全不可能）。因为"邻避效应"（Not in My Back Yard，NIMBY）的存在，这经常是困难的。因此，电网的坚强完善程度，要低于油气管网。未来如果直接电气化要提升，其电网容量升级改造的可行性也是一个绕不开的问题。

如果现存的基础设施可以无成本或者很低成本转换功能，类似天然气管道用来输送氢气，那么由于投资已经沉没的原因，它就有可能改变理论上新建设施（所谓"green field"）之间比较的结果。比如，我国存在巨大规模的煤电，每一个煤电都存在热锅炉与发电设备，这些煤电淘汰之后，其发电设备如果用来作为热存储系统（比如高温储热罐）的发电装备，就相当于零成本，从而相比其他新增投资可能具有成本优势。

### 组合2：储能 VS扩大电网平衡范围

一个存储单元，需要区分功率容量（MW），基于这个"能力"可以瞬时放电（调度）或充电；以及它能储存的能量容量（MWh）。它们的比值是可以以最大功率放电的时长（duration time）。目前广泛存在的表前（电网侧储能）与表后储能（用户分散式储能）时长在2~4小时，意味着它们时间上调节的尺度是日调节，一天循环一次甚至更多次；而占储能绝大部分的抽水蓄能，可以存储相当于8~16小时的能力，属于日调节或者多日调节，一年循环200~300次。其他衡量不同储能的指标还包括单位能力投资成本、循环效率、材料（体积/重量）能量密度、定制程度、可扩展性、性能保持程度与寿命、环境足迹等。

目前，长时间的储能显得成本还非常高。但是它通常是更高比例可再生能源比例（第2章显示的缺额时间程度）下在需求异常高涨（比如由于极端天气引发）或者供给异常处于低出力（比如长时间无太阳或者无风天气）的技术选择之一，需要跟其他在中等利用程度上就具有竞争力的核电、低排放天然气发电去竞争。

**储能与扩大的电网连接，是竞争还是互补关系是个值得探讨的话题。**各种储能技术的成本在过去若干年实现大幅下降，特别是锂离子电池技术，这对于传统上需要实时平衡、存储困难的电力系统无疑是一个结构性变化。储能系统允许能量在时间上转移，而电网系统允许能量在地理上转移。随着可再生能源占比的增加，其波动性与地理上的限制，使得系统必须具有额外的灵活性，以保持在各个时间尺度上的平衡。现有被广泛讨论的提高系统灵活性的方法就是增加电力存储能力（比如低谷平衡），或扩大传输网络。这二者被认为是互相替代的关系，当然，也不乏二者之间存在互补性的模拟与观点。

**众所周知，解决德国北部与南部之间的高压传输网络瓶颈的运行方面的措施（所谓"再调度"，re-dispatch）是降低北德发电厂的功率输出，同时提高南德发电厂的功率输出。**早在 2017 年，德国输电系统服务商 TenneT 和电池制造商 Sonnen 开始在试点项目中使用区块链，调用分散的家庭电池储能。这构成了替代方案，将分散的家用电池储能连接在一起，这样家用电池储能也能提供这项服务。北部的电池在阻塞发生时储存电网的电力，同时南部的电池（在高峰需求时）将向电网供电[①]。

**储能到底是替代还是补充电网的角色，不同的研究给出了混杂的结果。**其答案取决于很多前提条件，特别是涉及需求、供应以及储能的空间分布，可再生能源与需求特性的相关性，以及储能运行的模式（比如参与何种市场、在何种时间尺度上进行充放电循环）。

**我国的电网结构与欧美存在很大的差异。**在欧美，基本是网状电网（meshed-grid），几乎不存在"大飞线式"的长距离点对点、点对网线路，专门用于电力传输。因为，一方面，建设电网线路的基本动机是联网解决阻塞问题——主要是发挥电网的需求与供应的"平滑效应"，输电只是这种功能的副产品。电源在本地平衡后，再调剂余缺，从而减少输电需求，这是一个一致性的思路。另一方面，高压电网很贵，现实中征地困难，建设缓慢。如果一个地区的需求旺盛，建设本地电源，实现本地化供应是最优选择，而不是选择远方的电力输送。从技术层面来讲，在电源分布均匀的电力系统中，其无功与功角稳定也更容易保障。

从技术上来说，储能的系统价值很清楚，它可以提供：

---

① https://blog.energybrainpool.com，2017. 11. 17.

- **能源存储**，在价格低的时候充电，在合适的时候放电，从而进行价格套利。

- **频率控制**，提供向上向下的平衡调节，速度很快。

- **电压控制**，峰荷转移，放电的过程也是削减峰荷的过程。

这些价值如何货币化，成为可行商业模式，与市场设计息息相关，市场的开放性与参与主体的资格是其中最重要的因素[①]。

**在解决网络阻塞问题上，二者是互补还是替代，取决于储能是安装在高电价侧，还是低电价侧。**开放竞争性电力市场环境中的储能用来缓解电网阻塞，如果安装在阻塞线路高发电成本的一端，那么储能在低谷充电，高峰放电，会有效降低高峰时期其他机组需要的发电量，降低阻塞情况。这一角色与扩大的电网连接是一样的——降低本地机组发电量。二者是同一功能，因此是充分替代的。相反，如果储能安装在阻塞线路低发电成本的一端，那么扩大的电网连接会增大该端的发电量，因为电量可以传输到更贵的另一端，从而增加对高峰点储能放电的需求。电网的阻塞越缓解，传输的电量越大，从而储能的需求（替代本地发电，寻找价格高点）也越大。二者是互补的。

### 组合 3: 管道运输 VS 船运燃料

**俄乌冲突的发生使得人们对于管道输送油气与船运之间的优劣势有了更深的感性认识。**管道运输更加适用于大规模传输，但是只能用于最初设计的路线；相比而言，船运具有很高的灵活性，在海上漂着决定卖给谁，甚至在路途中产品拥有者（一般是购买者）还可以二次转卖。2021~2022 年，欧洲天然气价格上涨 10 倍以上，使得传统天然气高价区东北亚地区的天然气转卖到欧洲都具有丰厚的利润空间。德国因为要准备好俄罗斯天然气供应的彻底中断（占战争之前年份总进口的50%以上），努力寻找 LNG 卖家。

两者从运输距离的适宜性对比，类似天然气发电与煤电的比较，管道运输固定成本低而可变成本高；船运固定成本（船、接收站等）高，而流动成本低（见图 6.4）。现实运输需求的多样性，使得二者各有适合的细分市场。

---

① 详见笔者之前的讨论（http://www.escn.com.cn/news/show-632126.html）。

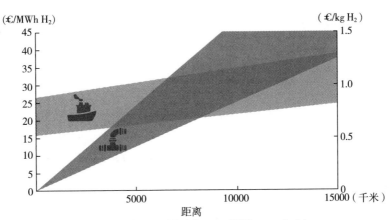

■ 通过船舶的H₂运输成本（上层为液化H₂，下层为LOHC方式）
■ 通过管道的H₂运输成本（上层：48英寸新管道，下层：48英寸改造管道）

**图 6.4 氢能运输方式的最优选择**

资料来源：https：//hertieschool－f4e6. kxcdn. com/fileadmin/2_Research/1_About_our_research/2_Research_centres/Centre_for_Sustainability/HertieFireside_Karoline_Steinbacher_Hydrogen._Global_Trade_and_Partnerships_25_April_22. pdf.

## 组合 4: 混合项目容量配比

给定风电光伏的不可控性质，业主为了捕捉更多的商业机会，在配套储能成本大幅下降的现实中，也越来越多探讨在项目层面进行"耦合"的机会。这包括小电力尺度上独立的源网荷储一体化系统、"发储一体化"、海上风电搭配储能，以及风电+电解槽等。

在同一个空间位置布局可再生能源发电与储能，成为一种选择。在之前我们提到的加州 CAISO 地区，电池储能中，有 2/3 是与发电设备一体化配置的（Wiser et al.，2020）。这种配置显然既有优势也有劣势。优势比如一体化的设计、联合优化运行等，劣势比如减少的电网传输能力、充电灵活性下降等。

到底是优势还是劣势大，可能取决于具体的情况。Gorman 等（2022）的研究比较了光伏+储能的独立配置以及发储一体的优化运行下的损益情况，包括在能量、容量以及辅助服务市场方面的不同。结果表明：一体化的潜在成本节约15 美元/兆瓦时，特别是建设成本的节约和投资税收减免（ITC）的使用。然而，一体化增加成本的区域差异很大，结果对有些条件还非常敏感，表明总体情况将因情况而异。

**在目前的成本结构下，美国之外的一体化项目还无法成为经济理性的选择。**储能的成本仍旧是高的。而大部分地区也缺少像加州这样富裕地区慷慨的补贴政策，特别是税收减免（所谓 Investment Tax Credit，ITC，比率可以在 26%）。因此，很多地方居民的"光伏+储能"，更多是对新事物保持热情的"玩票"性质。

**这些耦合项目的容量应该如何配比，才能实现最优配置，比如以项目利润最大为标准，是个比较复杂的问题。**一般而言，风电的容量要远远大于电解槽容量才合理。风电的满负荷小时 2500 小时左右，电解槽如果是这个利用率，无疑资本投资成本显得过高。比如电解槽容量是风电的一半，那么风电大于这个出力的话，那么风电就必须切除了（考虑到市场此时的价格可能会很低，甚至是负的）。但是，如果市场价格很高，停下电解槽，直接卖电也可能是更好的选项。这类决策，涉及投资与运行的优化，与光伏+逆变器如何配比属于类似的逻辑，有兴趣的读者可以参见我国能源行业标准《光伏发电系统效能规范》（NB-T 10394-2020）中的算例①。

# 经济价值观下竞争性技术的"最优"组合

任何一个电力系统管理的基本目标，都是实现可靠、可负担得起与可持续的电力供应。这三者如果存在着得失平衡，可以称之为"trilemma"，但是在某些情况下，我们也可以证明：有一些方面的改进，可以同时促进这三方面的进步，比如低成本的需求侧响应。而有些方面的变化，可以以某个维度较小的退步，换取另外维度更大的进步，也是一种理性的选择。给定这些多重目标与约束，以及不同技术的技术经济特性的不同，系统通常仍存在优化配置的空间，而并不只有唯一的选择。

**数学上，目标与约束之间存在"对偶"。**以排放最小为目标，经济性为约束；或者以经济性最优为目标，排放为约束。二者存在等价的对应关系。从福利经济学视角，采用福利最大化为目标，而各种物理、系统与环境约束为目标的框

① 鸣谢光伏协会副秘书长刘译阳研究员 2022 年 9 月中旬在北京提供的信息指引。

架。福利通常定义为生产者剩余（收益减去成本）与消费者剩余（效用减去购买成本）的加总。如果只考虑生产侧，问题缩减为一个以成本最小化为目标的带约束的优化。

## 发电、电力转化与存储技术选择多样化

**电力系统目前就是一个各种技术构成的多元化系统**。因为需求随时在变动，而储能仍旧有限。系统高峰时刻需要发电的某些机组，在系统低谷时期必须退下来，从而系统必然保持一定的"冗余"，而无法实现机组的 100% 利用。有些技术投资成本很高，运行成本很低，适合长时间发电，从而摊薄投资成本，比如大核电；有些技术投资成本很低，运行成本（燃料）很高，适合在有限的小时数使用，比如天然气单循环。技术成本的最优对应不同技术特性机组的一个组合比例，而不是某种单一技术占绝对优势的选择。

**高比例风光情况下，电力不足情况下的备用机组选择，同样需要利用率方面的考量**。如果这种不足的情况非常频繁，一些类基荷机组可能是理想的选择；如果不足的情况变得很有限，比如进一步增加风光的装机，提升其发电比重超过90%，那么可能那些需要较高小时数才具有优势的机组将不再合适。

**电力过剩的部分如何消化，同样有利用率方面的相关因素**。是采用 Power to X 转为氢能，还是仍旧用单位成本比较昂贵的锂离子电池存储起来，这其中存在优化的空间。电池的成本跟电力容量（power capacity）与能量容量（energy capacity）都成正比，其总成本与容量大小成正比；Power to X 需要建设一定容量规模的电解槽，其平均成本随着利用率上升而下降。因此，锂离子电池适合短期的存储（意味着容量需求不大），而电解槽只要有足够的利用率才能摊薄总成本。

**本章附录给出了笔者收集整理的发电、Power to X 与储能选项的技术经济参数**。需要指出的是，对于已经成熟的技术，特别是发电技术，其成本已经大体稳定，处于一个较小的区间内，并且随时间变化不大（通货膨胀调整与否是个相关因素）；而那些在快速示范中的进步，成本的不确定程度很大。表格中所示的水平仅在典型项目意义上适用，并不具有现实项目的"平均"意义。它们的成本因为有下降的潜力，可能跟时间/空间配置高度敏感。

## *方法论：带约束的优化*

**一个标准的带约束的投资——生产联合优化框架如下：**

**【优化目标】**

- 基于福利最大化（生产/消费）或者成本最小化（生产侧）。

**【选项资源】**

- 各种竞争性发电技术、具有不同技术经济特性的 Power to X 技术，以及不同尺寸的能源存储技术的容量与使用量。
- 电网平衡区域的范围，以及不同区域之间的传输能力。
- 需求的可转移（削减）程度。

**【约束条件】**

- 电力需求满足（每个最小时刻）与过发电（overproduction）程度约束。
- 各种技术处于其技术最大出力范围内。
- 电网不过载。
- 各种运行约束，比如不同时间段之间的爬坡速率限制等。
- 排放在约束性目标之内。

**【求解目标】**

- 竞争性技术的"最优"组合。
- 电力需求满足约束对应的电价（影子价格）。
- 排放约束对应的碳价格（影子价格）。
- 系统的总投资与结构。
- 其他，比如电池的充放电节奏、循环次数等。

带约束的优化问题一般可以是线性规划。成本、排放等总量变量都跟容量、电量、活动水平等变量成正比。但是，也有一些非线性的因素，比如：

- 无论是发电机组，还是电网容量，出于工业生产的需要，都只有少数几个整数选择，而无法任意选择。比如风电机组是 1.5MW、3MW、6MW 等少数几个标准容量，所需容量必须是这些单位容量的整数倍；电网电压等级是 330kV、500kV 等。
- 很多技术存在规模与学习效应，其成本（下降）与容量是指数关系。
- 电力网络是交流网络，存在非线性因素，而现实中的电力系统价格求解往往是简化为直流网络来计算的。

因此，这个规划问题可能变成混合整数规划（MIP），或者非线性规划。其求解可能变得复杂，并且最终的数值解是否是全局最优解变得不那么容易判定。求解算法涉及较为艰深的优化理论，有兴趣的读者可参阅清华大学核研院孙永广教授的一系列课件材料。本书第 13 章给出了浙江最优电源结构模拟的案例。

# 超越技术经济

理论上，系统存在一个最优的组合，各得其所。现实中，研究者无疑会给出很多利弊分析，相关的利益相关方也一定提供技术性的解决方案（techno-fix），并且恰好它们的技术可以解决一切问题，游说政府的补贴与特殊对待。这是利益集团之间的互动以及恩惠性（favouritism）政策竞争。

**市场能够自动筛选出最合适的基础设施吗？** 我们大致的回答是：不能。对于电解槽布局在何处，以及何时去电解，可能一个足够有区分度的电价价格可能足够了。但是基础设施涉及"网络外部性"与报酬递增的问题。历史上的案例反复证明——并不一定是最好的会最终主导市场。典型的，比如目前这种字母排列混乱的 QWERTY 键盘，最初是为了防止打字过快造成打字机故障而专门设计的。后来，打字机的可靠性解决了，但是因为适应之前布局的打字员形成了路径依赖，更有规律的键盘就永远没有市场了，一直到今天。

**能源技术动力学大师 Arnulf Grübler 1999 年的文章（Grübler，Nakićenović，and Victor，1999）** 提供了一个理解这一现象的分类方法。他总结的"程式化事实"（stylized fact）认为：寿命长且属于某个网络组成部分的技术，通常需要最长的时间来扩散并与网络中的其他技术共同发展；这种网络效应产生了很高的进入壁垒。即使是对众多标准下更优秀的竞争者，可能也会因为与网络中的其他技术并不配套而面临困难甚至被淘汰。

**当然，现实发展中由于各种因素的不确定性，追求"系统最优"有些走极端，在很多情况下，我们只是追求"满意解"。** 这意味着，这样的未来虽然不是理论上的最优解，但是与最优解的"距离"并不远。类似一个很平的碗（见图 6.5），碗底如果是最优解，那么距离碗底不远的其他底部的选择也是可以接受的。

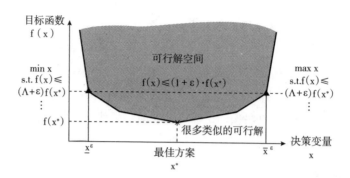

**图 6.5 满意解 VS 最优解**

资料来源：https：//www.neumann.fyi/publication/mga/.

**Pickering、Lombardi 和 Pfenninger（2022）对零碳欧洲电力系统的模拟展**示了这一点。相比于严格的最优解，作者从偏好选择的视角给一些额外的小于最优情况下的资源，比如更少的储能、更有限可得的生物质、有限的电网互联扩张、弃电比例、电动汽车比重以及智能充电是否存在等。他们构建了 441 个技术上可行的系统，而这些系统的总成本相比最优情况下，均增加不到 10%，都可以作为"还可以"的满意解。对这些情景感兴趣的读者，可进一步参阅网站的可视化展示（https：//explore.callio.pe/）。

**复杂的高度耦合系统的互动、互补与竞争，还可能存在"繁荣—萧条"周**期的问题。所有这些技术的经济前景，都系于整个电力市场的波动性。但是它们进入市场的过程，就是消灭这个波动性的过程。因此，这些技术在一定程度上都存在"自我毁灭"效应（canalisation）。这有可能在时间维度上形成类似真实经济周期（real economic cycle）的现象。那么，如果过程中出现类似危机性质的事件，比如供给中断或者重大安全事故等，那无疑对其相关的技术路线的打击将是毁灭性的。要避免这一周期现象的出现，为各种灵活性资源投资提供市场之外的回收渠道，似乎是必需的。

**这一"繁荣—萧条"周期的过程可能是这样（见图 6.6）：**

- 第一阶段：**繁荣**——峰谷差很大，尖峰负荷很高，风光储能快速进入。储能，乃至 Power to X 的反过程（氢能生产之后在合适的时间返回电力系统发电，见 Glenk 和 Reichelstein（2022）的评估，均具有明显的套利空间。

- 第二阶段：**饱和**——风光储"自我毁灭"。因为整个市场供给曲线的形

状，价差在可再生能源份额上升初期收窄。Schöniger 和 Morawetz
（2022）对欧洲国家的模拟显示这一时期对应可再生能源份额 10%～
40%的水平。很多新项目回收投资时间窗口迅速收窄。

- 第三阶段：**衰退**——价差下降持续，尖峰价格绝对下降，灵活性资源无
  法从市场上获得足够投资回收机会，形成错误投资与减记资产，亏损
  出局。
- 第四阶段：**谷底**——尖峰价格不足够高吸引新的风光，而尖峰低谷差别
  也不足够大吸引储能，没有新增投资。
- 第五阶段：**开始繁荣**——系统由于新增投资不足，容量短缺需求开始显
  现，电力市场价格开始再次上涨，价差因为稀缺时刻增加而扩大。开始
  新一轮的周期。

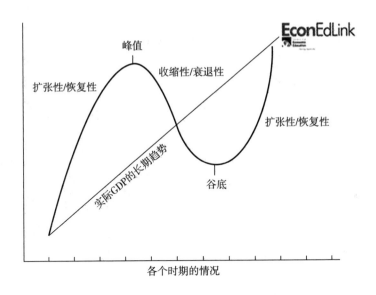

**图 6.6 "繁荣—萧条"周期示意图**

资料来源：https://tradeproacademy.com/boom-and-bust-cycles-since-1929/.

**必须再一次明确的是：无论是终端电气化，还是通过电力燃料化的方式用绿
色燃料，这些应用在现实中都不可能专门为"过剩电力"而生。它们有自身的
价值**，在目前的风光比重下依靠过剩风光面临利用率严重不足问题；政府决策者
对它们的发展还有其他考量，比如先进制造业、新的经济增长点，乃至新增就业

与国际地缘政治等。这方面的价值，超越"消化过剩"可再生能源的考量。

因此，政府、企业、科研机构以及社会消费者的角色无疑都是重要的，潜在为部门耦合提供从可得技术、系统运行、市场设计、商业模式的各种便利。他们通过消除整体不确定性，克服市场失灵，规避政府失灵，为各种技术提供一个公平的竞技场（level playfield）。

能源系统转型与综合程度提升的过程，考验着社会各个群体，特别是他们分工合作的集体能力。

# 附录　发电、Power to X 与存储的典型技术经济特性

附表 6.1　2020 年典型竞争性发电技术特性

| 技术 | 投资成本（元/kW） | 寿期（年） | 年固定运行成本（% of 投资成本） | 可变运行成本（元/MWh） | 典型建设周期（年） | 发电转化效率（%） | 来源 |
|---|---|---|---|---|---|---|---|
| 陆上风电 | 5000 | 25 | 1 | 20 | 2 | 100 | 中国风能协会 |
| 海上风电 | 8000 | 30 | 1 | 20 | 3 | 100 | 中国风能协会 |
| 光伏 | 4000 | 20 | 1 | 10 | 1 | 100 | 中国光伏协会 |
| 大型水电 | 6000~8000 | 80 | 1 | 20 | 8 | 100 | 溪洛渡等水电站资料 |
| 径流式水电 | 2000~4000 | 80 | 1 | 10 | 3 | 100 | 小水电历史资料 |
| 压水堆核电 | 7000~10000 | 60 | 3 | 80 | 6~10 | 33 | 与法国电力公司（EDF）沟通 |
| 高温气冷堆 | 5000 | 50 | 3 | 60 | 6~10 | 33 | 山东石岛湾示范项目 |
| 天然气联合循环 | 3300 | 40 | 1 | 50 | 1~2 | 50 | 《火电工程限额设计参考造价指标》 |
| 天然气单循环 | 3000 | 40 | 1 | 60 | 1~2 | 40 | 浙江典型项目调研（500 小时，电价 0.95 元/度） |
| 超（超）临界煤电 | 4000 | 40 | 2 | 30 | 2~3 | 40 | 《火电工程限额设计参考造价指标》 |
| PEM 燃料电池 | ~10000 | 25 | 2 | — | 1 | 50 | 初创企业调研材料 |
| 氢能发电 | ~8000 | 25 | 1 | — | 1 | 70~80 | 实验室数据 |

注：感谢电力技术与管理专家裘铁岩、周苏燕等提供相应的案例材料。所有货币均为 2020 年价格。由于 2021 年之后全世界普遍面临较高的通货膨胀，名义价格可能都有不同程度的上涨。

**附表 6.2　2020 年 Power to X 技术经济特性**

| 技术 | 投资成本（元/kW） | 寿期（年） | 年固定运行成本（% of 投资成本） | 可变运行成本（元/kWh） | 转化效率（%） | 典型建设周期（年） | 来源 |
|---|---|---|---|---|---|---|---|
| 电解制氢（Power to H₂） | 3000~10000 | 20 | 5 | 0 | 70 | 0.5 | 与陶光远 2022 年的沟通；(Schmidt et al.，2019) |
| 电解制氢并甲烷化（Power to Methane） | 5000 | 20 | 5 | 0 | 75 | 0.5 | 基于电—氢—甲烷路线的分析设定 |
| 电阻式加热（Power to heat） | 500 | 20 | 2 | 0 | 95 | 0 | 典型设备参数 |
| 分散热泵（Decentralised Heat pump） | 4000~8000 | 20 | 2 | 0 | 3 | 0.5 | 与建筑用能可再生能源专家赵勇强的沟通 |

注：Power to X 技术的投资与运行成本随应用场景可能存在很大的不同，不同技术也在快速进化，并且与总规模关系较强。其技术经济指标可能在一个较大的区间内，特别是涉及制氢的若干技术路线（PEM、SOEC 与碱性电解槽）。以上典型参数仅供信息参考与本书研究的模型设定所用。

**附表 6.3　2020 年存储（Storage）的技术经济特性**

| 技术 | 容量成本（元/kW） | 能量成本（元/kWh） | 寿期（年） | 年固定运行成本（% of 投资成本） | 可变运行成本（元/kWh） | 效率（%，充/放） | 来源 |
|---|---|---|---|---|---|---|---|
| 抽水蓄能 | 2000~6000* | 25 | 50 | 2 | 0 | 90/80 | 典型案例分析 |
| 锂电池（含逆变器） | 1000~1500 | 1000 | 15 | 3 | 0 | 95/95 | 某储能初创企业调研材料 |
| 集中式储热罐 | 0 | 100 | 20 | 0 | 0 | 90/90 | (Brown et al.，2018) |
| 分散式储热罐 | 0 | 6 | 40 | 0 | 0 | 90/75 | (Brown et al.，2018) |
| 地下盐洞储氢 | 0 | 5 | 60 | 1 | 0 | 100/95 | (Welder et al.，2018) |
| 钢罐储氢 | 0 | 80 | 60 | 1 | 0.01 | 100/95 | https://model.energy/ |
| 储气 | 0 | 0 | 80 | 0 | 0.01 | 100/95 | (Shirizadeh & Quirion, 2021) |
| 机械储能（比如压缩空气） | | | | | | | 本书不讨论 |

注：*表示受自然地理条件影响较大。案例来源若是国外案例，人民币兑美元汇率按照 7∶1 折算。所有储能技术均考虑新建项目，除储气考虑已建成的天然气管道外。

# 第二篇 我国转型中的电力系统

# 第7章 我国电力部门发展现状描述

You Can't Derive "Ought" from "Is".

——David Hume（1711~1776），英国哲学家

基于居民支出负担的角度，消费同样的电力，其占可支配收入的比重要大。这是影响居民生活水平提高的一个因素。从这个角度，我国的电价是"贵"的。

——笔者，2015 年，新浪专栏①

## 引言

千里之行，始于足下。**显著的结构性变化，需要时间，假以时日，一步一步改变而发生。**我们在第一篇"电力转型愿景"中，已经从认识论的视角，对新型电力系统的愿景进行了描绘，力图对"它是什么"的本体论建立主观理解。不同人的主观理解可能不同。但是政府政策层面的变化表明：建设一个强烈区别于旧有系统的新电力系统，已经成为集体愿望与意志。

那么，接下来的问题自然是：**我们目前在哪里？**

**精确讨论现状无疑具有意义。它可以帮助我们建立改变的起点与参照系，回答一些模糊标准现实中已经实现程度的问题，从而为未来提供方向与行动含义。**比如，如果建设一个安全、清洁与可负担的能源电力系统是目标的话，那么不可避免地，这些抽象形容词都在一个很大的连续区间上。要对未来的方向提供行动

---

① http://finance.sina.com.cn/zl/energy/20150331/154921855417.shtml.

含义，必须先回答：目前的能源电力系统在这三个维度上的表现如何？否则，这句话就只是停留在模糊的理念上，而缺乏信息含量，也缺少未来行动含义。

**精确讨论现状意味着揭示可能的问题，有时也会给人带来痛苦。**现状意味着某种"必然性"。人们可能更愿意保持目前的状态，以及不愿意采取行动来改变这种状态。由于目前的状态是一个参考点，一个变化通常会带来某些方面的预期损失和其他方面的预期收益。由于人们厌恶损失，在心理上损失的权重通常比收益的权重要大（Ritov & Baron，1992）。这是我国思想市场中，存在大量"基于模糊理念而不是确切现状"的无参照系讨论的基本原因。

**尽管如此，现状仍是本章以及接下来的两章（第8~9章），我们要讨论的内容。**本章涉及整个部门相关的各种数量指标及其历史变化，特别包括总量规模、结构演变（时间维度）、空间布局（空间维度）、技术经济、产业组织等。之后的章节我们更多涉及系统性的体制、机制安排及其评价问题。

# 电力之于经济

电力首先是国民经济的一个产业部门。从电力生产而言，从上游的发电到输配电，再到最终消费者方便地使用电力，这个链条的生产者与从业者共同参与着电力的"增值"过程。2021年，我国全社会用电量超过8.3万亿千瓦时[1]。按照度电平均0.6元计算，整个行业产值5万亿元。发电与电网利润合计，在1000亿元到几千亿元量级（中国电力企业联合会，2022）。全国发电装机及水电、火电、风电、太阳能发电装机均居世界首位，构成世界最大的人造电力系统。电源电网投资年流量超过8000亿元，其中电网投资5000亿元左右。与此同时，在发电、输电，特别是配电与用电侧，基于互联网与信息技术的电力系统数字化改造以及新的商业模式创新正在平静、迂回但是凌厉地进行。传统发供电行业就业人口超过250万，而新兴的风电光伏行业拉动就业已经超过这一数量[2]。比如风能协会的测算[3]显示：2019年，我国仅可再生能源产业实现超过6000亿元投资，（上下游）创造400多万个就业岗位，贡献税收2000多亿元。

---

① 中国电力企业联合会，2021年、2022年全国电力工业统计快报。
② https：//mp.weixin.qq.com/s/ATWxTXLfRMA2begaBliVEg.
③ https：//mp.weixin.qq.com/s/LG3j8gmz79e3JMl1q_804Q.

　　**电力对上下游具有明显的拉动与推动力。** 电气装备制造业、煤炭等燃料部门以及新型的风机以及光伏制造，都是电力的"上游"；电力的用途广泛，可以方便、灵活、相对高效地转化为机械能、光热冷以及化学能，是终端能源的重要形式，并预期在未来具有更大的角色。考虑到对上游的拉动以及下游的推动，电力部门的重要性还要增加。2016 年，笔者所在的卓尔德环境中心在知名智库能源基金会的支持下，对这种国民经济部门间的互动效应，从风电/煤电创造的地方政府收益视角，利用部门间投入—产出关系模型进行了定量分析。

　　**模拟结果显示：建设期风电与传统煤电创造税收的差别，主要在于项目规模的大小上，而不是单位水平。** 单位万元投资带来的税收，风电煤电均在 50 万~70 万元。如果按照年度来算，风电税收的产生通常发生在建设期的 1~2 年，而煤电建设期一般更长（2~4 年）；投资更加密集的风电的建设期总体税收效应要大于煤电。建设期风电与煤电创造税收的差别，主要来源于项目的规模差别，煤电项目一般比风电要大得多。单一项目容量差别 20 倍、投资额差别 10 倍以上。

　　**形成创造税收能力差异的重要因素，是煤电拉动煤炭消费的相应税收。它可以解释两者全寿期财税收入差别的一半。** 运行期风电的直接税收创造要小于煤电，特别是在前 5 年，由于设备（增值税）抵扣、弥补亏损的需要，风电税收几乎很少。福建案例中，全寿期火电单位万元投资税收是风电的 1.9 倍，代表火电与风电间最小的差距（见图 7.1）。如果存在比较严重的弃风限电，比如研究关注的宁夏回族自治区，风电与火电的差别单位万元投资，可以达到 10 倍。

　　**由于巨大的上下游拉动作用，电力部门在我国往往还具有"半个财政部"的角色，很多时候服务于经济刺激的目的。** 通过货币或者财政政策，刺激总需求，是短期凯恩斯主义宏观经济学逆周期调节的主要方式。相比于货币政策的"大水漫灌"，很难区分与控制钱的流向，财政政策似乎可以更加"定向"到那些更有前景以及对产业链更加重要，或者拉动推动效果更加明显的部门，在理论界与实践上似乎更受欢迎。电网企业因为其巨大的体量，也成为拉动全社会投资的重要"管道"（channel）。

　　**这种把电力部门作为扩大投资"管道"的做法是否值得，是个复杂的问题。** 与之类比，是 2019 年后欧洲投资银行要进行所谓"绿色投融资"，响应新的欧盟委员会主席的气候议题，所面临的现状拷问问题。这些所谓的绿色项目存在资金缺口吗？如果答案是否定的，那么额外的优惠融资只会催生金融泡沫。类似地，如果电网过去并不存在必要投资缺口，额外支出的效率也必然是低的。过去是否

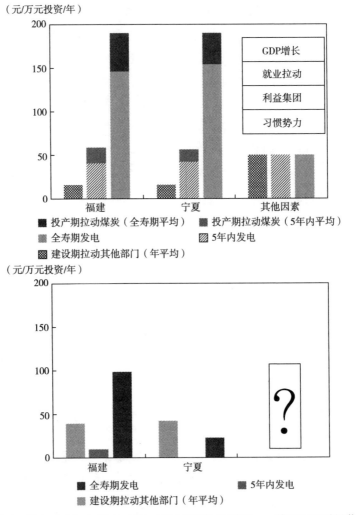

**图7.1 煤电（上）与风电（下）万元投资拉动财税——基于不同时间范畴**

注：元/万年投资/年意为每年单位万元投资创造的税收（元）。

资料来源：卓尔德报告. 地方政府视角的煤电风电发展［R］. 能源基金会，2016.

存在必要投资缺口，是个实证问题，涉及对众多项目投资可行性与经济前景的预期或者评估。这方面我们留给专业的学者与期刊文章去分析。

## 总量与人均

从最大负荷水平来看，近 10 年以来，其年度增长大体快于总用电量，边际上峰谷差持续扩大。传统的夏季用电高峰，空调负荷可能占到总负荷的 40%甚至更大，而部分地区冬季电采暖比重增长很快，日益形成夏季——冬季的双高峰负荷形态，比如华中的江西、湖南等地。2020 年，江苏最大负荷突破 1 亿千瓦，浙江与山东接近 1 亿千瓦[①]，全国最大负荷（同一时间简单加总）在 10 亿千瓦左右。相比而言，美国的最大负荷（夏季）不到 7 亿千瓦[②]；GDP（购买力平价 PPP 为基础）比江苏、浙江与山东加总略小的德国，最大负荷低于 8000 万千瓦（80GW），平均在 4500 万千瓦。

从用电总量来看，我国目前的人均发用电量都已经接近甚至超过大部分发达国家水平（见表 7.1），单位 GDP 电力强度更是高出大部分国家，反映了以工业为主的经济结构、房地产的重要性以及"世界工厂"地位。如果以居民用电量衡量，我国的人均用电量还仅是发达国家的 1/10 甚至更低，因此居民用电仅占总量的 15%，而超过 75%是工商业用电。房地产与建筑行业的直接和间接消费量惊人。2019 年房地产投资占 GDP 的比重在 13%左右，但是它拉动上游的高耗能产品，推动下游的家装、电器等行业。房地产与建筑合计，可能占 GDP 的 30%、新增贷款的 40%、工薪就业的 20%（Rogoff & Yang，2020）。从这个角度看，我国仍旧是个生产型国家。

表 7.1  2020 年/2021 年 GDP Top10 国家，电力消费与最大负荷

| 编号 | 国别 | GDP<br>（Trillion $，汇率） | GDP<br>（Trillion $，PPP） | 人口<br>（Millions） | 电力生产消费<br>总量（TWh） | 年最大负荷<br>（max. GW） |
|---|---|---|---|---|---|---|
| 1 | 美国 | 23.0 | 23.0 | 332 | 4100 | 700 |
| 2 | 中国 | 17.5 | 27.2 | 1412 | 8110 | ~1100 |
| 3 | 日本 | 4.9 | 5.6 | 126 | 1000 | 100 |
| 4 | 德国 | 4.2 | 4.5 | 83 | 590 | 76 |
| 5 | 英国 | 3.2 | 3.4 | 67 | 330 | 50 |
| 6 | 印度 | 3.2 | 10.2 | 1392 | 1500 | 200 |
| 7 | 法国 | 2.9 | 3.4 | 65 | 520 | 90 |
| 8 | 意大利 | 2.1 | 2.7 | 59 | 280 | 55 |
| 9 | 加拿大 | 2.0 | 2.0 | 38 | 640 | 电网分散，不适用 |

① http：//www.sohu.com/a/414172759_260616.
② https：//www.eia.gov/todayinenergy/detail.php? id=42915.

续表

| 编号 | 国别 | GDP (Trillion $, 汇率) | GDP (Trillion $, PPP) | 人口 (Millions) | 电力生产消费总量 (TWh) | 年最大负荷 (max. GW) |
|---|---|---|---|---|---|---|
| 10 | 韩国 | 1.8 | 2.5 | 52 | 570 | 75 |

资料来源: 汇率与购买力平价(PPP)为基础的 GDP、人口来自 IMF(https://www.imf.org/en/Publications/WEO/weo-database/2022/April/download-entire-database);电力生产与最大负荷数据来自各国近期统计资料,卓尔德(http://www.draworld.org)整理汇总。

# 发电结构演变

我国电力系统结构,经历了从火电主导到火、水主导,进而多种电源快速发展的阶段。历史上很长一段时间,我国的电力部门是围绕煤电与水电进行的。它们几乎成为整个电源图景的全部。从装机结构来看,2003~2013 年的十年是煤电装机迅速扩张的时期,增长了接近 3 倍。受此影响,煤电生产与煤炭的消费也迅速增加,电源结构的变化相对缓慢。煤电在装机中的比例 2003 年为 70%,到 2013 年下降到 60%,而其发电量从接近 80% 下降到低于 70%。2010 年之后风电,2015 年光伏迅速以年均翻番甚至更快的速度增加,在容量与电量结构中的比重持续上升。2020~2021 年,风光合计的比重接近 12%,而煤电在容量中的份额下降到 50%(见图 7.2)。

煤电内部的结构调整是剧烈的。2003 年电荒缓解之后,机组容量偏小、效率偏低的问题日益暴露。2004 年,国家发改委出台了新建燃煤电站的技术标准,要求新建火电单机容量原则上应为 60 万千瓦及以上,发电煤耗要控制在 286 克标准煤/千瓦时以下,从而开启了中国火电的"大机组"时代。在能源强度下降 20% 目标的压力下,从"十一五"开始,小火电关停,代之以大机组(称为"上大压小")的政策开始推进。从"十一五"到"十三五"期间,累计关停超过 1.5 亿千瓦。大部分关停煤电寿命超过 20 年、容量低于 20 万千瓦,但是也有一些建成时间短的。而新上的大型机组,主要是 60 万千瓦超临界与 100 万千瓦超超临界机组。2006 年初,单机 20 万千瓦及以下小火电机组容量为 2.2 亿千瓦,占比为 47%。而通过不断地上大压小与上马大容量机组,目前,我国电力系统 60 万千瓦以上的大机组,已经占据 50% 的份额。而近期的新建,使得整个机组

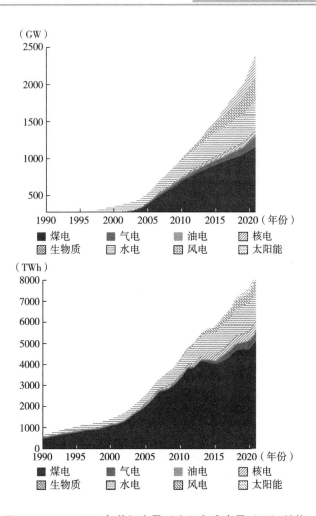

图 7.2　1990~2020 年装机容量（上）与发电量（下）结构

资料来源：笔者基于中国电力企业联合会历年统计资料绘制。

"年轻化"，平均年龄目前不足 15 岁（见图 7.3）。

目前系统中的大、小机组，无疑都具有满足电力需求、提供调峰服务等功能，而大机组在满足需求快速增长、提高系统整体效率方面居功至伟。未来不需要建设小机组（因为效率低），但现存的小机组在系统中将越来越有价值。由于灵活、只有可变成本，故经济性好。这应该是共识，而现在大机组可以说已是火电主体。未来是否需要继续建设煤电大机组应当审慎考虑。我们将在本书第 8 章更细致地讨论以煤电为主带来的一系列影响问题。

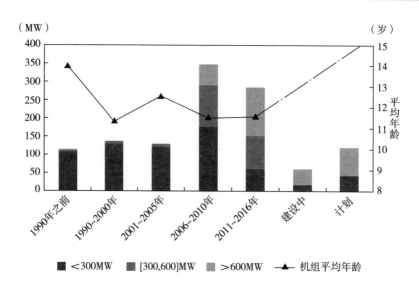

■ <300MW    ■ [300,600]MW    ■ >600MW    ▲ 机组平均年龄

**图7.3  煤电机组的容量结构与平均年龄**

资料来源：Zhang S.，Qin X.（2016）. Promoting Large and Closing Small in China's Coal Power Sector 2006-2013：A $CO_2$ Mitigation Assessment Based on a Vintage Structure. Economics of Energy & Environmental Policy，5（2）：85-100. https：//www. jstor. org/stable/26189507；内部数据整理。

# 空间布局

电力系统特别讲究的是频率、电压与功角的稳定，而这一切在一个电源与需求分布更加均衡的系统基本更容易。它可以因为其他原因与约束而放松部分要求。但是，追求电源的本地化布置与就地平衡，应该也是电力资源地理布局的目标之一。它对应一个更加经济、可靠、安全的电力系统。

基于这一理念要求，我们可以定义"空间基尼系数"（spatial GINI coefficient）去衡量地区的需求与供应之间的不平衡程度。我国东部地区省份，特别是一些用电大省，往往本地装机并不比本地需求大，而西北部缺乏需求的地方，特别是西南与西北地区，却存在大量的装机（见图7.4）。2020年的测算显示，基尼系数如果按照省份计算，在0.3（见图7.5）。考虑到电力系统特有的物理平衡控制区内所有时间尺度都平衡的要求，这一不均衡的程度已经不低。

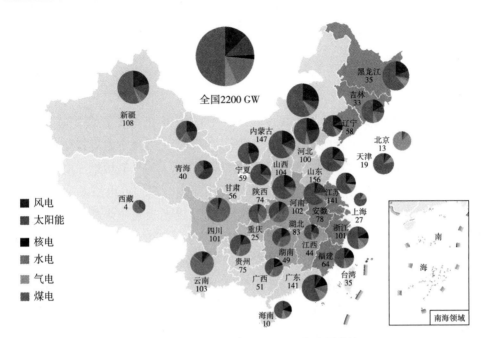

**图 7.4 2020 年分省装机（GW）与容量结构**

资料来源：笔者基于中电联发布的《2021 年全国电力工业统计快报》绘制。

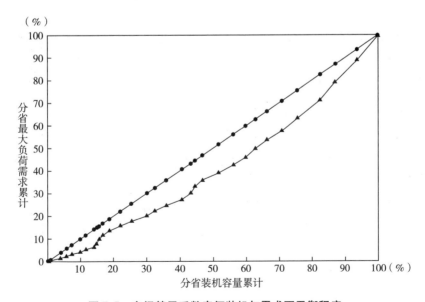

**图 7.5 空间基尼系数表征装机与需求不平衡程度**

资料来源：《中电联统计快报》、卓尔德数据整理与基尼系数计算；基于 Python 脚本（https：//py2.
codeskulptor. org/#user43_hXQJURbrDGdh56D. py）。

# 技术经济指标

**煤电的技术进步是持续与有目共睹的。**物理热力学定律决定了燃料燃烧转化的效率存在极限，大部分燃料热能以废热形式浪费了。以度电发电煤耗衡量，我国过去的煤电机组技术效率水平经历了持续的进步。上海外高桥第三电厂是典型例子。它通过锅炉效率、管道效率、汽轮机相对内效率、发电机效率、机械效率、蒸汽动力循环的热效率方面的改装或者改造，据称其发电煤耗在额定工况下达到 46.5%（发电煤耗 265gce/kWh）[①]。国家煤电示范项目——申能淮北平山二期 135 万千瓦高低位双轴二次再热机组，据称[②]额定工况下供电煤耗设计值 251 克标准煤/千瓦时，并具有 20% 深度调节出力的灵活性。相比而言，1965 年前后，煤电机组发电煤耗 470 克/千瓦时，供电煤耗接近 520 克，效率几乎提高了 50%（中国电力企业联合会，2015）。与此同时，煤电的单位（kW）投资成本，即使不考虑通货膨胀调整，也处于持续稳定的下降过程。目前，超超临界机组的单位千瓦投资成本在 3000 元上下，是欧美基于汇率转换投资水平的 1/2 甚至 1/3。

**其他的技术指标，包括厂用电率、线损率等也随着技术进步与实践经验增加而不断改善，而电厂利用率受产能过剩以及需求形势而高度波动。**这种改善的动力，有技术持续进步的贡献，也有管理的，比如消除了超小机组建设的激励。曾经建设的 5 万千瓦小机组，平均供电煤耗高达 500~800 克。也有结构性，新的代替旧的带来的整体进步。从利用率的视角，历史上存在明显的"繁荣—萧条"周期，需求不足的时候利用率可能下降到 4000 小时以内，而"缺电"的时刻可以达 6000 小时以上。但是，2015 年之后，周期性的显著性明显下降，容量过剩，特别是煤电的容量过剩问题一直比较突出（见图 7.6）。即使存在用电紧张局面，其原因也并不在于容量不足，而是其他方面。比如更多发电的经济激励问题，煤炭产业链流通不畅缺乏足够燃料等。

---

① 冯伟忠. 挑战现有煤电技术的效率极限［R］. 北京：2015.

② http://www.chinapower.com.cn/zk/zjgd/20220718/158768.html.

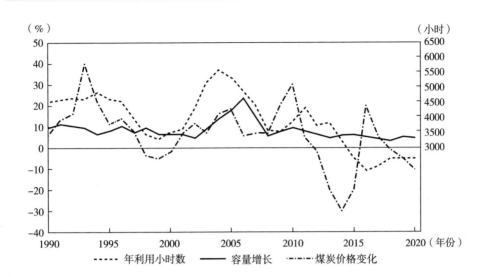

**图 7.6　煤炭价格与煤电动态的明显周期性**

注：纵坐标表示年度变化率（year to year YoY change rate）。

资料来源：笔者根据卓尔德报告《煤电有多过剩？——基于 Screening Curve 的度量》绘制。

**水电是我国超级大工程（Mega-Project）的重要组成部分。**从葛洲坝、三峡到近期的一系列大型水电工程，以及在"一带一路"地区的建设，使得我国的水电占据了全球容量的 30%，新建项目的绝大部分。这些项目的规模如此之大，使得在电网不够坚强的区域无法做到本地消纳，从而为跨区"大飞线"的建设提供了理由。比如：葛洲坝到上海 ±500 千伏直流输电工程是第一个超高压输电工程，1989 年投入运行。它使得华中、华东非同步联网。史料认为"这解决了华中电网调峰容量不足引起的葛洲坝电站弃水问题"。后来的三峡分电，以及西北的能源基地的外送方案，通过这种"跨区大飞线"方式去消化巨大容量的电力。整体上，这到底是一件好事还是坏事，需要结合历史审慎地分析。

**2005 年后，风电与光伏行业作为电力系统的"后来者"，开始了快速的容量增长以及成本的大幅下降过程。**这是与世界其他国家同步发展的。最新的全球的发电结构统计[1]显示，2021 年，世界风电光伏的发电量首次超过了总体的 10%，主要的大国，包括日本与我国，都实现了世界平均水平以上的发展。2021 年我

---

[1]　https：//ember-climate.org/insights/research/global-electricity-review-2022/.

国的比例接近 12%，是超过世界平均水平的第一年。由于我国巨大的体量，绝对量的视觉冲击无疑更强。每年我国的新增装机往往是世界总量的一半甚至更多。

**2000 年左右的时候，我国的风机成本普遍在万元/kW 上下，算上建筑安装、交通运输等，总的单位 kW 投资成本在 1.2 万~1.5 万元。** 2003 年政府开始推行风电特许权开发，即通过招投标确定风电开发商和上网电价，风电价格在 0.4~0.6 元/千瓦时。2009 年出台了标杆电价制度，极大地稳定了预期，促进了风电行业的发展，直到 2019 年被取消。

**光伏相比风电起步要晚，制造业经历了较长时间的"两头在外"的格局，上游来料加工，下游生产的产品几乎全部出口。** 到 2008 年底，全国已累计安装总容量仅有 14 万千瓦。2010 年，国内新增装机只占各厂商产量的 5% 上下。彼时的价格仍旧高于 1 元/千瓦时[①]。直到 2011 年开始执行全国标杆电价，而水平也先后 5 次大幅度下调，直到 2019 年全面取消中央政府补贴安排，已经下降到 0.3~0.5 元，与煤电的水平相当。光伏成本的进一步下降预期仍旧强烈，尽管 2021~2022 年其生产制造成本由于大宗商品与原材料的暴涨也明显上涨。

# 产业组织

**我国电力部门的产业组织，短短 30 年，经历了从专业部委、一体化公司、厂网分开、再重组整合的过程。** 这一过程是我国整体经济体制改革与转型的一部分（见图 7.7）。改革开放之前电源结构主要是水电与煤电的组合，执行计划经济，因此存在水电部、电力部以及能源部等多种建制。改革开放之后，经济快速增长，能源与电力的瓶颈问题成为重大约束。1985 年之后集资办电，引入外资，"有水快流"，解决了总体容量不足的问题；1997 年开始，撤销了电力部，组建了国家电力公司，实现政企分开；2002 年，以"5 号文"为标志开启电力体制改革，厂网分开，发电端形成了中央五大电力、其他能源集团以及少数民营公司的局面，电网侧成立国家电网与南方电网公司；2015 年，新一轮电力体制改革推进，主要在于建立机制，输配电价独立核算、上网电价形成、售电竞争等，政府

---

① 2009 年，我国江苏省首先推出省级政府补贴（来自电价附加）的光伏固定电价。2009 年、2010 年和 2011 年地面并网电站目标电价（含税）分别为 2.15 元/千瓦时、1.7 元/千瓦时和 1.4 元/千瓦时，具体参见：http://www.jiangsu.gov.cn/art/2009/9/15/art_46882_2681290.html。

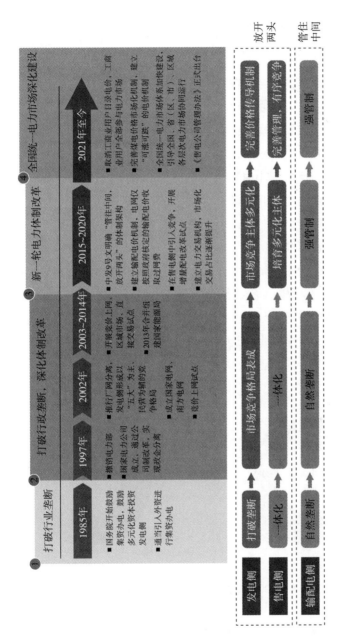

**图7.7 改革进程中的电力行业产业组织**

来源: https://m.jiemian.com/article/7081543.html。

体制上的改变少，而在企业层面主要以整合为主。中央五大电力整合，国电电力与煤炭综合性产业集团神华合并为国家能源集团；中国电力投资集团与国家核电技术公司合并，成为国家电力投资集团。这一时期，主要省属能源企业也日益壮大，突出的包括广东粤电集团、浙江能源集团、京能集团等。

**煤炭与电力部门之间的整合也存在明显的周期。**过去很长一段时间，价格浮动的煤炭部门与电价高度管制的电力部门之间的"不同步"严重困扰着两个部门的企业。一个有点反直觉的现象：电力企业不怕电力需求不足，而市场供需旺盛的时候反而生不如死。究其原因，煤电小时数低的时候，煤价可能更低，从而电力企业的日子好过；反之，小时数高的时候，市场"好"的时候，煤价上涨的程度可能更大，从而电力企业的日子不好过。煤价高的时候，煤电一体化集团就显示出了优势；而煤价低的时候，煤炭资产成为了"包袱"。因此，电力企业是否并购煤炭资产，在不同的历史与价格周期，就呈现出短期不同行为选择。

**新兴的风电与光伏业主无疑更加分散，但是最近几年也在向主要大型国有企业集中。**笔者 2016 年在中国风能协会的指导与协助下，做了一个研究，对风电与光伏产业的业主结构进行了分析。彼时，光伏行业、民营企业还占据一半的份额；而风电，非中央企业份额也接近 50%（见图 7.8）。现在，我们没有最新的统计。但是一个预期是：情况已经大幅变化了。

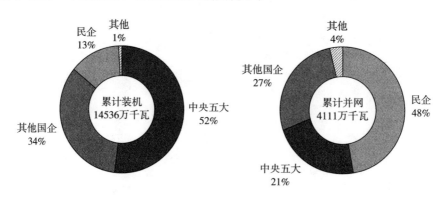

**图 7.8　2015 年前后的风电光伏业主构成**

资料来源：https://www.greenpeace.org.cn/wp-content/uploads/2017/04/%E3%80%8A%E8%83%BD%E6%BA%90%E8%BD%AC%E5%9E%8B%E5%8A%A0%E9%80%9F%E5%BA%A6%EF%BC%9A%E4%B8%AD%E5%9B%BD%E9%A3%8E%E7%94%B5%E5%85%89%E4%BC%8F%E5%8F%91%E7%94%B5%E7%9A%84%E5%8D%9F%E5%90%8C%E5%90%8C%E6%95%88%E7%9B%8A%E3%80%8B%E7%A0%94%E7%A9%B6%E6%8A%A5%E5%91%8A.pdf.

2019 年底，国资委发布《中央企业煤电资源区域整合试点方案》，一时间引发了国内外的广泛关注。方案拟将甘肃、陕西、新疆、青海、宁夏 5 个煤电产能过剩、煤电企业连续亏损的省区，纳入第一批中央企业煤电资源区域整合试点。5 大中央企业对应 5 省的煤电资产，致力于解决产能过剩与亏损问题。可以说，这是个国企政策视角的动作。2020 年 5 月之后，这一思路有了试点的推进。国资委发布《关于印发中央企业煤电资源区域整合第一批试点首批划转企业名单的通知》。华能、大唐、华电、国家电投、国家能源集团根据《中央企业煤电资源区域整合试点方案》，将在 5 个省区的 5 个试点区域开展第一批试点，共涉及 48 户煤电企业。

这种改变仍在进行中。如果大规模的整合进一步发生，无疑将是产业组织上的巨大改变，也是一个重新思考我国电力行业发展与产业组织的机会。总体上，中国电力部门高度本土化、自主化，国有企业与资产占绝对地位，外资可以忽略，民营还非常有限，不存在国际竞争，跨国电力贸易，出于成本与安全考量，也非常之少。这样的部门，恰恰需要"国际标准"的部门，以保持其持续增强的竞争力与创新能力。在构建以国民经济"内循环"为主、双循环促进的新体系中，电力部门尤其需要成为一个对外交流与对话的窗口。

## 国际比较：电力可靠、可负担与可持续程度

任何一个电力系统管理的基本目标，都是实现可靠、可负担得起与可持续的电力供应。这三者往往存在着得失平衡，可以称之为"trilemma"。但是在某些情况下，我们也可以证明：有一些方面的改进，是可以不损坏或者同时促进其他维度的进步（称为 pareto 改进）的；而有些方面的变化，可以以某个维度较小的退步，换取另外维度更大的进步（从而整体可供分配的"蛋糕"更大），也是一种理性的选择，对应总体经济福利水平的提升。

那么，我国电力部门，在这三个维度的表现如何呢？

可靠程度——以年度停电时间衡量。这在欧洲与美国日益成为一个高度波动性的指标。比如美国因为 2020~2021 年加利福尼亚州、得克萨斯州的长时间停电事故，电力可靠性指标下降，用电中断小时数大幅上升。整体上，我国在可靠性这一指标上高于美国，低于日本与西欧国家，与东南欧较接近。

**可负担——以占可支配收入比重衡量**。比如一个典型的德国四口之家，年用电量3500度，约1000欧元/年，80欧元/月（2022年之后可能上涨到150欧元左右）。在家庭年可支配收入（平均3400欧元/月）中的比重为3%~4%。在研究与实践领域，通常将能源支出在可支配收入中的比重超过10%的情况定义为"能源贫穷"（energy poverty）[①]。

笔者曾经与研究团队一道，对我国的电价水平及其形成中燃料、发电、输配端、税负等因素的贡献进行了全面的分解研究，并进行了国际比较（见表7.2），得出以下三个基本结论：

**（1）我国电价水平相对于其效率前沿偏高**。特别考虑到我国装备制造业的成本极其低廉，占电源主体的煤电、水电等设备的单位千瓦成本只有欧美国家的1/2甚至更低，但是其电力终端税前价格并不低。通过电力体制改革释放改革红利，可以有效地降低电价，也是电力用户集中的诉求。这是电价形成机制方面的含义。

**（2）我国的电价水平，相对北美发达国家偏高**。基于汇率转换价格的比较，可度量（并且只可以）可贸易部门面临国际均一产品价格的能源成本与竞争力问题。在这个方面，我国主要可贸易部门的电价水平已经比美国高出50%以上。基于居民支出负担的角度，消费同样的电力，其占可支配收入的比重要高，这是影响居民生活水平提高的一个因素。从这个角度看，我国的电价是贵的。

**（3）我国电价水平相对于其可持续发展目标，比如能源与环境资源使用的长期稀缺性，偏低**。不同于前二者属于实证研究的结论，这一条属于"规范"意义上的政策建议。未来需要额外的政策手段（通常是资源税或者消费税）抬高价格，抑制消费。并利用这部分政府收入，支持"好"的方面（比如居民收入、其他消费）的税收减免，取得多重政策红利。

2020年前的问题是：政府的政策手段并没有欧洲那样强度的体现，税率还大大低于欧洲的水平，而总体终端价格也就比欧洲低10%甚至比肩。目前，全球的能源市场正处于剧烈的变动时期。相应的比较及其结论变得并不稳定。这将是我们今后一段时期的工作。

**但是必须首先明确的是：不能混淆批发市场与零售市场**。2022年中期欧洲各国的天然气价格，相比新冠疫情之前，已经上涨了10倍有余，而电力批发市

---

[①] https：//ec.europa.eu/energy/eu-buildings-factsheets-topics-tree/energy-poverty_en.

场价格也因为天然气机组是边际机组具有类似的涨幅，比如德国—卢森堡（DE-LU）市场从3~5欧分上涨到30~50欧分。过去居民终端零售市场的电价中，批发市场的部分仅占10%~25%。这种涨幅即使传导到终端，也没有人们直觉中的那么大，因为其他的电价构成部分（比如输配成本、税费负担、CHP基金等）并没有同等的涨幅。一个简单的算术，如果之前居民的电力价格是30欧分/kWh，而批发价格是3欧分。因为批发价格10倍地上涨，终端的价格会上涨到50~60欧分，也就是80%~100%，即1倍左右的涨幅。

**可持续程度——以经济投入产出比衡量。** 主要发电与电网企业的利润水平在历史上大幅波动，但是总体而言，其正利润水平尚可。与之可比的是：国际上的电力企业，受2005~2016年市场电价大幅下降的影响，其历史利润微薄，甚至很多企业因此破产，使得欧美国家普遍面临容量充足性的隐忧。法国主要依靠国有化的法国电力公司（EDF），是一个特例（见表7.2）。

**表7.2　电力部门绩效比较（近5年内数据）**

| 维度 | 中国 | 美国 | 日本 | 德国 | 法国 | 印度 |
|---|---|---|---|---|---|---|
| 每户年平均停电时间 | 3小时 | 8小时 | 6分钟 | 30分钟 | 80分钟 | 仍存在频繁停电与无电人口 |
| 典型居民千度电消费占月可支配收入的比重（%） | 15 | 3.5 | 8 | 10* | 8* | 30 |
| 可贸易工业部门的电价水平（美分/kWh） | ~10 | 5~8 | 10~12 | 6~10* | 5~7* | 4~10 |
| 电力部门平均净资产回报率（ROE,%） | 1~5 | 5~10 | — | 0~7* | 1~5* | — |
| 排放绩效（$gCO_2$/kWh） | 550 | 380 | 500 | 300 | 80 | 700 |

注：*表示2021~2022年欧盟主要国家的电力价格出现暴涨。居民终端价格预估上涨1倍，负担也会大致上升1倍；工商业电价涨幅更大，可能达到5倍甚至更大，给定其之前批发市场价格在其电价中的份额更大；发电部门超额利润（以及净资产回报率），短期内如果不被征收暴利税（截至2022年底在讨论方案中），将大幅度上升。

资料来源：卓尔德根据公开资料与互联网信息整理、汇总与计算，包括但不限于：https://neon.energy/Neon_Data-quality_European-Commission.pdf；http://prpq.nea.gov.cn/uploads/file1/20211009/616135ef5d67c.pdf；https://www.eia.gov/todayinenergy/detail.php?id=50316；https://www.statista.com/statistics/1311852/household-power-outages-heatwave-high-temperatures-india/；https://www.reddit.com/r/europe/comments/k7vtbr/in_terms_of_reduction_in_carbon_intensity_of/；https://dms.psc.sc.gov/Attachments/Matter/5f64b1b3-d2bc-4b20-abb7-6e36ed1a220f；https://www.statista.com/statistics/1043946/return-on-equity-in-the-energy-and-environmental-services-in-europe/。

**环境可持续——排放绩效**。我国本地污染物排放标准快速提高。但是碳排放系数因为以煤电为主的结构持续大幅度高于国际平均水平。我国已经于 2020 年承诺在 2030 年前实现碳排放达到峰值，并在 2060 年前实现碳中和。气候减排长远与最终目标已经明确。如何高效推动经济与能源系统转型，成为接下来的关键问题。众多能源与气候情景的模拟表明：电力部门是减排技术选择最多，且减排成本已经实现有效降低的部门，应首先实现深度脱碳直至（近）零排放。这一"终点"（ends）正愈加清晰明确。

这种绩效绝对水平的形成，是诸多历史、结构、周期性因素共同决定的结果。它们之间的简单比较，可能很难有可比性与清晰的含义。不能说实然上负担重，那么就应然上降低价格水平，这属于混淆了实然问题（是什么样的，is）与应然问题（应该怎么样，ought）。众多文献对各国，特别是经合组织国家（OECD）的电力体制改革与放松管制进行了比较分析与计量检验，结论也比较混杂。有的研究，比如（Paul & Shankar，2022）的研究证明：完全私有和完全公有的企业似乎比混合型企业（mixed enterprise）更有效率。

**从实然问题过渡到应然需要引入价值标准，也就是什么是好/不好，多大程度是正确/错误的参照系**。从公共讨论的视角，只有确定了一个明确的参照系并与之比较，才能得出一个可供第三者检查的透明结果与结论，从而使得评价从主观认识发展到客观讨论。

接下来在第 8~9 章，基于明确的参照系，描述并评价以煤为主带来的多维度影响以及系统实现物理平衡的协调机制进化。

# 第8章 以煤为主的技术、经济、政策与心理影响

"企业又不是人，哪有什么死活，就是资源重组嘛！"

——兰小欢，《置身事内》，第4章第211页

Incumbents can steer market rules to their own advantage.

——Mays 和 Jenkins（2021）

## 引言

"富煤、缺油、少气"是对我国能源资源禀赋非常精练的描述。虽然它的参照系不明确，或者在极短的链条中循环论证，属于众多"只可意会"的说法之一。它暗含着资源禀赋充分决定能源结构的简化方法论框架。它不能从理性逻辑而只能从超越形式逻辑的"道"（老庄学说）来琢磨。而这一信念不断受到各种现实案例的挑战。例如，美国煤炭的储量占世界总量的30%，比沙特占世界石油储量的比例（20%左右）还大，而美国显然早不再依靠煤炭作为主体能源。

我国长期以煤电为主的电力系统，很大程度上决定了现存电力系统的规划体系、管理体制、运行体系甚至是思维方式，都是"煤电偏好"的。这在历史上有效地满足了快速增长的需求。但是，目前这一体系已经限制了电力系统的结构转型与可再生能源的高效可持续发展。

煤炭与煤电在过去很多年的重要角色，使得"人格化"其作用与贡献在公共讨论中也不鲜见。所谓"我们离不开煤电"这种笼统表述的含混之处——煤

电到底是一个煤电、1 亿煤电还是现在的 10 亿煤电？将各种电源做拟人化理解，就很容易一成不变静态化，形成对各类电源的高度简化判断——这个"行"，那个"不行"，甚至打各种只有用到人身上才合适的比喻。比如把煤电比喻成"劳模"，过去贡献很大，所以未来也需要一席之地，以及它的对立面的说法——煤电尚未被可再生能源取代，但未来不可"摆老资格"[1]；更有二值化的讨论，论证煤电如果下降到零会产生什么负面后果，似乎暗示目前的 10 亿装机就是"合理"的。此类拟人化、符号化地讨论煤电的角色与作用，非逻辑而基于情感。

《置身事内》的作者兰小欢对此有精彩点评：**企业又不是人，哪有什么死活？就是资源重组嘛**。这对于煤炭与煤电同样适用。

本章我们从技术、经济、政策、政治与心理视角讨论"以煤为主"现实的诸多影响。

# 度量"以煤为主"

**从一次能源总量生产与消费来讲，不同能源之间的转换存在三种方法：物理能量法、替代法以及直接等价法。**根据不同的应用，三种指标各有优劣，没有一种方法在所有方面都优于其他方法。替代法中，就有煤耗替代法，也就是将所有的一次电力都按照煤电的效率进行折算标准煤。之所以有（煤耗）替代法，煤炭在历史上的优势地位无疑是个重要原因。但是显然，如果我们需要处理的是一个高比例风光的体系，煤耗替代法就会使得其比例异常大，并不适用。2021 年开始，国际能源署（IEA）将其所有的能源统计的标量单位从基于油品（mtoe）转向了 EJ[2]，也有这方面的考量。

**不同的折算方式，使得不同机构给出的结构存在比较上的困难。**这是对未来的能源体系的展望报告（outlook），比如 BP、IEA、Shell、US/DOE 之间进行比较，除了需要协调假设前提（hamonisation）之外需要考量的因素。2017 年出版的《中国低碳发展报告》（张希良、齐晔，2017）对此进行了详细的对比与

---

[1] https：//www.guancha.cn/ZhangShuWei。该网站将笔者的文章改成了"拟人化"的标题。

[2] https：//www.iea.org/reports/net-zero-by-2050.

分析。

比较而言，采用煤耗替代法无疑会"高估"一次电力对结构改变的作用
（见表 8.1）。这跟我国的非化石能源消费目标相关。2019 年，我国非化石能源占
一次能源消费比重为 15.3%，提前一年完成"十三五"规划目标任务。《"十四
五"现代能源体系规划》规定，到 2025 年，将非化石能源消费比重提高到 20%
左右。2021 年，国务院发布《2030 年前碳达峰行动方案》，到 2030 年，非化石
能源消费比重达到 25% 左右，单位国内生产总值二氧化碳排放比 2005 年下降
65% 以上。15 年间从 15% 到 20% 再到 25% 的变化，如果采用直接等价法衡量，
带给人们的主观感受可能有所不同。

表 8.1 一次能源核算折算方法

| 方法 | 名称 | 英文名称 | 折算系数 | 主要应用机构 |
|---|---|---|---|---|
| 1 | 物理能量法 | Physical energy content method | 核电按照 33% 效率折算；<br>水、电等可再生能源按照 100%；<br>地热发电按照 10%，供热按照 50% | OECD，IEA |
| 2 | （煤耗）替代法 | （Coal） substitution method | 一次电力按照煤炭发电效率折算。我国称之为"发电煤耗法" | BP，US EIA，我国统计体系 |
| 3 | 直接等价法 | Direct equivalent method | 一次电力按照发热量等价。我国称之为"电热当量法"。<br>1 千瓦时 = 3.6MJ | IPCC，UN 体系，我国 |

资料来源：笔者基于 IPCC AR3 的整理与更新。https://www.ipcc.ch/site/assets/uploads/2018/02/
ipcc_ wg3_ar5_annex-ii.pdf。

# 技术影响：煤电外技术装备能力落后

煤电在中国电力系统的历史与现实中拥有不同寻常的地位，被业界称为"压
舱石"和"稳定器"。这种"拟人化"、人格化的形式将煤电作为一个整体看待，
并不具有必然性与合理性①，但是客观上体现了中国目前能源行业的结构、管理

---

① 人们用电并不是免费的，是贸易或者交易行为。煤电已经获得了收益，并且从建设新机组的激励
来看，这种收益是足够补偿全成本的。

体系与思维方式的现状。

这种拟人化的一个直接后果，是把煤电"劳模化"，暗示其未来也需要得到优待和奖励，从而对人们的自主选择产生"胁迫"，即使仅仅是心理上的。笔者曾经就煤电与可再生电力是替代还是互补关系写过一篇文章，表明了即使是煤电内部，也是存在丰富结构的。有些市场开发得好，份额更大了，即使价格下降了，利润可能更大；有些效率低的，发一度亏一度，本来就很少发电份额，属于僵尸企业；新的机组，如果没有大的市场份额，面临大的还贷压力，可能有资金链断裂的风险，这是经济意义上定义的"落后产能"；而有些小机组，虽然效率低一些，但是靠近用户，节省输电费用，还能赚到足够的利润。煤电内部是高度非均一的，情况各有不同。国内有网站转载了该文，结果把题目改为——*煤电尚未被可再生能源取代，但未来不可"摆老资格"*。这种概念化、符号化的描述，将需要满足多种约束的电源优化发展问题简化为可再生能源 VS 煤电"掰手腕"式的论战。1 千瓦煤电还是 1 亿千瓦的煤电，其结论完全应该不同。

从技术上讲，这种煤电默认选择也会"挤出"其他技术的长期积累与发展。为何我国的航空发动机技术以及天然气机组制造仍高度依赖进口？因为缺少足够的实践与市场拉动作为必要的需求拉动。为何缺少市场拉动？因为中国电力行业对天然气机组（包括联合循环与单循环）的思维定式甚至是歧视由来已久。基于不同的小时数，不具有可比性地去比较煤电与天然气发电度电成本，形成了煤电长期过剩、天然气机组容量严重不足而使用又有可能过度的局面。

## 经济影响：基于不同小时数比较电源成本

相对于单一的发电技术，不同特点技术的组合是成本更低的选择。由于电力的需求是波动的，并且不方便储存，因此不同的时间点具有不同的价值，在电力需求高的时候价值大，需求低的时候价值小。不同机组具有不同的角色，发挥作用在不同的时间与位置工作。比如基荷选择低燃料成本机组（如核电），尖峰选择低投资成本（如天然气）的是最有效率的。而在我国广泛存在基于不同小时比较长期度电成本的做法，典型的就是在煤电与气电之间。

相比最优的结构，既有系统"扭曲"程度多大，可以参照系统成本最小化价值观进行匡算。卓尔德基于 2020 年的负荷曲线特性以及存在的各种机组容量进行了量化分析。

结论是：目前我国超过 10 亿的煤电机组，过剩的装机约 130GW。在没有碳价格信号的情况下，2030 年的最低成本电源组合包括 1020GW 的煤炭，比 2020 年略有减少。目前利益相关方对 2030 年煤电的预期普遍在 1300GW 甚至更高，这意味着煤电全寿期超过 2 万亿元的搁置资产损失。更进一步地，考虑到碳达峰与 2060 年前碳中和目标，以及电力部门为达到该目标所做的"合理"贡献，中国的煤电装机到 2030 年大幅下降到 680GW 是最优的。要使煤电从无碳价条件下的 1020GW 最优规模进一步缩减，这需要标准碳市场中足够水平的碳定价（200 元/吨）。考虑到我国的碳市场是"碳排放绩效交易"体系，而不是绝对减排限制，需要的表观价格更高。

**"煤电最便宜"的信念，不仅存在于煤电关联利益领域，甚至一些中立机构也是如此。** 比如 2006 年我国能源基金会支持一个名为《中国天然气发电政策研究》的研究[1]写道：在中国目前能源价格状况下，燃气电厂的低投资成本和高效率的优势并没有抵消煤炭对天然气的价格优势，联合循环燃气发电相对燃煤发电缺乏竞争力。它是按照发电小时 3500～5000 小时设定的。但是问题是：天然气满足年利用率 1000 小时甚至 500 小时的需求，因为有投资成本的分摊问题，这个位置天然气机组是比煤电便宜的。为何天然气需要用那么多时间？

**机组容量上偏向于大的也是这种理解的一个后果。** 在一个主要由大机组构成的系统中，单纯看大机组本身，的确具有比小机组更好的能源利用与排放绩效。但是，如果扩大到系统的角度，很显然，大机组更适合工作在基荷；负荷尖峰时刻则更适合小机组，特别是投资成本小、启停更加迅速的机组。因为它的利用小时数非常低（通常一年内只有几十到几百个小时），燃料成本低到可以忽略的地步，效率高低变得无足轻重，而投资成本大小成为关键。一个合理的电力系统，对应于负荷曲线的特性，应该是大中小各种机组配合的系统。

**这种"煤电最便宜"的印象，久而久之就会脱离其特定的前提而存在，使得严重缺乏资源的中东部地区，也患上了煤炭依赖症，从而形成了世界上独特的低价值煤炭超长距离陆上调运的景象。** 比如，动力煤生产与消费空间错位日益扩大，形成了"北煤南运、西煤东调"的格局。晋陕蒙宁煤炭外运，拥有"九纵

---

[1] https：//www.efchina.org/Reports-zh/reports-efchina-20061026-4-zh.

六横"通道，其中铁路"七纵五横"①。整个货运铁路网在很大程度上为运煤服务。

# 政策影响：严控有弹性，技术效率追求无止境

**煤炭的基础性地位也深刻地影响着公共政策的制定。**一个典型的现象，是对已经结构性过剩的煤电的长期"三心二意"的控制，以及以各种理由放松这种行政控制。从理论上讲，一个"高度集中"的综合资源规划（integrated resource plan）可以实现系统的成本最优，特别是对于电力这种单一部门，区别于存在更加复杂互动与信息问题的国民经济。如果实证研究显示煤电已经过剩了，那么利用行政手段直接限制或者临时性限制煤电建设，无疑是实现整体最优的最直接手段。

**这种手段从来没有出现过，煤电核准程序与规则（permitting process and rules）从未足够清晰可理解。**政策层面对已经在结构与环境意义上过剩的煤电限制，通常是可以轻松突破的。从政治经济学的视角讲，这是不同的利益主体权力严重不平衡下的必然结果（见表8.2）。因此，现实中，煤电总是过剩的。

表8.2  煤电审批权限中的利益主体

| 利益主体 | 政策过程（policy process）中的角色 | 激励约束 |
| --- | --- | --- |
| 国务院 | 平衡各省的利益；关心经济、就业和国际形象。担心煤炭产能过剩 | 依靠下级政府系统来实施任何变革。除了"指挥和控制"，缺乏其他政策手段 |
| 国家发改委/国家能源局 | 能源平衡和经济健康的监督者。担心煤炭过剩，但与当地省份的相应部门有密切联系，需要他们的合作 | 能源安全和系统容量的充分性关注 |
| 中央政府国有企业 | 过度的资本所有者，大力推动各种项目的建设 | 投资最大化而不是利润最大化 |
| 地方国有企业 | 由于其维持和创造就业的政策性作用，总是有大量的过剩劳动力。只有不断地投资才能生存。是社会稳定的工具 | 个人升迁 |

---

① https://www.sohu.com/a/482553235_120847237.

续表

| 利益主体 | 政策过程（policy process）中的角色 | 激励约束 |
|---|---|---|
| 可再生能源的倡导者 | 担心电力市场萎缩，反对新的煤炭投资 | 温室气体排放和知名度 |
| 公共媒体 | 作为"新闻"提供者一般没有独立性 | 自我维持和知名度 |

资料来源：卓尔德项目整理。

**以煤为主造成的思维惯性是忽略结构性与系统问题，而片面追求局部的高能源效率。** 许多研究对过去一段时间小火电提前退役的影响进行了评估，特别是燃煤消耗与污染物排放方面的评估居多。中国电力企业联合会（CEC）2011 年的报告测算，"十一五"期间，电力化石能源排放减少 17.4 亿吨（相比 2005 年效率基准线），其中小火电关停是一个主导的因素；而 Price 等（2011）在《能源政策》杂志的文章计算表明，2006～2008 年，通过小火电关停，节省了 7500 万吨标准煤（相比 2005 年效率）。

但是，**这些评估均是静态评估，基于一个 2005 年假想的"效率不变"基准线。** 这一上大压小带来了可观的能源节约与排放减少。但是，**如果从静态变为动态评估，也就是考虑机组的年龄（vintage）结构带给整体能源与环境的影响，那么结果可能并非如此。** 既有小机组已经运行了一段时间，很可能在未来 10～15 年就会到期关闭，而新建大机组无疑将有很大可能运行到设计寿命结束，比如 30 年以上，否则意味着再一次的提前退役。如果 10 年之后新增火电就出现了政策上的限制，那么"上了大机组"的累计排放将要高于"小火电正常到期"的假想（counter-factual）情况。这种累计排放的增加，其实是与最初关停小火电的初衷相矛盾的。

**如此大规模的小火电关停与大机组替代，8000 万千瓦以上，相当于一个欧洲大国的总装机量，动态影响如何？** Zhang 和 Qin（2016）基于年龄结构与 30 年设计寿命进行测算。结果显示：在未来，如果一直没有新建煤电机组的限制政策，那么提前退役小火电将取得长期的减排结果。相比小火电到寿命自然退役的情况，提前关停小火电提高了 2005～2012 年总体煤电效率 0～0.7%。2005～2050 年累计关停小火电使得累计 $CO_2$ 排放减少 0.1 亿吨以上。

但是，**如果未来煤电行业出现了政策限制。那么，自然退役与提前退役的情况就可能反过来。** 自然退役条件下，大量的小机组在 2020 年左右将退役，从而在总的电源结构中，煤电的比例将出现大幅度下降。而提前退役情况下，由于 2006～2013 年巨量的煤电大机组的建设，这部分机组到 30 年后，也就是 2030～2040 年，才有大量的电厂到期退役，排放将持续 30 年。2005～2050 年累计 $CO_2$ 排放将比正常退役情况多出 5.3 亿吨。如果没有局部污染物排放体系的升级，本地污染物的累计排放情况也大致如此。这一测算并没有考虑加装 CCS 的可能性，因为这很可能会从经济上让煤电进一步丧失竞争力。

## 政治影响：煤电通常是标杆

在某些复杂语言中，政策（policy）与政治（politics）是一个词，比如德语中的 die Politik，兼有政策与政治的含义。这一思维方式，可能更加接近政策的实质——政策就是政治本身。在我国，煤炭与煤电行业的体量与巨大影响力，使得任何决策者都会在政治上审慎对待。煤炭煤电影响着政策与政治，特别涉及管理体制、运行机制以及政策变化。

一个突出的例子是电力价格的形成机制（见图 8.1）。分省的标杆电价体系，经历了很多年的几无调整，在去干预煤炭价格之后，目前在形式上已经取消[①]。但是政府对电力价格的限制的参照系仍旧是"基准价格"——煤电的基于长期成本的价格。因为我们刚刚经历了一场化石燃料，特别是煤炭价格暴涨暴跌的快速变化时期。过去经历形成的价格"预期"已经全面被打破了。直观地讲，作为电厂，我的电产品应该卖多少钱，作为消费者，得到的电价是高还是低已经缺乏了判断与预期的基准。

## 心理影响：压舱石！天然气缺

以煤为主的现实无疑具有广泛的心理影响。它属于常规实践（common practice），因为人们知道它能用，可以提供能量。因此用各种词汇去静态界定，诸如压舱石、重要支撑地位、安全兜底作用等。

---

① http://www.gov.cn/zhengce/2019-10/25/content_5444660.htm.

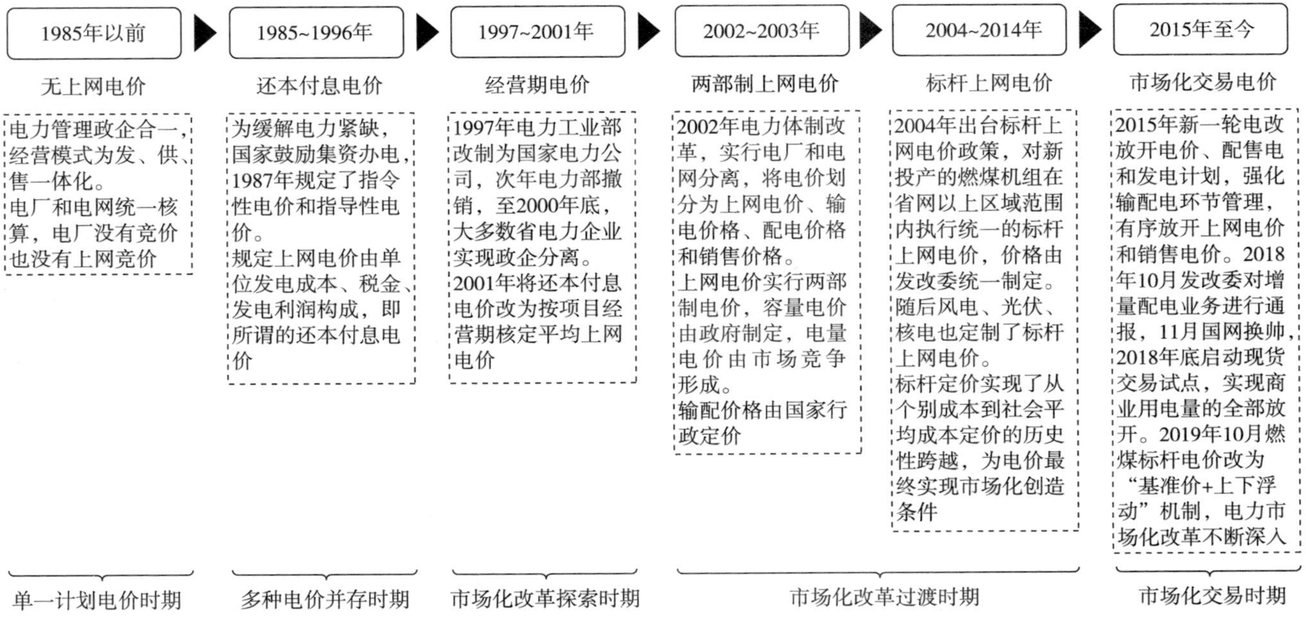

| 时间 | 电价类型 | 说明 |
| --- | --- | --- |
| 1985年以前 | 无上网电价 | 电力管理政企合一，经营模式为发、供、售一体化。电厂和电网统一核算，电厂没有上网竞价，也没有上网电价。 |
| 1985~1996年 | 还本付息电价 | 为缓解电力紧缺，国家鼓励集资办电。1987年规定了指令性电价和指导性电价。规定上网电价由单位发电成本、税金、发电利润构成，即所谓的还本付息电价。 |
| 1997~2001年 | 经营期电价 | 1997年电力工业部改制为国家电力公司，次年电力部撤销，至2000年底，大多数省电力企业经实现政企分离。2001年将还本付息电价改为按项目经营期核定平均上网电价。 |
| 2002~2003年 | 两部制上网电价 | 2002年电力体制改革，实行厂网分离，将电价划分为上网电价、输电电价、配电电价和销售价格。上网电价实行两部制电价，容量电价由政府制定，电量电价由市场竞争形成。输配电价格由国家行政定价。 |
| 2004~2014年 | 标杆上网电价 | 2004年出台标杆上网电价政策，对新投产的燃煤机组在省网以上区域范围内执行统一的标杆上网电价，价格由发改委统一制定。随后风电、光伏、核电电价也定制了标杆电价。标杆电价定从社会平均成本定价到个别成本定价的历史跨越性，为电价市场化创造条件。终实现市场化创造条件。 |
| 2015年至今 | 市场化交易电价 | 2015年新一轮电改放开电价，配售电和发电计划，强化输配电环节管理，有序放开上网电价和销售电价。2018年10月发改委对增量配电业务进行通报，11月国网换帅，2018年底启动现货交易试点，实现商业用电量的全部放开。2019年10月燃煤标杆电价改为"基准价+上下浮动"机制，电力市场化改革不断深入。 |
| 阶段 | 单一计划电价时期 / 多种电价并存时期 / 市场化改革探索时期 / 市场化改革过渡时期 / 市场化交易时期 | |

图8.1　电价机制的演进历史

来源：https://finance.sina.com.cn/stock/stockzmt/2022-04-06/doc-imcwipii2725392.shtml。

《煤炭工业"十二五"规划》开篇提及，"在未来相当长时期内，煤炭作为主体能源的地位不会改变"。近些年来，随着雾霾问题的凸显已经逐渐减轻，此类说法仍不时看到，诸如"二三十年内不会改变""资源禀赋决定了煤炭主体地位不变"等。

**它不意味着"快速降低煤炭的比重是不可能"。煤炭比重的下降可以有多快？**"多快"从零到任意人的百分比，也同样存在任意多的可能性。如果2015年世界各国达成21世纪20年代实施深度气候减排协议（虽然笔者对此感受很悲观），煤炭现在就饱和了，逐渐退出市场都有可能。但是，如果缺乏任何约束，煤炭仍将以其储量丰富易得、直接价格低廉占据重要位置，在2050年都不一定"见顶"。事实上，2002~2015年的十几年里，相比石油，煤炭在世界能源消费结构中的比重一直在略微上升。这主要是由包括我国在内的众多国家煤炭使用上升所驱动的。从国际上看，如果没有新的额外的政策，煤炭的消费量还将继续上升，特别是在东南亚、印度与非洲地区。这考验整个能源系统的惯性与转型难度、经济损失的承受能力，乃至政治领导人的政治心理。这是个连续性问题，更确切的表达是"下降速度对应的经济损失与政治上的可行性"。

**它不意味着煤炭的清洁化很重要。**根本的标准还在于从全社会整体的角度，实现既定的减排目标，哪些方式是成本最低的。以减少煤炭污染为例，这些减排方式既包括提高排放标准，也包括减少煤炭利用设施的活动水平、进行燃料替代等。应该先实现与采用边际成本低的减排选择。那么，提高煤炭的排放清洁化程度一定比直接弃用煤炭的减排成本低吗？这不一定，比如在脱硫水平已经很高的情况下进一步提高标准，比如加装碳回收的CCS装置，既增加大量投资又损失能源效率，比不上直接实现煤炭的替代。如果环保的目标过紧（比如本地污染物要求零排放，或者推行气候2度目标），那么显然，清洁化利用技术的剩余排放仍旧显得过多（损失过大），那么减少煤炭利用，而不是促进清洁化利用就是唯一的选择。这取决于政策的松紧程度。弃煤不可能一夜之间实现，清洁化也是一样的，需要面对巨大的存量，没有性质上的区别。

**比较而言，一提到天然气，人们的第一反应就是"缺啊！"。但是，这种缺的程度有多大却语焉不详。**2019年10月，国家能源委员会会议指出，要立足我国基本国情和发展阶段，多元发展能源供给，提高能源安全保障水平。根据我国以煤为主的能源资源禀赋，科学规划煤炭开发布局，加快输煤输电大通道建设，推动煤炭安全绿色开采和煤电清洁高效发展。这一表态，被很多国内外研究人士解读为我国重新确定了煤炭的主体地位，并且有可能放缓可再生能源发展的信号。

**这无疑是引申太多了。**中国的能源安全问题，更多的是依存度高的石油和天然气问题，而电力部门更多的是煤电与可再生能源互相替代的问题。煤炭已经足够安全了，而可再生能源都是本地化的。这二者都不涉及对外依存度类型的能源安全问题。过去，电力行业依靠部分可调度的煤电、水电与核电满足不断增长、峰谷差变大的电力需求。

现在，不可控的随机性、间歇性的可再生能源的加入，客观上产生了对可灵活调度、异常灵活的天然气单循环机组的需求。无疑，这在边际上产生对天然气资源的需求。

**作为弥补风不刮、没太阳情况下的天然气机组，满足一年有限的小时数，这并不会增加可观的天然气消费。**我国的天然气也并不是"有还是没有"的二值问题，而在一个几千亿的区间上。比如，对于一个年运行小时数 300 小时的 20MW 的天然气单循环电厂，可以充分满足夏季（90 天）傍晚（2~3 小时）的需求，其年天然气用量 120 万立方米，相当于一个 LNG 处理站的日处理能力。我国即使再新增 1000 个这种调峰灵活电源，其平均成本也大大低于重资产不灵活的大煤电，从现在的 500 万千瓦总量上升到 2500 万千瓦，新增天然气用量也就 10 亿立方米，相当于北京市居民 10 天的用气量，占目前天然气利用总量的 5% 不到。

**这会导致何种能源供应安全问题呢，给定目前的 40% 左右的对外依存度？**因为 100% 天然气份额是可怕的（意味着全世界天然气给我们都不够），所以目前 5% 的状态就是正常的？这是典型的连续问题二值化的逻辑错误。这种 5% 的增量只是边际上的小程度变化。一句话：我国电力部门更多地使用天然气以实现系统成本更优，是一种需要。能源安全约束能够承受（afford）这一程度的天然气消费增加。

**目前俄乌战争仍在继续，天然气供应不足乃至中断风险，是一个关注焦点。**它给我们提供了很多新的现实素材。本章完成之际，正是欧盟通过倡议书或者法令，推动全社会相比过去 5 年节约 15% 天然气的时候。而德国也重启了千万千瓦（GW）量级的煤电站，以减少天然气用于发电的数量。财政部部长甚至呼吁：

全部停止天然气发电①。天然气中断是可能的，但是还不至于造成电力容量短缺。德国有超过 3000 万千瓦天然气机组。这部分消耗的天然气已经很少（因为价格太高了）。德国存在天然气供应危机，但是并不缺少电力容量。如果真像这位部长所言，将这部分天然气机组全部下线，那么停电就不是不可能了。天然气发电的电力容量价值，仍然高于其燃料节约价值。

**这种情况下，笔者仍然坚持以上看法，我国的天然气用量扩大仍然指向经济理性的方向。**我们不需要对短期内的现象过于印象深刻，而忽略了长期的理性。天然气对外依存度的上升，并不是一个不控制就会一直发展下去的过程。因为成本、规模以及现实中贸易关系的变化，到了一定程度它就会自动停下来。

---

### 专题 8.1　电力电量平衡规划方法

**过去的电力规划采用的电力电量平衡规划方式，本质是把一年中的多个需求水平简化为同一水平（最大负荷）简化的结果。**也就是从持续负荷曲线的视角，一条向右下方倾斜的曲线，近似为一条最大负荷直线出力。业内人士越来越对此有一致性的认识。在大部分规划中，最大负荷点的容量平衡（比如夏季典型日、冬季典型日）与全年的电量平衡是基本的规划套路。这种"点"时刻的分析中，有限的内生变量就是煤电（主体电源）的容量（满足剩余负荷）与利用小时数（满足剩余电量），无法得到关于其他发电资源类型投资的含义，而需要外生主观设定。并且基于"最大需求"安排存在结构扭曲问题②。尖峰负荷只有几十到几百小时，却按照基荷利用率确定，从而对那些更加适合工作在尖峰的机组，比如天然气单循环、老旧高成本机组产生歧视。即使出现缺电的情况，也并不意味着缺煤电。

**这种近似在过去的误差并不太大。**一方面，我国的电力消费以稳定的工业负荷为主，波动性比居民商业份额更大的国家要小得多；另一方面，2010年前的几十年，大部分时间都面临着电力供给的紧张与不足，甚至是长期缺电，农村地区以及一些非重要负荷往夜间转移，从而峰谷差也很有限。因此，

---

① https://english.almayadeen.net/news/economics/german-mp-urges-cessation-of-gas-use-for-power-generation.

② 普遍地，在世界范围内理论上的解析或者仿真研究，采用平均负荷水平来简化一些分析与讨论，而很少采用最大负荷。

煤电机组使用过度，但是程度并不深。国家发改委 2019 年公布的分辨率较高的 2018 年各省级电网典型负荷曲线[①]显示：省级区域日最大负荷与最小负荷差，大致为 56% 乃至更小。如果平衡范围能够进一步扩大，峰谷差还将进一步缩小（见图 8.2）。这意味着：平均满负荷运行小时数在 6000 小时甚至更高的水平，系统利用率水平相比欧美国家还是比较高的。

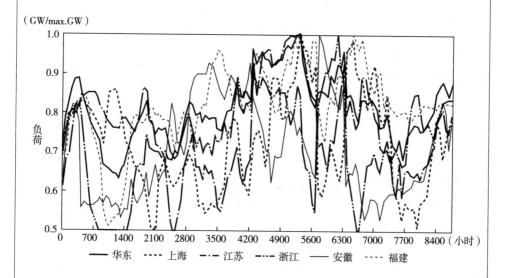

（GW/max.GW）

图 8.2　华东全年分省/全区负荷曲线波动情况

资料来源：卓尔德中心. 构建"新型电力系统"与容量充足性——基于需求高峰时刻可得发电资源的实证分析（2021-2022）.

　　另外一个因素是，相当一部分天然气机组"缺气"或者亏损，反而有利于其仅发挥"调峰"功能，而不是作为基荷使用。"容量不足，但是使用率过度"的问题得以在大部分情况下规避。比如浙江 2014 年的统计显示，其平均发电小时数为 1300 小时左右[②]。卓尔德中心（www.draworld.org）对最优的电源结构的模拟显示：这大体上就是基于负荷曲线形状所代表的最优利用程度。只不过，由于价格机制的问题，较低小时数下天然气机组的生存很成问题，容量投资成本由于发电机会有限，回收困难。所以，过去的这种以煤为主造成

---

①　https：//www.ndrc.gov.cn/xxgk/zcfb/tz/201912/P020191230336066090861.pdf.

②　https：//news.cnstock.com/industry，rdjj-201507-3487555.htm.

的诸多问题，更多的是对不同主体利益侵蚀的公平性问题，而不是总体蛋糕大小的"效率"问题，并未造成巨大的经济损失。

**未来，随着波动性风光不断进入市场，这种近似的误差可能越来越大，甚至产生明显的错误。**扣除风光之后的系统净负荷曲线，因为需求与风光出力时间上的不一致，呈现越来越"陡峭"的形状，从而与一条水平直线近似的差别越来越大，以京津唐电网为例（见图8.3）。当然，相反的另一面也是可能的，也就是部门之间耦合程度的提升，使得其他部门为电力部门的平衡提供了更多的灵活性，以及一些快速的灵活用电行为的加入，使得需求负荷特性与目前变化不大，甚至有所改善。这意味着我们对人们用电行为的改变的预期与前景展望是相对有限的——人一般是很难改变的。

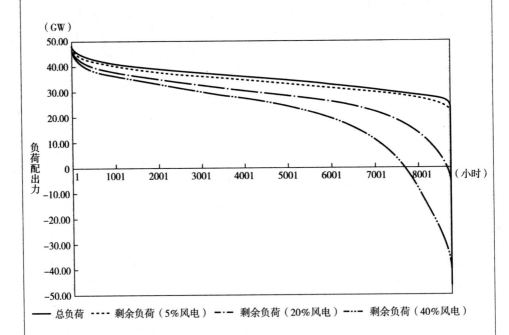

**图8.3 京津唐电网不同风电比重下的剩余持续负荷曲线**

资料来源：张树伟，谢茜，殷光治（2016）. 中国实现风电5%、20%、40%份额的关键因素——一个基于系统（净）持续负荷曲线的框架［R］. 内部报告.

**这也为过去几年的发展所证明。**尖峰持续增加，但是出现频次减少、累计时间缩短是个明显的趋势性现象。叶泽（2020）的汇总分析显示：2016~2019年南方五省（区）尖峰负荷规模随着用电需求增长而快速增长，3%尖峰负荷规模由497万千瓦上升至615万千瓦，5%尖峰负荷规模由828万千瓦上升至1025万千瓦。但是，3%尖峰负荷即最大负荷97%以上负荷的持续时间一般不超过30小时，5%尖峰负荷持续时间一般不超过100小时。5%尖峰负荷单次持续时间为3~6小时，全年出现10~40次；3%尖峰负荷单次持续时间为2~6小时，全年出现6~25次。因此，尖峰负荷对应的用电量一般较少，占总电量的比重小。

## 专题8.2　以稳定输出为"美"

如果以"不稳定可再生能源，如何解决"进行网络搜索，你可以找到超过800万个网页。这种看法也强烈地暗示与影响着部分业外与业内人士。比如：有报告提及"实现碳中和要求限制化石能源的使用，但可再生能源因为供应不稳定，短期内难以完全替代化石能源，带来供需缺口"[1]。全国人大常委会副委员长丁仲礼院士在《中国碳中和框架路线图研究》中提到：我们要克服风电、光电等输出不稳定性的问题。未来我们的电力系统如何保证稳定输出是需要考虑解决的关键问题。[2] 能源基金会总裁邹骥说：通过风光水互补、储能设施系统分布及多层面系统控制等措施解决电力系统稳定、调峰等问题[3]。

它似乎强烈地暗示"不稳定"是一种缺点。但是，我们必须反问一句：那需求也是不稳定的，为何它是一个需要"解决"（resolve）的问题，而不是只是需要管理（manage）？系统追求的目标仅仅是变动的需求与供给间的随时平衡，而不是跨越长时间周期的"稳定输出"。

这无疑也是跟可控电源特别是煤电比较的结果。在中国电力系统文化的"认识水位"中，稳定输出的电源还普遍被认为是一种价值。这与电力系统实现基本目标——实时满足变动性的需求不一致，也与可再生能源特性格格不入。

---

[1]　https：//opinion. caixin. com/2022-08-02/101921103. html.

[2]　http：//www. news. cn/sikepro/20210707/5014d0c1510b45d38d504c8c9da456ac/c. html.

[3]　https：//mp. weixin. qq. com/s/TqkByEhP2r7Ue89nH7FJ8A.

- 整体系统的需求就是不稳定的。
- 稳定的需求永远是存在的，但是它并不需要稳定的供给去满足。
- 模糊地认为"稳定是一种价值"，其本质是一种企业而非全系统视角。其更准确的表达是"在正确的时间发电的能力是一种价值"，而不是这种稳定本身。

**基本逻辑上，一个事情要成为另一个问题的"归因"，它必须是不可预期的。** 风电光伏这种波动性如果是可预期的，就不应该成为问题的原因。更进一步地，如果它并不能预期，比如风电的预测误差，那么如果它因此受到了惩罚，比如支付巨大的不同时间市场的差价，那么"指责"或者惩罚也需要到此为止。财务支付责任已经是足够的惩罚。不稳定是需要管理的，但是它并不需要消灭，特别是在微观尺度上。

# 未来意味着越来越大的问题

**长期以来，煤电是我国电力系统的主力电源。** 这种以煤为主的电源构成，一方面基于煤炭资源禀赋与煤电技术的成熟易得，另一方面也是曾经电源装机容量不足、年利用小时长、系统峰谷差较小、调峰调频等系统平衡服务要求不高造成的。整个系统的灵活性不足，在过去并不是一个很大的问题。

**如果新型电力系统是我们想象中的 2050 年（见本书第 2 章），那么长期以煤电为主衍生的各种方法论与范式，可能更多地以效率问题的形式凸显出来。** 系统的峰谷差会越来越大，从而假设成"一条直线"的需求跟实际的需求之间的差别越来越大，而发电机组过剩的问题得不到解决，因为容量过剩出现电力供给紧张的概率很小。"僵直运行"不造成巨大经济损失的两方面原因都不存在了。在这种过剩的机组追逐有限的发电机会的情况下，谁来优先满足需求，就变成了一个很重要的"协调"（coordination）问题。

第 9 章讨论系统物理运行的协调机制以及机组的平衡责任问题。

# 第9章　不充分的系统协调机制与平衡责任

------------------------------------------------------------

"电从身边来"是提高电力系统韧性、保障供电安全的根本保证。

——余贻鑫，2021①

If you aren't taking risks, you aren't doing your job.

——Paul Krugman，2022②

半小时在电学尺度上是浪长的时间，但在人类尺度上是浪短的时间。

——William Hogan，电力市场设计大师③

## 引言

在本书第 2 章，我们提到：**计划与市场，本质上都是一种资源配置与行为协调机制**。前者，在世界经济史上可以找到非常糟糕的例子。后者也存在一波波社会学者与哲学家们的反思，特别是导致无法忍受的贫富差距扩大以及社会公共品缺失方面。映射到电力行业，情况稍有不同。这两种协调机制，均可以在大部分情况下可行地解决电力系统涉及运行的协调问题，*比如哪个机组，在哪个具体时间，能够发多少电，占据多大市场份额*。在现实的电力系统世界中，很好与很差的实例都可以找到。在新的投资的协调上，比如*未来一段时间，需要建设多大容*

------

① https：//www.163.com/dy/article/GEALA52P05509P99.html.

② https：//www.nytimes.com/2022/06/10/opinion/federal-reserve-policy-ecb.html.

③ https：//www.hks.harvard.edu/faculty/william hogan.

量、何种类型的机组，计划的方式是称为"综合资源规划"（Integrated resource plan，IRP）的方法论，而依靠市场价格信号引导新的投资，在越来越多的市场被证明不可行。

那么，**我国的电力系统运行与投资，到底是何种协调机制呢？**给定我国电力系统基础设施方面的冗余很高，安全运行记录相对较好。本章我们就来讨论这个问题。

我们试图证明：**旧有的协调机制存在不完美（imperfections），但是它作为一个物理平衡的协调工具，在大部分情况下还是可行（workable）的。**但是，必须明确的是：未来风光波动性电源的不断加入，将日益凸显这种不完美的影响，使得协调机制的进化不再是"锦上添花"，可有可无（如果忽略掉经济效率），而成为一种必须（must）。否则，系统的平衡能力、新能源并网能力与安全保障可能就不是那么笃定的事情了。

# 案例：山东光伏并网挑战

山东是我国经济、人口与电力大省。2021~2022 年的若干新闻报道如下：

- 山东电网以火电为主，超过 6000 万公煤电机组；火电灵活性改造不及预期，水电少，抽水蓄能 100 万千瓦[①]。

- 近年来山东新能源发展快，光伏、风电装机已分别居全国第一、第五位。但受新能源发电高波动性和外电高负荷输入的影响，午间用电低谷时段调峰特别困难，今年（指 2021 年——笔者注）已出现集中式新能源和 10 千伏以上分布式光伏全部弃电的情况，现有调峰手段已无法满足电网运行需要[②]。

- 2021 年上半年，省外来电增长 15%，在将常规机组调整至保障电网安全运行最小方式下，仍有 50 天发生时段性弃电，平均每天 8 小时。电网安全运行面临较大压力。从新能源消纳来看，2021 年以来，山东省

---

① https：//www.toutiao.com/article/7089525019272806944/？traffic_source＝&in_ogs＝&utm_source＝&source＝search_tab&utm_medium＝wap_search&original_source＝&in_tfs＝&channel＝&enter_keyword＝%E5%B1%B1%E4%B8%9C%E7%9C%81%E8%83%BD%E6%BA%90%E5%B1%80&source＝m_redirect.

② http：//www.newenergy.org.cn/tyn/xydt/202201/t20220126_680470.html.

新能源和可再生能源装机约 450 万千瓦。截至 2021 年底，山东电网已无新项目消纳空间①。

- 与此同时，山东存在数量众多的自备电厂。2016 年，自备电厂装机 3047 万千瓦，占全省装机总量的 31%，将近 1/3②。压缩这部分需求，"服从电网调度管理"，为新能源使用"腾空间"，也曾经体现在主管部门的思路当中③。

这一系列报道显示了电力平衡协调的困难，特别是在需求低谷时期，比如中午光伏大发的时候（即所谓的"调峰困难"）。本地不灵活的煤电，外来电高负荷、大发的可再生能源特别是光伏、承担供热任务的热电联产都在争夺发电的市场份额，使得整个系统的"协调"——那些超额的供给"下去"以促进系统的平衡，异常困难。

其中热电联产机组之所以受优待，跟我国存在的"劳模"奖励思维有关系。供热是重要，但那也是供热领域的事情。为何能够因为这种重要，电力就可以卖大钱，而不是"掏钱"给别人以留在电力系统持续发电？热力归热力，电力归电力，逻辑上才有探讨的空间。一个类比是：因为我上午出大力气给邻居干活了，所以中午回家得多吃饭。出大力气需要跟邻居结算，而不是以此为理由慷家里人之慨。

"外来电"事实上的优先地位，在经济逻辑上是费解的。用"名义"上的远端光伏（已经包含巨量输电成本）代替了实际上零成本的本地光伏。它的逻辑似乎是：西电东送是国家战略，需要优先。这又是一种战略性模糊。

煤电的最小出力水平仍然高达 50%~60%。下调更多意味着更少的发电量与利用率，也就是市场份额变小。这是激励不相容的，也就是电力系统仍旧在奖励"不灵活"。

自备电厂在"丛林法则"中屡受打压。国家发改委与能源局 2015 年电力体制改革配套文件《中共中央 国务院关于进一步深化电力体制改革的若干意见》（中发〔2015〕9 号）提及，并网自备电厂要严格执行调度纪律，服从电力调度机构的运行安排。从简单逻辑上讲，自备电厂是企业的车间，自己应该掌握自己发多少电，什么时候发电，唯一需要做的是及时以协议的形式通知调度。这是市

---

① https：//www.escn.com.cn/news/show-1412104.html.

② https：//www.jiemian.com/article/693921.html.

③ https：//news.bjx.com.cn/html/20180425/893902.shtml.

场平等参与者的基本原则。但是，在我国，无疑给予了调度"指挥权"，所有的机组都必须服从"调度指令"。

**最终的结果是权力模式下的协调结果，最不具有话语权的承担成本**：本地光伏等需要加装储能（成本自身承担），将自身的出力做时间转移，以实现并网。所谓通过自建、合建共享或购买服务等市场化方式落实并网条件后，由电网企业予以并网。并网条件主要包括配套新增的抽水蓄能、火电调峰、新型储能等灵活性调节能力[①]。

# 技术视角：低谷下调困难

我国的电力系统，**长期维持一套按照预测最大负荷8760小时运行（再加上10%~20%的备用）安排新增装机以及额外电网资源的习惯，尽管这一最大负荷出现的时间是非常有限的**。这种安全就类似于所有的交通基础设施都按照春运高峰需求来安排，保障了所有时间的系统充足性，但是引发了整体利用水平的下降。

**这一安排也与短期的系统灵活性有关联**。按照最大负荷安排，那么必然有机组需要在需求不再那么大的时刻退下来。需求高峰的时候负荷100，低谷的时候只有50，那么就必须有额外的50退下来。谁应该退下来，就是一个典型的"协调"（coordination）问题。选择哪些机组退下来，在我国执行的也不是专业化原则——那些适合退下来的轻资产机组，而是"大锅饭"原则——所有的机组都轮流不同程度退点，利用率普遍上不去，但是都还过得去。

**这一操作方式对于系统的运行与进化绝对不是好消息**。运行层面，所有的机组都在运行，而其出力水平都压得很低，系统的调节能力（进一步降出力）变差。长期结构演变上，在一个过剩的系统/时间中，如果还继续有能力"退出出力"，那么无疑将成为进一步损失市场份额的那个，所以机组争取变得更加不灵活，而不是相反。

**奖励低谷下调成为一种政策选择，这就是我国所谓的"调峰辅助服务"**。通过提供激励来促进下调资源的释放，成为为数不多的选择。但是东北等地的市场

---

① http：//nyj.shandong.gov.cn/art/2021/6/17/art_100393_10288092.html？xxgkhide=1.

设计显示，这一激励又走向了另外极端，产生了过度激励问题。比如：东北度电高达 8 毛，甚至 1 块的灵活性成本。2022 年 3 月，我国南方能监局编制《南方区域电力辅助服务管理实施细则（征求意见稿）》，其中明确独立储能电站的调峰调频补偿标准。以广东为例，储能深度调峰补偿标准高达 0.792 元/千瓦时[①]。这些行政定价，已经大大超过了灵活性的价值，不如弃掉可再生能源给货币补偿合算，仅为 0.25~0.3 元。与可再生标杆电价的差别，是通过可再生能源附件账户支付的。

*在可再生比例很低的情况下弃电，并加装储能*

**回顾历史，我国风电与光伏弃电从其发展的初期就已经出现了，最严重的时期是 2014~2016 年，其原因系调度时间尺度过大。**这个时期，风电和光伏加起来的比重在 3%~5%（见图 9.1），所占比重不高。当这种波动超过了一定范围，调度所做的不是安排其他机组做反向调节，而是直接切除波动性电源出力。这是平衡范式的缺陷，也是曾经一度严重弃电的根本原因。随着可变电源的快速渗透，传统调度体系的弱点再也不能被忽视了。

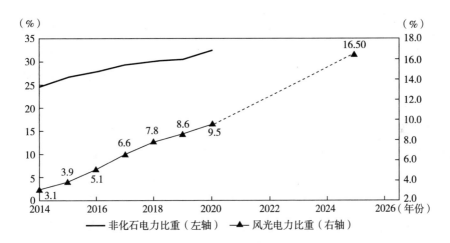

**图 9.1 我国风电、光伏在发电中的比重**

资料来源：卓尔德根据中电力统计快报材料汇总绘制。

从调度技术视角，系统的需求是随时在变化的。从总体平衡控制角度，必须离散化以确定开机组合计划（见图 9.2）。离散化的平衡导致确定性的备用增加，

---

[①] https：//mp. weixin. qq. com/s/63ageGVpmdbmrif45GYnvA.

出力的不确定性导致不确定性的备用增加。粗颗粒度平衡几乎不依靠短期出力预测安排开机组合，需要安排大量备用，无法体现可再生快速波动的特点。

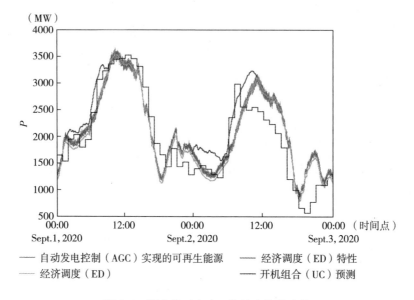

**图 9.2   调度体系有功平衡的离散化安排**

资料来源：Lara J. D.，Henriquez-Auba R.，Callaway D. S.，Hodge B. M.（2021）. AGC Simulation Model for Large Renewable Energy Penetration Studies. 2020 52nd North American Power Symposium（NAPS），1- 6. https：//doi. org/10. 1109/NAPS50074. 2021. 9449687.

**2017 年，政府发布了《解决弃水弃风弃光问题实施方案》**①**，开始以行政目标的方式去改善解决严重的弃电（部分地区高达 20％以上）问题。**至少在数字上，2017 年之后的弃电率在逐步改善，到 2020 年前后下降到年均 5％左右的水平。

**这一改善的取得，是多种途径努力的结果，包括成本仍旧高昂的储能。**从解决可再生能源严重弃风的角度，在目前的有限比例之下，储能仍旧不是经济有效的选择，有更多便宜甚至近乎无直接成本的选择，如调度尺度精细化、煤电深度调峰、大幅下调实时电价以使煤电进一步压缩直至退出出力序列等。当然，这些选择存在很多非经济因素。这些措施如果在实际中变得不可行，那么加装储能就是少数可行的方案。

---

①   http：//zfxxgk. nea. gov. cn/auto87/201711/W020171113601053779704. pdf.

但是，储能的加装，服务于"平滑出力"目的，无疑是一种饮鸩止渴的做法。需要避免的是一种错误的组合——缺乏波动性定价的市场、对储能放电单独补贴、补贴通过消费者消化、啥时候放电调度说了算。这样的储能就无异于其他普通电源了，还不如叫发电设备。这样的发电设备，除了在"数字"上降低弃电的数量，没有其他实质性意义，更可能造成更严重的容量产能过剩问题。在我国部分省份，目前有风电场必须在场内（表后储能）加装 2 小时、不低于容量20%储能的要求。这是极其低效率的。举一个可以类比的例子，一条路不平坦普通轿车无法通行，不去改善路的质量，而要求所有上路的车都必须是高底盘的运动型轿车 SUV。

**一个假想的例子。**如果有 12 个电源，每一个都可以满足 2 小时的需求，但是都无法满足任意超过某特定 2 小时的需求，那么它们联合起来，可以充足地（加上系统备用）满足系统 1 天 24 小时的需求。按照现在的"摊派"思维，这些电源都因为不可控（所谓波动性），也就是无法受调度指挥，需要加装储能。这是电网集合系统出力角色发挥远不够充分的问题。

**从技术来说，储能的系统价值很清楚。**它可以提供：能源的存储，在价格低的时候充电，在合适的时候放电，从而进行价格套利；频率控制，提供向上向下的平衡调节，速度很快；电压控制；峰荷转移，放电的过程也是削减峰荷的过程。这些价值如何货币化，成为可行商业模式，与市场设计息息相关，市场的开放性与参与主体的资格是其中最重要的因素。追求电力输出的稳定对于企业视角可能是有意义的，因为它可以捕捉更多的发电收益机会。但是"输出稳定"对于整个系统是没有明确价值的，因为需求就是不稳定的，而电网的基本角色就是平滑各个特性不同的机组出力以及匹配需求。

# 经济视角：（仍）缺乏经济调度

## *经济调度曾经出现过*

电力系统作为最大的人造系统，交易与运行层面的高度可分割性，使得大众对它的理解往往是不精确乃至不准确的。Joskow（2019）特别强调了电力系统这方面的特点：

"在垂直一体化系统和已经发展起来的批发市场中，系统运营商始终保持对系统的实际控制，尽可能地通过选择那些以反映其短期边际成本的最低价格（merit-order）提供能量和辅助服务的发电机来做出调度决定，并保持电网的可靠性要求。可靠性要求通常是由垂直整合的公用事业体系中延续下来的工程标准来定义的。

如果有必要①，系统运营商可以灵活地调度发电机不按调度优先（out of merit-order）排序，以维持系统的可靠性，并规定了可能不那么完善的规则，补偿那些实际被调度以及应该基于规则应该被调度而没有被调用的机组。"

**"反映其短期边际成本的最低价格"**做出调度决定，也就是经济调度原则（**economic dispatch**）。它植根于经济最优的逻辑——对于已经建成的电厂，其决策需要基于边际可变成本——主要是燃料。如果按照边际成本排序，那么系统就自动实现成本最小化。

**在我国，经济调度曾经出现过。**2015年出版的《电力史话》一书提及：1978年之后，通过"加强经济调度，节能、降耗方面取得新进展"。20世纪90年代之后，我国也短暂出现过考虑上网电价的发电计划安排，使得购电费用最小。但是，这一安排的后果之一是电厂之间的收益差别扩大，在厂网分开的产业体系中可能部分电厂企业会面临大的亏损压力。在省级标杆电价（理论上对应长期平均成本）出现后，所有电厂变成一个价，那么这种方案也就无效了。电网买哪个电厂的电，没有了区别。后来的一系列变化表明：省级标杆电价隔绝了电厂风险，使得（类）经济调度不可行的定价体系，带来了一系列的系统运行与投资过度激励等严重后果。

**节能低碳调度原则属于非经济调度原则。**2007年，国务院发文，推行节能发电调度办法。其机组的排序原则如下：

- *无调节能力的风能、太阳能、海洋能、水能等可再生能源发电机组。*
- *有调节能力的水能、生物质能、地热能等可再生能源发电机组和满足环保要求的垃圾发电机组。*
- *核能发电机组。*
- *按"以热定电"方式运行的燃煤热电联产机组，余热、余气、余压、*

① 比如欧洲电力系统运营商在系统阻塞情况下再调度（re-dispatch）的操作。——编者注

　　*煤矸石、洗中煤、煤层气等资源综合利用发电机组。*

- *天然气、煤气化发电机组。*
- *其他燃煤发电机组，包括未带热负荷的热电联产机组。*
- *燃油发电机组。*

　　这一原则与经济调度并不一致，特别是涉及燃煤与燃气机组的问题。在我国天然气价格还明显高于煤炭的情况下，相当于给燃煤机组加了一个固定的足够高碳排放税。后来，这一原则经过少数试点，但不知道何种原因，最后不了了之。

　　**长距离割裂市场外送的可再生电力不再是可再生，不需要优先**。这句话可能有些拗口。但是需要说明的是：长距离割裂市场的外送，存在着可观的输电成本，其边际成本不再为零，因此已经不具有边际成本为零的可再生能源的基本特征。在经济调度体系中，将不再也不应该拥有事实上的优先地位。

　　那么，根据电力来源划成分，优先调度这类"伪可再生"，客观上拉动了西部地区的可再生能源发展，为什么不可以呢？需要问一个问题：同样的投资在其他地区是否收益更大？此外，这样的优先安排，跟市场的核心行为引导信号——价格将变得毫无关联。价格体系可能不再平衡——就如山东现货试点市场展示的那样，出现所谓的"不平衡资金"。更为严重的是：这潜在地扭曲市场价格信号促进市场平衡的功能，甚至可能在部分时刻危及系统的平衡能力与安全。比如在夜晚负荷极低的情况下，本地发电的影子价格已经接近于零，以最大程度地将高边际成本机组排除在外。本地低成本机组已经无法降低。这些时刻如果外来电还以其模糊"出身身份"为理由猛灌，那么系统的平衡将极其困难。

### 层级过多导致的交易市场"碎片化"

　　在本书第二篇中我们提到，电力系统讲求"物理平衡控制区"（balance area），以及交易价区（pricing zone）。一般而言，批发市场（wholesale market）对应一些大型的发电设备（集中式的）以及大的用户，零售市场（retail market）售电公司服务一些更小用户。相比欧美以及俄罗斯等地区，我国电力部门的层级与管理参与者过多[①]。而每一级都需要行使权力，体现能见度，造成系统的交易定

---

　　① 严格地讲，层级多本身并不是问题。因为电网通常存在多个电压等级，关键在于不同层级的权力分配与它们是如何协同来实现总体系统平衡的。

价，甚至于物理运行"破碎化"（fragmented）（见表9.1）。

表 9.1 电力系统运行与投资中的权力结构

| 部门 | 职能 | 备注 |
|---|---|---|
| 国家发展改革委 | 年度电价审批 | 煤炭标杆电价至今仍是众多价格体系的参照系 |
| 能源局 | 新投资项目审批 | 历史上存在项目投资下放过程，目前主要是控总量以及大项目 |
| 地方政府经信委 | 省内电厂年度小时数审批 | 基本是"平均小时数"原则 |
| 电网公司总部与国调 | 跨省输电量（年度以内），部分超大型电厂（比如三峡）出力计划编制 | 无必要、明确平衡职能的特权计划机构 |
| 电网公司网调 | 制定部分电厂计划（年度以内）编制 | 2015 年后职能有所弱化 |
| 省级电网公司与省调 | 制定省内其他电厂计划（年度以内），接近实时的开机组合确定 | 事实上的"平衡控制区"（balance area）与定价区（pricing area）单元 |

资料来源：笔者根据政府文件、产业组织结构整理。

**同中国的政府科层体系类似，我国的电力调度体系也分为 5 级，它们之间是彼此决定与指挥的关系。**电网调度基本原则是统一调度，分级管理、分层控制。具体而言，按照《电网调度管理条例》（2011 年修订版）的说法，调度机构分为五级：国家调度机构，跨省、自治区、直辖市调度机构，省、自治区、直辖市级调度机构，省辖市级调度机构，以及县级调度机构。下级调度机构必须服从上级调度机构的调度。调度机构调度管辖范围内的发电厂、变电站的运行值班单位，必须服从该级调度机构的调度。

**"统一调度"并不是字面含义的统一。**在电网调度的基本原则中，"分级管理"是容易理解的，即上一级调度对下一级具有行政优先权与决定权。区域调度需要遵守国调制订的计划（所谓"边界条件"），区域调度制订的计划省调需要遵守，市调与县调需要接受省调的指挥。而"分层控制"意味着电厂根据其位置与电压等级，接受不同级别调度的指挥。比如三峡水电站属于国调范围；网调直接制订某些电厂计划，比如大唐秦岭电厂；而省调主要负责省内其他电厂调度。显然，这并不是"统一调度"——由一个独立的主体去决定一个明确的地理区域的平衡。

## 序贯决策影响系统效率

**调度机构是多层级的，并不"统一"——由一个主体去负责总体系统的平衡**。操作层面可行起见，时间上是上级调度首先确定联络线计划与大电厂出力分配计划，然后下级调度在遵守这些"前提"的基础上做省内安排。所以，这一流程变成了"序贯决策"（sequential decisions）。特别地，拥有最高量裁权的国家调度中心，不负责系统平衡，而是实际上的（de-facto）计划制订机构。其计划制订的价值观是什么，跟价格体系是否相关，并不清楚。但是各省必须服从这种设定。这种依赖于调度自觉性而无法监管放任自流的无价值观体系，问题很大。

**以上职权与角色划分描述现实中不同的时间、空间可能略有不同**。比如南方电网属于独立调度机构，并不隶属所谓的"国家调度中心"；有些时候不同调度之间的计划也会在接近实时的时候迭代更新。比如甘肃的电力外送，即"增量现货"，基于计划安排基础上做微调；华东电网在2015年之后也曾经建立区域级的系统旋转备用共享机制。

**但是总体上，这一"序贯"安排是常态，其他是特例**。"科层制"的体制安排与遵守"序贯决策"原则的调度机制，电力系统想要实现又短又快运行变得困难。层层汇报、主观决策、逐级确认的体系必然耗费时间，从而导致无法做到快速响应，造成短期规则与市场的缺失。电力市场设计的泰斗——哈佛大学教授Hogan（1998）曾经说："半小时在电学尺度上是很长的时间，但在人类尺度上是很短的时间。"这一尺度不匹配，决定了自由量裁、权力的运用如果干预电力系统运行，那大概率意味着分辨率过粗的问题。

**特别地，部分省间以及跨区联路线，并不是服务于"互联"（interconnection）目的，而只是输电任务（transmission）**。一般而言，在更大范围、更短尺度内平衡电力系统的需求与供给，集合不同的出力与需求特性，将更有效率地发挥电网的"平滑"效应[①]，因而有效降低对新增发电与备用资源的需求。但是我国，由于诸多"边界条件"约束，只能实施分省调度，而缺乏更明确价值标准的调度排序——比如基于每个更短时刻的边际成本。这一安排在运行上可能无法

---

① 比如不同地区共同的最大负荷，因为其非同时性，小于各个地区的最大负荷之和，smooth effect。

保证最低成本机组更大的发电份额，在机组资源上因为各自独立确定备用水平，无法网间"互济"，从而形成对更大备用资源的需求。

相比而言，欧美的调度实体是某个区域的唯一系统平衡负责者。比如，美国竞争性开放电力系统中有 7 个地区电力市场与调度运营商（Independent System Operators，ISO），欧洲各国有超过 50 个调度系统运营商（TSO），德国有 4 个系统运营商 TSO，但是并不存在类似*美国国家调度中心、欧盟调度中心以及德国国家调度中心* 这样的机构。这种嵌套在具体地理区域之上的权力机构是没有必要的。

# 政经视角：电网仍可以"指挥"电源与用户

我国目前已经放开了大部分的电量交易与电价形成，体制上电源与调度也分属不同的企业与法人主体，但是仍然，**电网可以"指挥"电源**。行政文件一句话——70%以内调节属于基础调峰免费，就相当于电源（比如华能集团）给电网一年输送几百亿的"热备用资源"价值。由于这种免费作为客观上的参照系，很多其他的辅助服务都处于无法定价的状态，从而我国的系统运行不同主体间的协同配合几乎无法朝向更加精细与责权利对应的方向发展。

**调度具有与其他系统成员完全不对称的权力**。它实时掌握系统的运行状态数据，却对普通发电企业与公众保密。它可以在年内尺度任意决定机组的出力，而不需要付出购买（备用）成本，并且实际出力成何种结果，就按何种结果结算，而不是基于规则。**它不是一个平等的专业化参与者——购买平衡资源、运营实时市场、解决网络阻塞**。这在短期充满巨大的道德风险，长期不利于专业化能力的提升，以及在调度与发电者间一个明确有限权责清晰的协调界面的形成，而是一种一方对另一方的全面控制或者依赖。

**这种体制安排**，使得调度事实上成为一种行政强制能力。那么，系统/市场就不是内含调度，而是反过来，调度处于系统与市场之上的"指挥官"地位（见图 9.3）。从风险承担的视角，调度没有任何风险，是不负责的（accountable）。美国学者 Paul Krugman 谈及中央银行的工作责任时说：如果你不承担风险，那你就没有做你的工作①。类似地，调度的基本角色就是处理电力系统内含的各种不确定性。这是它的责任与义务。不能以这个为由头反而给其他参与者加上额外的义务。2022 年 8 月薛禹胜院士说：*新型电力系统的"新"，在于必须自适应地应对各相关领域中的外部状态及偶然事件中的大量强不确定性②*。目前的系统协调机制，显然还完全不具有这种"自适应"能力。它也不需要具有，因为无论发生何种情况，它都可以把成本转嫁给其他主体。

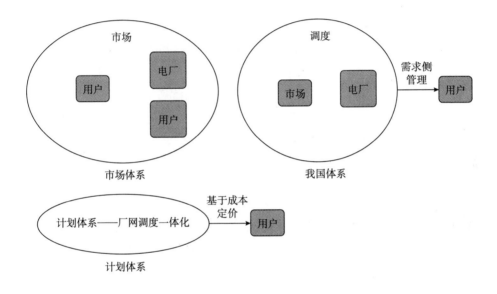

**图 9.3 电力系统参与者间的权力从属关系**

资料来源：笔者绘制。

**在用户侧，目前我国所谓的"有序用电序列"，是一种抓壮丁的安排，既没有效率，也很不公平。**居民用电的停电损失最低，并且没有传导效应，应该是优先"拉闸"的群体，反而排在"有序用电序列"的最高端。工业用户停电意味着停产甚至拉闸带来的设备损害损失，却经常成为应对整体电力供应紧张的工具与"倒霉蛋"。

**限电如果发生了，需要补偿限电者。**系统的平衡稳定是社会公共品。补偿限

① https：//www. nytimes. com/2022/06/10/opinion/federal－reserve－policy－ecb. html？fbclid＝IwAR1Ue GuVRDwIS3KGtaVIblCiawNZXCu8kmFZOK_7Z44X3bbX0QntaPtwrH8.

② https：//mp. weixin. qq. com/s/b0Ya6LHkuuxfTXZug8CLhQ.

电者的资金应该来自最终消费者。可以通过建立对电网实体的实质性年"收入上限"通过电网输配电中介消化。

只有有效地补偿限电者，才能同时规避"肆意"拉闸限电的道德风险。我国过去的拉闸限电，不披露限电的具体时刻与空间信息，以及系统备用率，是否存在为了系统的冗余安全阻碍机组发电挣钱机会的可能，不得而知。补偿被限电者也是电力运营者与用户权力更加平衡的需要。

这攸关目前系统的发展变化。《关于推进新型电力负荷管理系统建设的通知》要求，在 2022 年迎峰度夏前，确保负荷实际监测能力达到本地区最大用电负荷的 20%，负荷实际控制能力达到本地区最大用电负荷的 5% 以上。10 千伏（6 千伏）及以上高压电力用户全部纳入负荷管理范围[1]。这相当于电网备用进一步扩大，需要给予这些负荷有效备用补偿。南方能监局 2022 年 6 月发布《南方区域电力并网运行管理实施细则》《南方区域电力辅助服务管理实施细则》，依然将"抓壮丁"式的调峰作为辅助服务，追求一条线稳定输出，仍在旧的系统范式"窠臼"当中[2]。

# 粗颗粒度平衡的代价

## 短期市场缺失

从电力市场的视角看，多时间尺度的产品是广泛存在的，以满足市场参与者灵活参与，以及进行各种风险对冲（hedge products）的需求。其中，最为重要的是接近实时的市场价格，它更加真实反映实际的动态变化的供给与需求情况，为更远期的价格提供定价依据与报价参考。

短期市场如何定价（pricing rule）是个技术问题，如果考虑到电力系统的诸多物理特点。比如欧洲耦合市场包含 40 个定价区（bidding zone）的价格确定，采用 EUPHEMIA 算法[3]，线性定价。它具有数学上的复杂度，特别是如何处理

---

[1] 比如，宁夏的方案在此披露：https://news.bjx.com.cn/html/20220614/1232864.shtml.

[2] http://nfj.nea.gov.cn/adminContent/initViewContent.do? pk=4028811c80b7744a01815cbdb9a4006e.

[3] http://www.nemo-committee.eu/publications.

"非凸变量"，包括启停成本、报价的不可分割性（比如最小变动单位 10kW）、最小出力等。算法包含相比理论上最优的简化。美国主要市场的节点电价计算体系，涉及日前的开机组合优化（Security-Constrained Unit Commitment，SCUC）以及实时的带约束的经济调度（Security-Constrained Economic Dispatch，SCED），计算的节点上万（比如 PJM 市场包含 11000 个节点），采用非线性定价（non-linear pricing），也包含部分约束简化（比如忽略启停成本），必须通过额外的支付（uplift payment）来补偿市场无法考虑的部分成本。出清算法无疑是复杂的。

**我国的体制机制安排，更多地服从控制电厂策略，使得短期的各种市场不可行。**这种控制策略表现在：

- **明确调度体系的上下级关系。**省调是负责某个"地理区域"物理平衡。网调与国调没有系统平衡职能，而是计划机构，所谓的"直调某些电厂"。网调/国调是上级，如何体现"权力"是个必须解决的问题[①]。不同层级之间互动需要时间。这种指挥，操作层面，不可能太快，太频率。

- **模糊电力的时间价值。**经济理论视角：电力是具有时间价值的。不同时间，因为（净）需求的变动，满足系统最后一个需求的成本（边际成本）是很不同的。我国，调度与发电企业已经是分别独立的主体。但是事实上，调度仍旧可以在很大程度上"指挥"电厂。"啥时候发电都差不多"——模糊电力的时间价值使得这种"指挥"电厂可以忍受；硬缺电了，这个问题也不再相关；唯一的问题就是过剩时的低谷下调困难——用"调峰辅助服务"解决。这容易过度补偿，不发电比发电还挣钱。

- **模糊机组出力的"平衡责任"。**理论上，电力系统参与者要注入/引出多大容量的电力，必须跟承诺一致，所谓"平衡责任"。这与菜市场逻辑也类似，不能缺斤少两，而电力系统发电多了也有问题。我国，这种责任是不对称的。机组需要提交 15 分钟分辨率的出力，机组严重偏差

---

① 1994 年颁布的《电网调度管理条例实施办法》明确规定：电网调度机构是电网运行的组织、指挥、指导和协调机构，各级调度机构分别由本级电网管理部门直接领导。调度机构既是生产运行单位，又是电网管理部门的职能机构，代表本级电网管理部门在电网运行中行使调度权。电网调度机构分为五级，依次为：国家电网调度机构，跨省、自治区、直辖市电网调度机构，省、自治区、直辖市级电网调度机构，省辖市级电网调度机构，县级电网调度机构。**各级调度机构在电网调度业务活动中是上、下级关系，下级调度机构必须服从上级调度机构的调度**（http://www.nea.gov.cn/2011-08/19/c_131060578.htm）。

了要受罚。但是调度可以单方面改变你的出力。全体机组都是电网备用，而非系统备用。短期市场无疑与这种"指挥"不兼容。

因此，这种缺失，相比能力的缺乏与不足，我们更倾向于认为是"不想"。一个意愿问题——因为具有信息与权力优势者要保持自由量裁的地位与机会。

## 双边交易发电机组风险偏高

电源的报价行为，比如在中长期市场缺乏参照系，因此具有面临高度不确定性环境下的"赌博"性质。这是煤电"标杆电价"被取消之后出现的问题。它们参与电力交易市场，具有数量、价格以及成交时间、交易对手有限性等多方面的约束，无法基于一定程度上稳定明确的未来预期、根据自身特点参与具有多层次时间，但是在空间上耦合的市场，也缺少在实际出力之前保有多种选择（比如参与日前日内自我平衡）的自由。比如，在没有短期实时市场（代表着"真实"的供需关系）提供新的基准的情况下，买卖行为很容易变成"蒙着眼睛"的交易。有报道显示，由于煤炭价格的大幅波动，2020年底到2021年1月，广东电力市场的所有参与者都经历了大涨大跌的心理"过山车"①。这一"赌博"性质与市场的开放程度有限、高度割裂市场以及上游燃料价格波动剧烈打破稳定预期都有关系，需要发电公司未雨绸缪地从加强自身能力建设、建言政策与机制、发挥重大利益相关者作用的角度予以应对，以降低企业经营风险。

此外，我国具体的政策设计中，电厂的双边交易，需要提前很长时间明确"小时曲线"，并且限时完成合同。这一市场的"厚度"仍旧缺失。没有任何一种电源可以提前太长时间确定自己的出力。经由市场形成的交易"头寸"也会因为各种客观因素（比如天气、燃料甚至机组故障）以及主观因素（比如参与短时交易价格更高、更划算，尽管有风险）而无法在不同程度上实现。一个良好的市场，必须为发电企业提供灵活调整自身出力"头寸"的多层次市场。

## 其他长期问题

长期对于一个系统的持续发展无疑是重要的。这方面的系统平衡责任与协调

---

① https：//mp. weixin. qq. com/s/soVjoqvROgdpUQkYHWQAEQ.

机制的"不完美"可能带来的问题包括：

- 机组的定价规则只是能量（kWh）部分，价格较长时间不变。这种价格体系类似成本为基础的 CfD（contract for difference）政策，在机组度电收益大于零的情况下，其激励是尽可能多地发电，从而使得低谷平衡困难不断加剧。

- 进一步地，调度必须具有足够的控制能力限制机组的发电冲动。这是所谓"服从调度指挥"的来源。但是，权力过大，特别是赋予非行政机关，容易造成权力滥用，让电网反复占电源的"便宜"。而电源要可持续发展，也必须具有额外成本的疏导通道。这是我国电价居高不下的基本原因。

- 机组缺乏平衡责任，那么它就不具有不断提升准确出力的激励。这对于系统的安全是个坏消息，从而使得系统的备用水平居高不下，造成经济浪费。

- 缺乏高分辨率的定价体系，从而一些依靠"不同时间套利"的技术，比如储能，仍缺乏足够稳定、可持续的商业模式。

# 案例："大飞线"跨区外送无法用经济逻辑解释

从 2005 年前后，我国建设了大量跨越多个省份，输电距离大到 2000 公里甚至更远的"点对点""点对网"的基础设施。这些线路甚至并不接入本地电网，无法在不确定性与突发情况下贡献于本地的需求满足（见表 9.2）。

表 9.2　跨区外送线路（截至 2022 年）及其特性

| 编号 | 线路名称 | 起点 | 终点 | 电压等级 | 设计容量（万千瓦） | 投产日期 | 距离（公里） | 输电价格（元/kWh） | 线损率（%） |
|---|---|---|---|---|---|---|---|---|---|
| 1 | 复奉直流 | 四川宜宾 | 上海奉贤 | ±800 | 640 | 10 年 7 月 | | 5.71 | 7.00 |
| 2 | 锦苏直流 | 四川裕隆 | 江苏同里 | ±800 | 720 | 12 年 12 月 | | 5.51 | 7.00 |
| 3 | 宾金直流 | 四川双龙 | 浙江浙西 | ±800 | 800 | 14 年 7 月 | | 4.54 | 6.50 |
| 4 | 天中直流 | 新疆哈密 | 河南中州 | ±800 | 800 | 14 年 1 月 | 2200 | 6.37 | 4.14 |
| 5 | 灵绍直流 | 宁夏灵州 | 浙江绍兴 | ±800 | 800 | 17 年 6 月 | 1700 | 4.88 | 4.26 |

续表

| 编号 | 线路名称 | 起点 | 终点 | 电压等级 | 设计容量（万千瓦） | 投产日期 | 距离（公里） | 输电价格（元/kWh） | 线损率（%） |
|---|---|---|---|---|---|---|---|---|---|
| 6 | 祁韶直流 | 甘肃祁连 | 湖南韶山 | ±800 | 800 | 17年6月 | 2400 | 6.37 | 4.14 |
| 7 | 雁淮直流 | 山西雁门关 | 江苏淮安 | ±800 | 800 | 17年6月 | 1100 | 3.59 | 2.77 |
| 8 | 锡泰直流 | 内蒙古锡林郭勒盟 | 江苏泰州 | ±800 | 1000 | 17年10月 | 1600 | 4.83 | 3.32 |
| 9 | 鲁固直流 | 内蒙古通辽 | 山东潍坊 | ±800 | 1000 | 17年12月 | 1200 | 4.12 | 2.69 |
| 10 | 昭沂直流 | 内蒙古鄂尔多斯 | 山东临沂 | ±800 | 1000 | 18年10月 | 1300 | — | — |
| 11 | 吉泉直流 | 新疆昌吉 | 安徽古泉 | ±1100 | 1200 | 19年9月 | 3300 | 11.2 | — |
| 12 | 青豫直流 | 青海海南 | 河南驻马店 | ±800 | 800 | 20年12月 | 1600 | — | — |
| 13 | 雅湖直流 | 四川雅安 | 江西抚州 | ±800 | 800 | 17年6月 | 1700 | 6.85 | 6.00 |
| 14 | 楚穗直流 | 云南楚雄 | 广东增城 | ±800 | 500 | 10年6月 | 1300 | 7.55 | 6.57 |
| 15 | 普侨直流 | 云南普洱 | 广东江门 | ±800 | 500 | 15年5月 | 1400 | 7.55 | 6.57 |
| 16 | 新东直流 | 云南大理 | 广东深圳 | ±800 | 500 | 18年5月 | 1960 | 9.2 | 4.50 |
| 17 | 昆柳龙直流 | 云南昆明 | 广东龙门 | ±800 | 500 | 20年12月 | 1450 | 7.61 | 4.80 |
| 18 | 陕北-湖北直流 | 陕西榆林 | 湖北武汉 | ±800 | 800 | 22年4月 | 1100 | 5.12 | 5.00 |
| 19 | 白鹤滩外送1 | 四川凉山 | 江苏苏州 | ±800 | 800 | 22年7月 | 2080 | | |
| 20 | 白鹤滩外送2 | 四川凉山 | 浙江杭州 | ±800 | 800 | 23年1月 | 2100 | | |
| 21 | 哈密-重庆直流 | 新疆哈密 | 重庆 | ±800 | 800 | 预期2024 | 2300 | | |

资料来源：笔者根据公开资料整理，截至2022年底，包括但不限于：https：//www.sohu.com/a/3893 77057_823256。

**这种跨区"大飞线"在经济逻辑上是无法理解的。**如果是联网目的，给定电力系统的平衡是"游泳池"平衡，那么从西北电网到华北电网的连接，它们是相邻的，只需要中间通过500kV甚至更低电压等级几百甚至几十公里的线路就可以了。这种方式下，这条线的潮流多大，是本地平衡之后的"差额"进行跨区交换，相比目前不考虑本地需求的"能源基地"项目要小得多。互联线路需要的公里数、容量都会小，成本也低。

**因此，这种特权"大飞线"服务于输电目的，而不具有联网功能。**出于设计的约束或者直接的软设定，这些线路上的潮流有限的几种变化——四季与白天/黑夜的区别。即使在电网不再统购统销之后，"省间市场"仍是"吃独食"的特权小市场，依靠撮合交易生存，割裂了每个相应物理地区的供需总体安排。

这种高成本的大飞线外送，很容易造成"本地上网电价、大工业电价还要高于外送"的情况。有文章的信息显示：*以酒湖直流为例，作为西北区域唯一一条全电量市场化的直流通道，外送协议达成的基础是尊重湖南水电为主且自身电量富余的事实，通道落地价格不高于三峡电落地价格太多，当前只能靠降电价来促进外送，造成"省内价高省外低"的现象*①。

这已经是一种事实上的"殖民地"经济。有甘肃企业家曾私下向笔者抱怨②：甘肃生产的"电石"（$CaC_2$），竞争力还比不过内蒙古长途运输来的"电石"。这无疑是价格体系错乱造成的问题，是一个生动的案例。

这种"大飞线"对于系统的容量充足性贡献也很有限。由于这些线路的大容量单一性特性，考虑到电力系统 N-1 安全规则，受电地区必须考虑它断掉也不能影响整个系统可靠性的情况。这意味着，线路容量越大，受电地区需要安排的备用资源不仅无法减少，还必须相应增加，以符合安全要求。这种长距离僵直运行线路，无论是其无功调节还是安全保障难度，都是高成本的选项。中国工程院院士余贻鑫指出③，"电从身边来"是提高电力系统韧性、保障供电安全的根本保证。

"无电可输"，似乎是长距离输电动态发展的宿命。在超导技术没有重大突破的背景下，其长距离输送电力的损耗与投资形成的成本，竞争力无法与本地发展电源可比将是最可能的情况。即使时间次序上先有长距离输电，其形成的电价水平也将刺激本地低成本机组的建设，从而在竞争格局中无法获得市场份额。如果以政府行政命令的方式强制外送远端目标，那意味着整体的效率损失。这种损失，必然体现在发电、输电或者用电的一方或者几方的收益上。从我国水电的外送看，人为压低水电价格，并时有限制本地竞争性使用，主要是在挤压发电方与本地用电用户。

**2022 年 8 月**，拥有众多水电资源的四川发生持续的限电再一次佐证了以上的论断。8 月中旬，四川发布《关于扩大工业企业让电与民实施范围的紧急通知》。限电一周之后，干旱情况并未随着日历上夏季的结束而有所缓解。8 月 21 日，四川政府启动了突发事件能源供应保障一级应急响应④。四川电力用户在整个体

---

① http://paper.people.com.cn/zgnyb/html/2019-03/04/content_1912092.htm.
② 2021 年微信讨论的信息。
③ https://www.163.com/dy/article/GEALA52P05509P99.html.
④ https://www.sc.gov.cn/10462/10464/13722/2022/8/21/42f05d40db464bcd8611a69efe1493ec.shtml.

系中最不具有发言权,承担了水电出力严重不足的损失。笼统地讲,四川是外送省份是成立的。但是具体到某个月、某一天、某小时,那(应该)是另外一回事,完全应该取决于当时具体的供给需求情况。

更有效率的电力系统物理运行,是过往的改革从未触碰的领域。我们将在第10章聚焦这方面的内容。

# 第 10 章　改革历程以及积极的信号

只讲原则，不讲方法，就是"正确的废话"。

——林欣浩，《诸子百家闪耀时》，第 145 页

If they're too big to fail, they're too big!

——美联储前主席格林斯潘

## 引言

在序言中，我们总结了**电力作为一种商品的特殊性质——存储有限、对用户高度均一、仍需要集中控制**。在此基础上，**市场对我们整体上来讲仍旧是特殊的**，特别是在竞争程度有限、基础设施寿期很长、行政垄断较多的能源行业，"先来后到"的逻辑仍然深刻干涉市场开放竞争逻辑。

**风光可再生能源相比传统可控化石能源发电是特殊的**，这一点体现在它的出力特点、成本结构、成本下降潜力与驱动力、最优空间布局等诸方面。作为一个日益受到 IT 与信息化技术影响的部门，**能源电力部门也处于一个特殊的时期**。

- 在欧美，由于市场是开放而不是先来先得的，不会有人认为"煤电先来的，风电后来的，风电你得给煤电钱，所谓调峰辅助服务费用"。

- 在南美竞争性市场，用电的无差别性使得"圣保罗用上了遥远的亚马逊清洁的水电"之类的误导（disinformation）没有听众。电力对消费者永远是均一的，关键是涉及消费者福利的价格水平高还是低。

- 在俄罗斯，尽管有很多基于地缘政治的垄断性安排，但是电力部门作为

— 199 —

内循环部门，仍旧是竞争的。可再生能源享有事实上的优先入网的权利①。即使是计划经济思维者，也理解为已建成的风光水电等于免费能源，不先使用是整体系统的浪费，没有道理。

- 在非洲这样一个最年轻的大陆，普遍用电服务仍旧是个问题。电网基础设施稀缺，但是分布式供电、IT 与信息化带来的便利却因此很少受到羁绊。

他们面临的是这些特殊性中的几个，而不是全部。但是，我国却具有这四个方面的全部特殊性。这四个"特殊"加在一起，使得我们对很多问题的认识变得多种多样，甚至混乱。相关的电力体制、机制与政策改革讨论，掺和了众多因素，很难有一个明确的边界界定，乃至难以评价好坏优劣。

**本书的第三篇，我们试图从理论与实证上证明：随着可再生能源快速增长，电力行业现状，包括我国还有其他国家的，变得脆弱且不可维持。**这方面，业内人士都有越来越深刻的认识。改革即使非常不完美，也好过保持现状。从这一意义上，改革永远是进行时，没有完成时。

本章我们回顾 1997 年国家电力公司组建以来的改革历程，以期为进一步的改革提供历史背景与洞见建议。

# 过去 20 年的改革历程

## 1997～2001 年政企分开②

电力工业部 1955 年第一次成立。其后，曾三次撤销三次重组。1998 年，政府机构改革中，撤销了电力工业部，组建国家电力公司。2000 年的"十五"计划建议：深化电力体制改革，逐步实行厂网分开、竞价上网，健全合理的电价形成机制。

这是我国国有企业改革的一段关键时期。电力体制改革是全国整体国企改革

---

① https://resourcehub.bakermckenzie.com/en/resources/doing-business-in-russia/doing-business-in-russia-2021/doing-business-in-russia-2021/topics/20-power.

② 此部分主要信息来源：http://www.reformdata.org/2012/1106/1223.shtml；等等。

的一部分。主要问题是：如何推进电力行业的政企分开，通过企业和市场而不是
指令和计划来促进电力发展①。

## 2002 年 5 号文开启的改革

2002 年 2 月，国发〔2002〕5 号文——《电力体制改革方案》公布。期望
目标包括：

实施厂网分开，重组发电和电网企业；实行竞价上网，建立电力市场运行规
则和政府监管体系；初步建立竞争、开放的区域电力市场，实行新的电价机制；
制定发电排放的环境折价标准，形成激励清洁电源发展的新机制；开展发电企业
直接供电的试点；继续推进农村电力管理体制的改革。同年 12 月，两大电网公
司与五大发电公司成立。

2003 年，国家电力监管委员会（以下简称国家电监会）成立。2006 年 11
月，国务院常务会议审议并原则上通过了《关于"十一五"深化电力体制改革
的实施意见》。明确电力体制改革的基本原则和主要任务，对主辅分离、电力市
场、市场主体发育、电价机制、输配分开试点、农电改革与转变政府职能做出安
排。2007 年，国家电监会首次发布电力监管年度报告，之后陆续发布了若干年。
2008 年，国家能源局成立，到 2013 年合并电监会。

这一时期，同时也是国际上"放松管制改革"风头正劲的时期，特别是在
一些自然垄断性质的部门，比如电网、通信以及铁路等。5 号文确定的改革内容
具有"系统性"特征。但是后来的事实证明，这些安排大部分都落空了。

## 2015 年 9 号文开启的改革

2015 年 3 月，《关于进一步深化电力体制改革的若干意见》（中发〔2015〕9
号文）公布。在此之前，政府部门不断就改革的方向与要点进行解释和沟通，电
力行业以及媒体的不断跟进与更新，使得全社会对这一改革动向的关注程度不断
增加。9 号文包含的内容林林总总，不仅覆盖了体制机制，而且几乎覆盖了整个
电力行业发展的各个方面，特别是明确了很多鼓励与限制性的政策措施，解决市

---

① https://news.bjx.com.cn/html/20170329/817365.shtml.

场失灵或者市场临时缺位的问题，更像一个"大规划"。

严格地讲，有相当一部分内容跟电力体制改革（组织、运行与规制）并没有直接关系。比如对分布式能源的鼓励政策。无论是优先上网还是优惠电价，其基本的依据在于这类技术目前的高成本，以及可能的下降潜力，需要政策措施启动这一下降过程，否则这类技术是无法进入市场的，从而造成"死锁"。这属于政府政策手段消除市场失灵的范畴。

电力体制改革与这些体制改革之外话题的关系可以分为三类。它可能有助于此类问题的解决，或可能与这些问题无关，抑或会使这些问题变得棘手而必须辅以额外或者补充性的政策措施。但是，电力体制改革之于这些问题，最多只能算伴生影响（side effects）。

第一类问题是典型的，比如各种可再生能源与高效机组的优先上网问题。如果建立了有效的电力竞价市场，那么这些机组具有可变成本低的特点，将在竞争性的调度体系中拥有优先地位，特别是在波动性可再生能源占比还不大的情况下。如果有了电力竞价市场的基础设施，那么调度顺序就不需要事先"定位"排序了。

另外一个例子是高耗能产业更合理布局，转移到资源富集地区的发展问题。电力市场的建立有望纠正电价的扭曲，消除对资源富集地区电力消耗的歧视，将高耗能配置到发展成本更低的地区去。

第二类问题比如节能减排目标与政策的实施。节能是解决能源安全的问题，减排是解决环境排放超标与损失的问题，二者都是市场失灵的部分，需要政府额外的政策与措施，比如加税以反映实际的社会成本，以及提高排污标准减少排放。这属于纠正市场失灵的问题，显然不是市场本身建设的范畴。

另外一个例子是风电的优惠标杆电价支持体系，这也是克服市场失灵的政策手段。

第三类问题比如规划的角色与作用。改革涉及的主体越多，过去那种大一统、无所不包、"替别人做主"的电力规划的可应用性就越低，也没有必要安排。因为每个主体都具有自主决策权，如果这一决策权并不影响其他人的成本与收益，那么这种权利就应该得到尊重。

这种"大筐"式的改革方案，反映了其形成过程充满博弈与争议，面临着特殊的经济体制约束，"更像是一种既定利益格局下的简单利益再调整"（冯永晟，2020），具有专业化，但缺乏系统性顶层设计的改革内容①。

## 改革实践的若干"程式化"规律

**改革无法在真空中开展。** 2002 年电力体制改革之所以夭折，就在于此——衍生影响。2005 年东北电力市场试运行，恰逢电煤开始涨价，抬高了上网电价，但销售电价仍旧沿袭着相对固定的模式，传导不出去，中间出现亏空。东北电网北部发电高价上网，南部用电低价销售的情况，以致东北电网公司 16 天亏损了32 亿元。按理说，这是煤价上涨的影响，跟市场改革无关，在煤价下降或者（应该）价格传导之后还能够有效地补回来。但是现实的问题是，建立一个资金蓄水池，谁先出钱无法落实，从而造成了继续改革的困难。各种改革衍生问题以及与社会系统的配套衔接不足，成为改革无法进一步推进的巨大障碍，即使改革本身的方向存在共识。电力体制改革无法隔离开国民经济以及与其他部门的互动展开。而这种互动，很可能产生意想不到，甚至是决定改革生死的结果。决策者至今也没有发出过"宁愿冒着断电的风险，也要坚决推动电力市场化改革"的决心的信号。

**改革解决了短期困扰问题，但是往往在长期埋下隐患。** 2004 年煤电标杆电价推出，解决了"一厂一价"导致的成本巨额膨胀问题。但是后来的一系列发展表明：标杆电价成为进一步更可持续改革的巨大障碍。标杆电价消除了机组的任何经营风险，理论上体现长期平均成本，但是随着时间推移已经日益跟实际成本脱节。在电价水平仍高于燃料成本的情况下，机组的唯一的激励就是：**尽可能地多发电**，造成系统平衡困难；在煤价高涨、电价水平不够的情况（2022 年的形势）下，机组缺乏足够发电激励，还容易导致系统容量充足问题，以及煤炭市场的退化。过慢的价格调整过程与越来越快的市场环境变化之间的"不协调"日益严重。电力市场的价格形成机制缺乏，是很多节能减排工具无法在我国有效实施与发挥作用的重要原因。比如可再生配额制、碳市场等。

**危机无法催化改革，反而强化既有扭曲。** 2008 年的南方冰冻灾害造成华中大范围停电，2021 年煤电价格机制不顺造成东北等地大规模长时间拉闸限电。这些危机带给决策者的含义并不是既有扭曲安排需要"摒弃"，而是既有安排需

---

① https://news.bjx.com.cn/html/20170329/817365-2.shtml.

要"加强"。电力安全的目标，成为扩大已经过剩的发电容量的"借口"，尽管解决了资本稀缺问题之后面临着长期的容量过剩。电力安全很重要，但是将这种价值无穷化，无疑就走了极端。现实中需要讨论的问题是：实现哪种水平的安全是合适的？基于目前的保障措施，实现安全获得的收益，是否付出了过大的代价？是否存在额外的能动空间，在不损失安全表现的情况下，改善其他维度的系统表现，比如经济效率？安全与其说是一个目标，不如说是个约束。约束跟目标存在本质上的区别，目标是"越极端越好"，而约束只要满足某个水平即可。超过最优水平的安全表现，必然意味着对其他所追求目标的不成比例的牺牲（比如金钱）。如何界定是否成比例，需要统一的度量单位，比如经济成本。

**改革常常无法按照最初的设想蓝图开展，需要进化式推进。**改革是能力建设，是复杂的、细节导向的。无论是趸售、零售电力市场设计，交易、调度与输电体系的分割与协作，从管制体系到放松管制体系的过渡，市场化主体产权、核算的变更，监管体系的设计与方式等，都需要从理论指导到具体实施的能力与领导力。美国麻省理工学院资深电力管制与产业组织教授乔斯科（Joskow）在回顾世界各国改革20年的文章中写到"我们必须认识到，一个良好运转的竞争性电力趸售与零售市场的建立，无论在技术上还是政治上，都是极具挑战的"，说的就是这一点。5号文推行的改革目标相对明确，但是遇到了电荒、自然灾害等问题，落空了；9号文模糊的语言继承了我国政府文件的"游击队"风格——"政策制定应该通过努力避免有约束力的限制来保持流动性，以及政治主动性"（Heilmann & Perry，2011），客观上跟无法充分预见各种形势的发展也有关系。未来，技术、经济、政策与政治的互动将使"非线性"变化（3D与3A）变为可能。渐进还是跃进式的应对波动性电源越来越多的系统挑战，是个全球范式问题。未来只可能是进化而不是规划或者预测出来的。

# 目前的焦点问题

## 市场是否发挥决定性作用

从目前看，政府仍旧聚焦在"让市场发挥决定性作用"的目标修辞上。目标还是明确的。但问题是，改革的具体进程与安排支撑目标的实现吗？其中是否有方向一致还是相悖的问题，有过快还是过慢的问题？

　　**迄今为止，答案无疑是否定的。**在市场经济体系中，"统一、开放、竞争市场"是一个经常的提法与追求的目标。比如，欧盟一直致力于建设一个内部统一市场（single market），促进商品贸易服务，包括人员的自由流动。电力是一种典型的均一产品。一旦并入电网，消费者无法也不需要辨别到底是煤电还是风电。系统运营者需要保证的是整个系统的供给与需求随时处于平衡状态，而不是标记某种电源所发电力是否确实被某个用户使用了。

　　**在这种情况下，电力行业对于"统一、开放、竞争"的需求更加强烈。**即使有些电源存在电力价值之外的其他价值（比如风、光的环境价值），这种价值的表征也需要额外的政策工具，而不应该破坏电力市场的统一性。否则，消费者可能因为割裂的市场承担损失。可惜的是，我国电力系统恰恰在走向这一要求的反面。市场与运行越来越割裂化，存在试图给电源"划成分"的诸多概念与方法论①（见图 10.1）。这些无疑都是反市场、反电力消费者的做法。

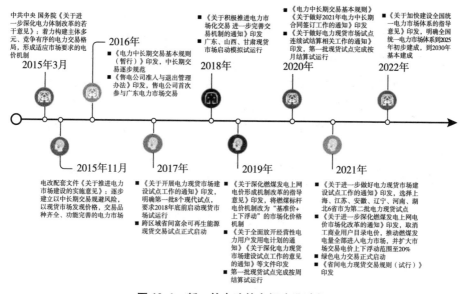

**图 10.1　新一轮电改的市场建设过程**

资料来源：https://m.jiemian.com/article/7081543.html.

---

　　①　具体这方面的讨论可以参见：张树伟（2020）. 电力系统"统一、开放、竞争市场"的目标面临挑战. 风能，2020（6）.

### 煤电以何种节奏退出

众多能源与气候情景的研究表明：**电力部门是减排技术选择最多且减排成本已经有效降低的部门，应首先实现深度脱碳直至（近）零排放**。Levi 等（2019）提供的综述显示这些研究通常得出相对一致的结论，特别包括：

（a）电力部门包含众多的减排选择，通常最快、最大程度减少排放。

（b）大部分电力将由依赖天气和/或低或零边际成本的资源提供，如风能、太阳能以及核能。

（c）随着交通、采暖和其他终端能源使用采用电力，电力在最终能源服务中的份额大幅扩大。

**煤电作为排放强度最大的电源，无疑其"终点"已经明确——全部淘汰，如果没有大规模碳回收技术的参与。**煤炭的退出需要尽快实现。这缘于，相较于石油与天然气，煤炭碳排放强度最高，但经济价值最低。气候约束的性质（累积性）与程度（排放预算 10~20 年耗尽），与煤炭的大于零程度的利用，已经不能共存。同时，也只有一个足够低碳化的电力部门，摆脱煤炭产业链，才会使得进一步的电气化具有气候减排意义。否则，如果更大程度的电气化带来了新增化石能源的需求，那么这种电气化无疑是一种"高碳"锁定。

**与这种通常的结论恰恰相反的是，在我国电力行业内还普遍存在一种"电力部门减排需要先慢后快"的说法。**比如："*电力行业碳减排不等于简单地去煤电，新能源增长需要与电源组合、电网结构布局调整以及负荷的能动性相匹配，电力的清洁低碳转型绝不可能一蹴而就，而需要经历一个渐进的过程。未来相当长时期内，电力行业要承担其他行业电气化带来的碳排放转移，新增电能需求难以完全由非化石能源发电满足，电力行业排放达峰滞后于其他行业更符合规律，也有助于全社会提前达峰。*"[①] 其中存在诸多拟人化（1 个煤电跟 10 亿煤电混淆）、边际改变与总体形态方面的逻辑问题。

### 如何确保电价下降

**改革必须降低电价。**理论上，促进竞争的改革可以做到电力价格的明显下

---

[①] https://news.bjx.com.cn/html/20220517/1225547.shtml.

降，取得改革的红利，这也为智利、英国等国的改革所证明。但是操作不好，也可能是另外一个景象，比如俄罗斯。这是对改革顺序非常高的要求。

要评估改革的影响，有必要假设如果没有改革，电力系统与行业会如何发展，电价将如何变化。但是如此"反事实"（counter-factual）的基准线在现实中是观测不到的。判断改革引发的电价变化，需要先把那些非改革因素的变化，比如燃料价格、补贴变化、电价结构变化固定住。将现实中电价的涨跌全部归于"改革"单一因素，是一个简单的逻辑错误。

电力改革，如果操作过程中，改革的确造成了"电价"的上涨，那笔者悲观地认为，改革注定要失败。因为"改革就是涨价"的刻舟求剑、缺乏逻辑的说法在民众意识中根深蒂固，也为反改革者提供了口实。所以，改革要有吸引力，必须不能引发电价的上涨。

现实可能出现的各种问题（比如改革力度不够、改革衍生与配套措施不足、利益集团误导、能力不足等）会给决策者巨大的压力。阿根廷、东欧部分国家的电力改革暴露出很多电力供应可靠性问题，美国的部分州在加州电力危机、得克萨斯州停电事故之后也走了回头路。

### 电网体制改革如何推进

我国输配领域存在较多的垄断租金"剩余"，这部分必须通过电网的改革将电价下降的潜力变成现实。这可以从中美电价的结构比较的实证看出来。中美两个大国内部的价格差异都比较大，美国的电价随着燃料价格、需求变化的波动非常剧烈。但是总体上，美国与中国的批发电价是非常接近的，都在 0.3~0.5 元/kWh（东部高、西部低），而在某些时段，美国的价格可能下降到更低的水平。但是在零售端，双方的电价水平拉开了巨大的差异。美国的工业电价 2013~2014 年维持在 6~7 美分/kWh 的水平，与批发电价的差异非常小。这表明了其电价结构中，输配成本、各项税费都非常少。这也比较符合电力的成本变化，工业大用户电压等级高，用电量大，所需的输电成本有限。输配成本主要发生在配网侧的居民与商业用户，其高价格也反映了这一点，电价水平比工业用户高出近 1 倍。而我国的工商业电价基本在 0.6~1 元的水平，相比美国，其价格水平高出 55%~70%，甚至更多。这源于更高的税负水平（17% 的增值税），各种附加（基金）、交叉补贴以及输配加价。就用电结构而言，美国的居民商业用户用电量占到了总用电量的75%，工业用电只占25%左右。而我国正好反过来，工业用电占75%，而居民、商业各占10%、15%左右的份额。

我国工商业终端电价比批发价高出了如此之多，笔者尝试对高的因素进行分解。考虑到工商业对居民农业的交叉补贴（用占总量85%的电力去补15%的电量部分，也就是工业提高1分钱，就可以给居民提供5.5分的补贴），这部分大概可以解释20%~25%的电价差异，加上17%的税收，以及5%左右的各种附加，总体上可以解释45%~50%的电力加价。但是，仍旧有归属于输配环节的10%~25%的差异是无法解释的。笔者无意将这部分全部归结于输配租金（经济利润）方面的差距。一方面，中国的输配成本有一些增加的因素，比如人口布局更加分化，电力供应的成本较高，电网年代新，投资成本更大；另一方面，也有很多因素中国是应该低于美国的。比如输电设施计划经济时期多为财政直接投资，不属于商业项目。而电网年代新，其输电损失成本也可以更小，国产化制造与人工等成本也比美国低很多。

如果以"降本增效"作为价值标准，那么以上实证判断的含义就是：垄断下的"输配"环节应是改革的重点。当然，以上仅是估算。在目前可得的数据条件下，也只能这么做。这也从一个侧面反映了中国的电力改革，特别是输配端的改革是多么有必要。输配环节内部与售电环节之间所有权或者核算的分割，是成本透明性的必要前提，它可以帮助解释为什么中国的输配成本是如此之水平，以及未来可以通过何种途径提高效率，降低成本。

在此基础上，是否继续维持电网企业集调度权、结算权、售电、电网投资与运营为一体的巨无霸模式是个关键的抉择问题。若维持有可能使目前的单独核算输配电价不可持续，甚至可能导致政府对价格的进一步管制，或滑回10年前的范式——统购统销、标杆电价与销售电价目录。更进一步地，利益分割与冲突更加无法协调，从而有动机或者危机，重新成立厂网一体化的"电力部"。美联储前主席格林斯潘针对金融行业的道德风险如是说：If they're too big to fail, they're too big! 这也适用于我国的电网企业。

# 既往改革从未触碰——有效率的物理运行

新疆大枣，你买了必须给你寄过来，不能拿河北小枣给你对付，那是以次充好。这是常识，因为产品品质是不一样的。但是电力的平衡与交付，不需要这样。原国家电监会报告指出，2009 年底湖北缺电，江西组织临时送湖北交易，实际上是三峡送江西电量直接改送湖北，江西则在省内挂牌向火电企业采购电量。而事实是：该部分电量并未出省而是由江西自行消纳，交易量与三峡送入电量进行了对冲。调度对于电力的均一性是充分掌握的，所谓的江西临时送湖北，是纸面与财务结算层面的操作。电力系统的平衡，物理层面跟交易结算的财务层面可以充分分离。交易可以很灵活，但是落到物理层面，只要保证总体的统一平衡即可。

也就是说，无论电力系统在交易层面是何种安排，在物理运行上，可以遵守唯一的准则——让此时此刻此地成本最低的机组优先满足需求。这是电力系统运行者的基本任务，对应着经济调度，意味着全社会成本的最小化或者福利的最大化。

举典型的"二滩"弃水（见表 10.1）的现象。即使它的电力因为价格高而没有交易层面的安排，也并不妨碍调度以更低的价格购入（比如 0.18 元/度），以替代那些高成本的煤电（比如 0.25 元/度）的发电份额，并且尊重这些煤电与其他用户达成的任何发用电交易。电力消费者并不关心其电力的实际来源，这种不同在电力上网之后也很难区分。交易层面形成的头寸，并不应该影响物理运行的准则。如果调度是个独立核算主体，它也有动力这么去做，因为可以节省购电成本。以上例子：0.25-0.18＝7 分/度的额外收益，可以在调度与其他非双边合同锁定价格的用户之间分享。

表 10.1　改革历程中若干事件的归因与故事情节

| 序号 | 事件 | 竞争性的归因/故事情节（narrative） | 为何归因并不应该影响有效率的物理运行 |
|---|---|---|---|
| 1 | 二滩水电站弃水事件（1999 年） | 1. 二滩水电站的上网电价为 0.45 元/千瓦时，这不仅高于国电公司系统 0.25 元/千瓦时的平均上网电价，甚至比当时全国到户城市居民 0.42 元/千瓦时的平均消费电价还要高[1]。<br>2. 并不是因为电价高，核定电价 0.31 元/度，实际上网电价只执行 0.18 元/度（朱镕基语）[2]。"省为实体"是原因。<br>3. 电力资源统筹规划不足，水电火电建设齐头并进，与川渝地区发电能力过剩相关[3] | 无论交易层面是否达成交易，是否存在交易头寸，都不应该影响物理层面水电优先，从而不应该有"弃水"发生。归因存在混淆"交易"与"物理运行"层面的问题 |

① https://zhuanlan.zhihu.com/p/343831076.
② https://www.zhihu.com/question/26853220.
③ https://zhuanlan.zhihu.com/p/343831076.

| 序号 | 事件 | 竞争性的归因/<br>故事情节（narrative） | 为何归因并不应该影响<br>有效率的物理运行 |
|---|---|---|---|
| 2 | 挨着三峡的湖北缺电<br>（2009 年/2011 年） | 1. 湖北缺电，从江西买，组织江西临时送湖北交易。<br>2. 该部分电量并未出省而是由江西自行消纳，交易量与三峡送入电量进行了对冲 | 本地物理上可以"消纳"，还要使用额外的输电资源，这无疑是一种整体性的浪费 |
| 3 | 东北"拉闸限电"期间仍维持常态外送电（2021 年 9 月） | 1. 此前签订的年度中长期交易已经过安全校核，且山东、华北电力供应也偏紧，因此这部分外送电量难以继续调减①。<br>2. 山东、华北都很缺电的情况下，只能讲求契约精神，依据合同输送② | 即使有"协议"存在，这也仅是交易层面的事情。<br>物理运行上可以在本地发电，满足更紧的需求形势，而山东、华北机组更多出力 |
| 4 | 四川常态化限电中仍维持水电外送（2022 年 8 月） | 1. 契约精神，不好停外送电。<br>2. 水电出力实在是太少了 | 是否仍旧存在水电停止外送，目标地扩大其他机组出力，而本地缓解限电情况的可能性？这是一个实证问题 |

资料来源：笔者根据各种历史材料汇总。

目前，各种破碎的安排使得电力系统的"物理平衡区"（balance area）与"价区"（price zone）概念缺乏清晰界定。过去发生的水电消纳困难，到底是行政不当干预资源优化配置问题（不买便宜的，只买本地子公司的），还是交易层面长距离输电缺乏经济吸引力，还是混淆了物理与交易层面，并不显然。其原因是复杂的（见表 10.1），一些先入为主的看法以及故事情节构建，可能更多服从了当时的政治议程的需要，而并不具有客观性。比如认为省为实体限制了清洁能源消纳，所以就扩大输电实体的地理覆盖范围，实际上是加强了中央政府的控制能力。

要实现"新能源为主题的新型电力系统"所需要的改革，从笔者的认识层面，必须实现以下**体制现代化、机制建设以及政策改变**：

- **硬化电网公司预算。**目前"预算软约束"性质仍旧较强，距离"收入中性"并受到严格行为监管的市场基础设施提供者角色仍遥远。硬化了预算，电网才具有不断提升调度运行水平来节省经济成本的动力。这无疑是下一步改革的重中之重，也是解套各种改革难题的关键所在。

---

① http：//m. caijing. com. cn/article/232328？target＝blank.
② https：//weekly. caixin. com/2021-10-08/101784198. html？p0#page2.

- **调度是需要价值观的，而不是自由量裁。** 无论调度范围是大是小，电源类型是复杂还是简单，在所有的时间尺度上匹配变动的需求与供给，是电力运行的基本目标。通俗地讲，目前我国的调度方式是发电厂与电力用户都在努力攒"直线"，以适应调度运行机构的粗时间尺度调度。尽管这种努力跟它们本来的特性并不一致，也并不是全系统安全稳定的必需。

- **任何新的政策出台，不能干预影响物理系统的统一运行，也就是尊重平衡区安排。** 这包括新的电源必须先并入本地电网、新能源电力交易必须仅限于交易层面而不能直接决定电力潮流等。

# 案例：2022 年 8 月四川高温干旱下的限电能否催化进一步改革

"天府之国"——四川 2022 年 8 月下旬经历高温干旱少雨缺电的困扰。四川是我国的大省，人口 8100 万，面积 48 万平方公里。人口与德国差不多，面积却要大 1/3。进入 8 月中旬，继发布《关于扩大工业企业让电与民实施范围的紧急通知》限电一周之后，干旱情况并未随着日历上夏季的结束而有所缓解。8 月 21 日，四川政府启动了突发事件能源供应保障一级应急响应[1]。

高温干旱催生了额外的电力需求，同时在供需平衡方程另一端大幅减少了水电出力。最大瞬时负荷达到 6500 万千瓦；而额定容量 8000 万千瓦的水电，其出力据称只有 50%[2]左右。因此，要保持本地的电力平衡，2000 万千瓦左右的煤电与燃气电厂，以及 500kV 直流外送背靠背反向运行，以及分布式的应急发电车（油/气电）都动员起来。需求侧，各主要工业部门均在限电，削减需求。这似乎显示：四川目前的系统平衡挑战，不是偶然出现在个别高峰时刻，容量（GW）不足；而接近全时的大量缺电，电量（GWh，不同时间容量的"积分"）也不足了？

从以上数据来看，并不至于到了各种或高亢或激昂或低沉的新闻显示的那种程度。6500 万千瓦的最大负荷，4000 万千瓦有效的水电出力，2000 万千瓦的煤

---

① https：//www.sc.gov.cn/10462/10464/13722/2022/8/21/42f05d40db464bcd8611a69efe1493ec.shtml.

② https：//mp.weixin.qq.com/s/L9ByGllyLARM62hM_jKzrQ.

电，再加上外来的资源，简单的供给=需求的算术，容量问题并不突出。

**但是，四川可能（猜测！）仍旧维持着可观的外送电。**据 2019 年的消息[①]，四川的复奉、宾金、锦苏三大直流，再加上德宝直流，以及 8 回 500 千伏交流线路，跨省外送能力超过 3000 万千瓦。其中，主要是送到"遥远"的华东地区——所谓跨区外送。即使这部分外送目前只有 1500 万千瓦（常态），无疑缺乏这部分资源，本地的平衡要困难很多。这方面，媒体界的同仁已经报道得比较充分。

**外送水电资源能够放到四川平衡方程的供给端吗？**物理上，只要有电网连接（有些水电站"甚至"并不参与本地平衡，是某些东部用户的"特供电"；这种不灵活安排在短期与长期的潜在问题，我们另文讨论），它就可行。我们听到了几种类似的、误导性很强的说法——"这部分电力已经卖出去了""契约精神、无法轻易调减""合同履约压力"等。

**它不符合电力产品与系统运行特点——交易与实际物理运行可以完全分离。**电力产品对用户高度均一（homogenous），无须（接近无法）区分来源与成分。电力市场的平衡，具有空间控制区（balance area）的概念[②]。双方签订了双边合同，意味着财务支付责任。调度仍有充分的其他手段既尊重这种交易，又服从于总体平衡的原则。比如四川这种情况下，水电留在本地使用，目标地（比如华东）增加其他机组的出力。

**顺便说一句，紧平衡下，如果价格体系足够具有流动性，改变物理潮流的操作也符合四川参与者/调度本身的激励。**四川供应紧张到需要大幅度限电的程度，在一个价格机制起作用的体系（比如假设中的现货市场试点）中，价格水平会上涨很多（发电的边际成本很高）。从水电站交易视角，它会发现把电力卖到本地市场（比如 0.8 元/度），比远端要划算得多（0.3 元，远端倒推的电价），还不如作为一个"用户"在远端购入火电（0.4 元）以满足自身合同"承诺"头寸，而在本地卖现货赚差价。从调度的视角，如果它足够关心整个系统的成本最小化，无论有无市场交易，它仍然要避免限电造成重大损失的情况（停电损失，根据实证研究文献，是其定价的 100 倍甚至更大），它也有动力去采购新的电力资源满足水电出力不足下的系统平衡。一句话：**交易层面无论达成何种协议，不应该成为物理层面有效率运行的障碍。**

---

[①] https://www.sc.gov.cn/10462/10464/10797/2019/12/26/bcba191260c642c49a2d415a5681ad96.shtml.

[②] Cohn，N.，1966. Control of generation and power flow on interconnected power systems. Wiley.

如果把远端华东纳入体系来审视，它是否可以有效增加出力是个需要额外论证的问题。如果答案是否定的——也就是华东地区达到了自身发电能力的极限，包括使用四川容量的那部分，那么问题变得简单而凄美——就"四川+华东"构成的体系，其总的容量已经无法满足最大需求，成为一个"零和游戏"，供给的蛋糕无法再扩大，必须削减需求。到底削减谁，就成为一个"挑选倒霉者"的过程。它需要的只是如何挑选的价值观了。

**如果答案是另一种**，那么我们接着追问：调度为何不这么做，为何没有实现？事实上，2021 年卓尔德的实证研究表明①：**华东地区还存在可观的空闲容量（idle），特别是火电没有使用。**只不过，这种闲置与低使用率，可能有"发电不挣钱"缺高质量煤燃料造成的出力严重不足。这是另外一个复杂的问题，暂搁置不讨论。

**因此，要进一步证实，需要从业者明确告诉公众：**在"四川+华东"系统中，如果华东地区无法提升供给，发生在哪个区域省份，又是哪个时间？给定的（时间、空间）范围内，四川又是何种供需缺口情况？天级别的发电量（kWh）信息已经显得过粗，通常小时级别才具有足够的分辨率去精确理解。

## 当前进程中的积极信号

2022 年下半年开始，我们开始看到一些积极的信号，让我们继续保存理由与耐心对未来的改革有所期待。这些信号特别包括：

**绿电割裂统一市场的问题得到正视。**笔者在 2018 年的文章中提示：配额制体系建设的目标，应该是建立配额交易市场，定位于交易层面、增加可再生能源收益（替代补贴）的政策工具，与可再生能源价格政策的功能类似，而不是进一步给各个电源类型"划成分"（类似于给本地电与外送电划成分），加深电力统一运行市场的既有扭曲，干预电力市场经济有效运行的目标。但是，我国特色的"可再生能源配额制"还是以所谓可再生能源消纳责任的方式推行。由于它目标高了肯定会跟系统的安全运行相冲突，因此必然是一个只有象征与程序性意义的政策。2022 年开始，一系列的社会讨论，特别是发表在体制内媒体的文章

---

① http：//www.draworld.org.

出现，开始正视这个问题①。2023 年 3 月，国家能源局新闻发布会，正式确定了"绿证"表征绿色价值的唯一性与权威性②。之后开始正式实施。

**联网功能与特权输电有望加以显性区分。**这同样体现在官方媒体，比如《中国能源报》报道风格的巨大转换上。比如它开始显性地报道第三届全国"配电圆桌"论坛，开放式地讨论智能电网（联网功能的更充分发挥），以及分布式主导的系统拓扑结构等③。

**交易层面安排影响蛋糕如何分、谁亏谁赚的问题，而物理运行层面的安排才是决定整体效益蛋糕大小的根本。**可以讲，这是一种"公共品"（commons）。以上信号，都有望改变我国电力系统"公共品"供给严重不足的现状，特别是涉及一个统一开放的市场（pool），以及有效率的物理运行体系。

# 小结

过去的改革过程，无论是 **2002 年之前，还是 5 号文与 9 号文之后，都无疑是凌乱与不完美的。**它们解决了当时迫切需要解决的若干问题，但是也给长期的可持续发展造成了其他维度的问题。9 号文发布已有 8 年，相比改革之初的电力系统与产业组织、输配电价单独核算、双边市场化交易突破行政定价与"统购统销""试错法"（trial and error）短期批发（所谓现货）市场试点、售电公司培育等，取得了一定的进展。但是整体而言，政策频繁调整，机制大体缺失，而旧有体制鲜有改变，问题不少。

**但是，不完美的改革，仍然好于维持一个"具有信息与权力优势者高度自由量裁"的体系。**可再生能源的出现与份额不断扩大，使得电力系统也到了非改不可的时候。这方面的政治决心与意志已经充分具备，剩下的问题是如何合理地实现既定目标。

**著名科普作家林欣浩在《诸子百家闪耀时》一书中说：只讲原则，不讲方法，就是"正确的废话"。**电力行业的改革，也需要超越对新型电力系统"建设目标"的讨论，进入实现目标的合理方式手段的集体性论证。

改革工作再出发！

① https：//mp. weixin. qq. com/s/lFWWUVZ0iQ69uGVSLzeVcQ.
② http：//www. nea. gov. cn/2023-02/13/c_1310697149. htm.
③ https：//news. bjx. com. cn/html/20220725/1243631. shtml.

第三篇 路径专题

# 第 11 章　波动的经济学

The end justifies the means.

——Niccolò di Bernardo dei Machiavelli（1469-1527）or

Ovid（43 BC-17/18 AD），Roman Poet

Wind and solar power are now the cheapest source of energy，but they don't always produce power when we need it.

——Prof. Dr. Gunther Glenk，Mannheim Institute for Sustainable Energy Studies

## 引言

可再生能源相比过去的电源特点与范式具有特殊性。总结起来，这包括：

**零边际成本（zero marginal cost）**。在一个系统成本最小化的系统中，这意味着它们需要优先调度，去先满足变动的需求。当它们出力增加的时候，系统需要的其他可控机组的出力量下降，从而对应于系统边际成本的价格也下跌。这种下跌的程度取决于供给曲线的形状。

**间歇性（intermittent），在本书中跟波动性（variability）同义**。可再生能源出力由天气相关因素决定，如风速和太阳辐射强度。这些因素在不同的时间尺度上是波动。因此，系统的剩余需求（总需求减去风光出力）也是变动的。即使其他常规发电机组的边际成本不变，因为这种剩余需求（形状）的变动，在市场中形成的价格也会高度波动。从价格讲，可再生能源出力大的时候，其价格低；出力小或者不足的时候，价格高。统计来看，其平均每度电能够获得的收

— 217 —

益，也小于那些可以捕捉高电价机会的可控机组。这是"市场价值"（market value）问题。

**不确定性（uncertainty），在本书中跟随机性（stochastics）同义。**可再生能源的出力性质更加接近需求。它无法事先100%预测准确，总是存在预测误差（forecast error），程度上高于需求的不确定程度。因此，可再生能源比例越大，系统需要处理平衡的偏差部分可能会越大。这对应于价格的更大幅波动（其他条件相同，所谓 all others equa）。尽管，随着调度尺度更加精细化、经验积累以及预测技术的提升，这一表现可以改进。从可再生能源的角度，越大的预测误差意味着额外支付责任，这也对其平均度电发电收益会产生影响，与市场价值问题同样相关。

**间歇性可以称为之为"已知"的波动（known variability），而不确定的部分可以称为"未知"的波动，也就是随机性（unknown stochastics）。这两种"不稳定"特别需要分开讨论，以更清晰理解不同的价格影响作用机制与途径。**

以上是经济价值视角的。从运行视角，波动性组合在一起，需要可控机组更加快速、频繁调整出力，以保持总体的物理平衡。这意味着更大的平衡成本（balance cost），如果以调节引发的启停成本、能效下降、磨损增加等表征。长期来看，这些增加的成本都需要上涨的价格来消化，从而意味着比"无如此比例的风光"的假想情况（counter-factual）更大的系统成本。这一成本是否可以被可再生能源本身更低的长期平均发电成本所抵销，是个对前提假设高度敏感的问题。

当然，风、光等电源的出力可以灵活地切除，是系统控制能力相比传统火电机组的一个优势。这是减少系统成本的一个因素，特别是在一些容量过剩、下调困难的系统，比如我国的很多不灵活煤电占主体的系统。

过去5~10年，相比较气候减排强化政策与治理的停滞不前，对于可再生能源的特性，以及这些特性带来的系统影响与经济含义的研究，全世界包括学术界、政策以及产业界，均取得了巨大的进步，是为"波动的经济学"（the economics of variability）。

本章我们从理论与实证视角来讨论这个问题，理解"多大算大"的具体量级与程度。这构成了理解电能三个特殊性（见本章序言）之后的波动性电源的特殊性。

# 价格影响——理论

## *市场价格下跌效应*

风电、太阳能的可变成本都无限趋近于零。在一个边际成本决定市场价格的电力市场中，这种低边际成本将高成本机组挤出市场，从而压低市场整体的价格水平（见图 11.1），我们称之为优先次序效应（merit-order effects）。

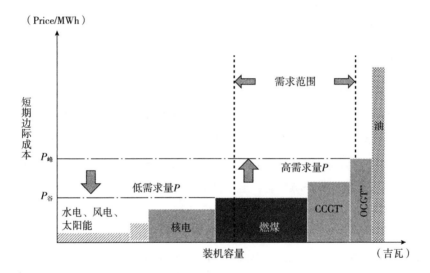

**图 11.1　可再生份额增加带来价格下跌——调度次序效应（merit-order effects）**

注：＊表示闭式循环燃气轮机；＊＊表示开式循环燃气轮机。

资料来源：笔者绘制。

如此市场设计与基于边际成本的定价模式，从整个系统而言，是市场出清与系统成本优化的选择。因为各种机组一旦建成，其投资成本以及固定的运行成本（如还贷、人员工资）将成为"沉没成本"。系统要总体成本最小，必须先使用那些可变成本低的发电类型。可再生能源没有燃料成本，是最开始的选择。只有这样"做大蛋糕"，也才是合理的。在我国曾经存在的火电与风电争发电小时数的问题，应该首先界定为一个整体系统最优价值标准下的效率问题，而不是一个风电与火电分蛋糕的"利益划分"视角。

学术界、智库届与企业界大体上广泛且一致的看法是：在开放市场中，用平均获得的电价表征电力价值，可再生能源因为其出力与高峰负荷的不一致，呈现"份额越大、平均度电收益下降"的特点——所谓的市场价值（market value）下降，尽管其程度在可再生能源进入市场的初期可能非常有限。我国仍处于这个阶段——风、光发电量在总发电量中的占比只有 10% 上下。

### 可再生能源市场价值

**市场价值的绝对值指标可以做如下定义：**

$$Market\ value_i = \frac{\sum_{t=1}^{T} g_{i,t} \cdot p_t}{\sum_{t=1}^{T} g_{i,t}} \tag{11.1}$$

式（11.1）中，$g_{i,t}$ 是发电技术 $i$ 在时间 $t$ 的发电量（MWh）；$p_t$ 是时间 $t$ 的市场电价（比如 RMB/MWh）。

**从相对于一个假想参照电源的视角，它可以变成无量纲的指标。参照电源可以是市场的平均电价。**可以想象，一个基荷电源，大部分时间留在系统中，获得平均收益，这一指标是 1。而尖峰电源，比如天然气单循环，只有在少数电价高峰时刻出力，获得超过平均收益，这一指标将大于 1。那些在市场电价更低时间内多发电的电源，其市场价值将小于 1。

### 市场价格上涨因素——已知的波动与未知的随机

**在更小的时间尺度上，波动同样具有驱动价格上涨的可能。**如果这种波动是增加出力的，那么是之前提及的"调度优先次序"效应。但是，如果已知的波动是"减少出力"的，那么无疑系统需要更高成本的机组来"补充"发电，会抬升电价（见图 11.2）。

**未知的随机性意味着额外的平衡成本，意味着价格的上涨。**可以提供这种额外平衡的机组选择并不多，都是边际成本较高的备用机组，还可能包含着启停代表的各种磨损、放弃其他收益的机会成本等。

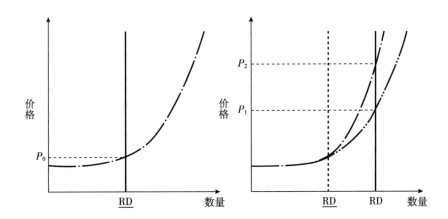

**图 11.2　已知与未知的间歇性对价格的影响**

注：左图说明参照体系中的价格为 $P_0$；右图可再生能源加入之后，如果其出力不足，需要其他高成本机组进入系统，系统净负荷（RD）向右移动，价格从 $P_0$ 上涨到 $P_1$；如果这种出力不足是未知的，这带来了备用的需求，从而边际成本从虚线上升到实线，价格需要从 $P_1$ 进一步上升到 $P_2$。

资料来源：Weber P.，Woerman M.（2022）. Decomposing the Effect of Renewables on the Electricity Sector. 45. In Review.

## 价格波动程度

因为可再生能源已知的波动性，市场绝对的总体价格是下降的，与之并列的是：价格的波动程度是变大还是变小了？这取决于两个互相抵消的因素。一个是本身的波动性，另一个是供给曲线在边际上的形状。可再生能源自身的波动性越大，无疑会带来系统净负荷（从而价格）更大的波动；市场本身存在因为需求变动的波动，如果可再生这种"额外"的波动引发净负荷沿着净负荷曲线向原点处移动，进入了更"平缓"区间，那么这种波动会带来市场价格波动程度的下降。两种效应叠加，最终价格波动更剧烈与否取决于波动的性质以及目前需求在供给曲线上的位置（见图 11.3）。

### 给定可再生水平下的价格边际影响

表 11.1 给出了波动性可再生能源进入系统对价格绝对水平与价格波动程度

影响的理论分析。需要特别强调：这是衡量这一单一因素对市场价格的影响，基于给定的可再生能源水平的边际上的影响（也就是额外再增加一个单位），而不是其平均影响。更不包含其他因素的影响，比如系统运营者的行为响应（比如平衡尺度从 30 分钟进化为 5 分钟，减少了离散化平衡的备用需求）或者燃料价格变化的影响。

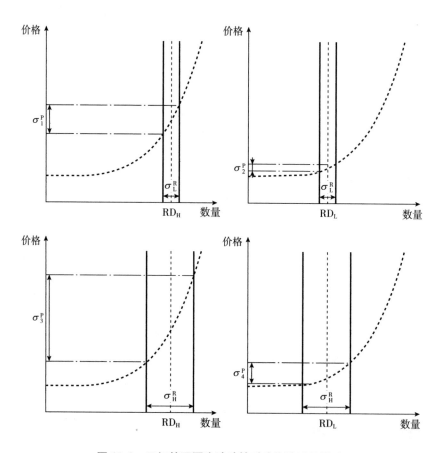

**图 11.3　已知的可再生波动性对价格波动的影响**

注：从左上、右上、左下到右下，依次是：可再生小波动+供给曲线陡峭、可再生小波动+供给曲线平缓、可再生大波动+供给曲线陡峭、可再生大波动+供给曲线平缓四种情况下带来的市场价格（σ）波动。

资料来源：Weber P., Woerman M. (2022). Decomposing the Effect of Renewables on the Electricity Sector. 45. In Review.

表 11.1　波动性可再生能源发电对电力价格的影响

| 风光特性 | 术语 | 价格水平影响 | 价格波动性影响 |
|---|---|---|---|
| 零边际成本 | 调度次序效应<br>（merit-order effect） | 零边际成本机组压缩了高边际成本机组的市场份额，引发整体市场价格下跌 | 增加还是减少取决于两个相反的因素：<br>1. 波动性增加。<br>2. 供给曲线变得更平缓，波动减少。<br>在风电份额不非常大的情况下，减少价格变动范围是净效应 |
| 已知的波动性 | 波动性<br>（known variability） | 取决于波动方向 | 价格变动范围边际增加 |
| 未知的波动性 | 预测误差<br>（forecast error） | 给定可再生份额，引发其他机组的调节性需求，可得灵活性资源下降，引发价格上涨 | 价格变动范围边际增加 |

资料来源：基于 Weber 和 Woerman（2022）的研究以及对可再生能源市场价值与系统成本视角的多来源的总结材料。

# 价格影响——实证

## 市场价格变化

由于缺乏以成本为基础的竞争市场，这种市场的视角在我国还难以找到对应。我们以欧美市场的实证来说明。竞争性市场的实证性分析，无论是仿真模型模拟，还是计量方程检验，都提供了相对一致的结论。

德国平均意义上的趸售电价水平，在 2008 年之后，从 60 欧元/兆瓦时以上一路下跌，到 2016 年，平均已经不到 40 欧元/兆瓦时，也就是 3~4 欧分/度的水平，在某些时段时不时出现负的电价水平。英国经济学人杂志的文章 *How to lose half a trillion euros* 生动地描述了这一过程。众多文献的检验表明，在当前的电源结构下，可再生能源每增加 100 万千瓦，市场的价格水平可能就要跌落 6~10 欧元。

美国市场中，Weber 和 Woerman（2022）对得克萨斯州电力市场 2012~2019 年数据的回归分析显示：每增加 1GWh 的风力发电量，就会使批发电价平均下降 0.26 美分/kWh，而且这种影响在统计学上非常显著。这与需求下降的效应基本等同。进一步逐小时分别回归显示：价格影响的大小是由化石能源机组供应曲线的边际斜率决定的，在剩余需求较大（风光出力不足）的时候，价格影响更大。

**那么，消费者从下降的电价中会得到好处吗？对整体电力消费者而言，短期内答案无疑是肯定的。**从影响看，因为可再生能源，大量的利润从德国发电商转移到了用电用户。至于中小工业与居民电价涨幅巨大的问题，原因是支持可再生能源的负担不对称地加到这些部门之上。

**2020 年前，总体加权电价的涨幅要比人们想象的小得多。**居民电价的持续上涨无疑吸引眼球，但它远不是整个图景的全部，甚至不是主要部分。支出不仅包含直接的电力支出，还包含内在各种商品中降低的电力成本带来的支出节省。德国最近几年的总体终端电价水平不断上涨，但是如果没有可再生能源的扩大，这种上涨的程度只会更高，而不是更低。这是解读与评价部分先行国家，比如德国可再生能源政策的关键逻辑。

**当然，长期而言，可再生能源进入市场，是提高了还是降低了市场的电价水平，是一个很有争议，甚至很难界定可比性的问题。**相比市场份额不增长的变化，尤其是电源结构会变得非常不确定，并且掺杂了很多衍生的变化。风电规模越大，意味着系统的剩余基荷需求越少，机组的平均利用水平越下降，因此高一次投资，低运行成本的发电技术与大容量输电线路将有可能因为缺乏足够的利用率被淘汰，系统就越发需要提升灵活性，灵活机组的份额将更大。如果风光本身发电成本的下降无法抵销系统成本的增加，长期成本通常大于一个（无如此大比例的风电）不灵活系统的成本。在风光的成本都已经实现巨幅下降的情况下，这一结论是否依然成立，需要明确分析边界。

### *风光价值变化*

**可再生能源高出力情况下压低的市场价格，也使得可再生能源自身具有"自我毁灭"的性质，使得其市场价值下降。**众多文献对此进行了模型模拟或者计量检验，Hirth（2013）做了一个欧美市场的综述。基本上，风电随着市场发电份额从 0% 上升到 30%，其市场价值可能下降到最初的 75%；而光伏下降最初的价值可能大于 1，因为替代的是尖峰的中午负荷，但是后期其下降的速率更快（见图 11.4）。

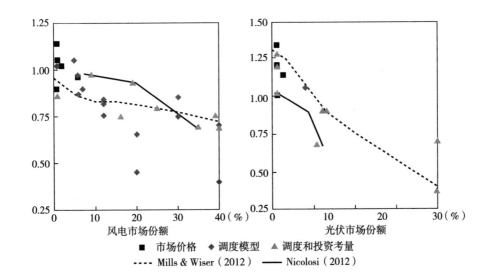

**图 11.4 文献中的风电与光伏随着市场份额增加价值下降**

资料来源：Hirth L.（2013）. The market value of variable renewables：The effect of solar wind power variability on their relative price. Energy Economics，38：218-236.

  **本书基于我国山东省负荷曲线的评估量化了这一度电价值下降的程度**。风电的份额从目前的 5% 上升到 15% 的过程中，市场价值会有 10% 左右的下降；突出的是光伏，同期其市场价值可能下降 40%。大量并网会不断压低原来高峰时段（如中午）的市场价格，乃至将原来的高峰电价变为低谷电价（将傍晚太阳落山的时间段变成高峰）（见图 11.5）。

  比如，在江苏，最大负荷在某个时段是 1 亿千瓦，而如果本地已有超过 1.5 亿千瓦光伏装机的话，从系统的"电源"需求来讲，它已经（暂时）足够了，因为仅仅光伏的装机在多数时间就已经高于最大负荷。如果不存在更紧的系统减排约束，那么装得再多，都只会加大系统平衡运行的难度，就不是一个成本最低的系统了。

  若超过 3 亿千瓦，在白天大部分时间里系统中都是光伏在出力，此时即使存在很紧的碳排放约束，也不能依靠光伏来实现了。因为装得再多，也不会进一步形成对化石能源发电的替代。即在这种情况下，光伏已经不再发挥减排作用，而是彼此之间的互相"挤出"，对系统的困难时刻——傍晚的电力供需并无贡献。

  **从系统的价值来看**，可以想象，如果这个系统没有储能的话，这种高比例光伏下的边际价值会趋于零。这一"思维实验"检验了"最终我们要到哪里"的问题，而不涉及现在应该多一点还是少一点的问题。很明显，现实的装机容量与这一水平还有巨大差距，仍需要加快发展。

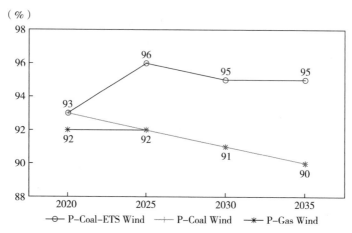

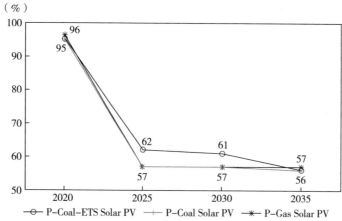

图 11.5 对我国可再生进入系统市场价值下降的模拟

资料来源：Zhang，Yin（2021）. Coal divestment in power sector and its interaction with renewable expansion，carbon pricing and fossil fuel market dynamics. In revision.

## *2021 年发端的全球电价上涨是否改变认知*

2021 年下半年开始的能源与电力价格暴涨，是否挑战以上认知，需要进一步地定量分析。一个相关的问题是，**市场价值下降，到底是由可再生能源的自身特点，还是一种社会构建——系统或政策手段等外部因素造成的？**如果是前者，我们可以说"可再生就是这样的"，类似对一个人的定性，可以在很大的空间与时间范围内保持不变；如果是后者，则有必要探讨是否有更好的政策与系统，来帮助可再生能源成为一个更好的角色。

**在开放、竞争的市场中，市场价格由最后一个满足需求的供应商的边际成本所决定，也就是所谓的"边际定价原则"。**风电光伏最初是高成本的电源，之所以能够不断建设，是通过市场之外的额外补贴（固定电价、投资补贴、可再生能源配额）来实现的。换一种方式，如果是通过降低传统化石电源的竞争力，如加征足够高的碳税，它们的价值还会下降，以及下降还会如此大吗？

**答案可能是否定的。**由于碳税抬升了大部分时段的电力边际价格，随之而来的是波动性电源平均市场价值的上升。在此情况下，这种随着市场份额价值下降的现象会减弱，甚至消失（见图 11.6）。从这个意义来说，所谓的可再生能源价值随着份额上升而下降，是一种社会构建的现象，而不是其自身的特点。它来源于可再生能源支持政策的"次优"性质——支持可再生能源发展的政策，并不是社会成本最低的。

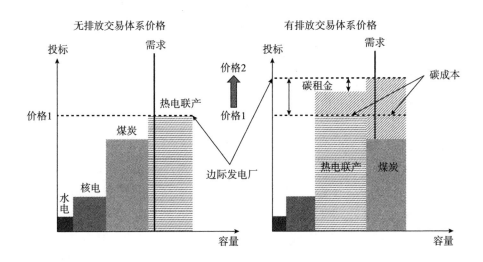

**图 11.6　碳定价抬升电力市场的价格**

资料来源：Christophe de Gouvello, et al.（2019）. Reconciling carbon pricing with energy policies in developing countries［R］. IEA Academy, April 6, 2021.

　　它特别提醒我们，不仅需要讨论什么是正确的事（do the right thing），还必须知道如何将事情做正确（do the thing right）。映射到能源领域，则必须将政策设计、市场设计视作一个专门的学问。政策目标的确定，在任何国家都是由政治决定的；提出目标并不是工作的结束，如何实现目标的探讨与工作才刚刚开始。否则，手段的不合理可能造成即使实现了最初的目标，结果也并不是我们所期望的。

# 再分配效应

　　再分配（redistribution）是经济学的一个专门术语。它常用于收入分配研究，比如通过累进所得税和扶贫计划等措施，减少或降低收入的不平等性。这里的再分配，指的是可再生能源进入系统，对其他机组收益/损失的影响。这种影响对不同的机组是不对称的。可再生能源进入系统，具有强调地区分"赢家"与"输家"的再分配效应。

　　**一些资本密集的机组，会在某些阶段丧失经济性。**由于可再生能源进入系统，引发其他机组利用率的下降，传统基荷逐渐缩水乃至消失。这带来了新建项目平均度电成本的上升，比如大容量煤电与核电。

　　**一些不灵活的机组，存在明显的启停成本与反应时间，必须忍受某些时刻的极低电价甚至负电价，从而造成更大的亏损。**它们或者因为启停成本的高昂，而放弃一些时刻开机挣钱的机会，或者在另外一些时刻，保持开机亏损状态以在其他时刻获得正收益。

　　**以"机组最小出力"的概念为例。**如果系统所有的机组都实现了最小出力，那么证明系统存在严重的供大于求，价格需要大幅跌落以将尽可能多的出力挤出。电价下降到低于燃料成本的程度（比如 $0.1 \sim 0.15$ 元/kWh），灵活的煤电就宁愿尽可能地停机，也不愿意在序列里待着承担亏钱的损失。那么剩下的那部分，就的确是"往下调不了"或者不足够灵活参与下一阶段市场（见图 11.7）。这种基于"显示偏好"的最小出力，比工程测算或者行政给出的技术性最小出力要准确得多。

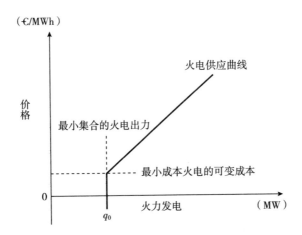

**图 11.7 基于显示偏好的机组最小出力**

注：图中横坐标是化石能源电厂的出力，纵坐标是市场的价格；市场价格不断下降，逐渐失去利润空间的电厂被挤出市场，火电出力减少；市场价格下降到最廉价的火电厂的边际成本之下，如果火电厂仍保持在线，表示其在技术上已经无法调节，属于"最小出力"水平了。

资料来源：https://papers.ssrn.com/sol3/papers.cfm? abstract_id=2558730.

# 案例：德国批发电价的下跌与 2021~2022 年的暴涨

**2008~2015 年，德国电力批发市场现货价格下降超过 50%，从 70~80 欧元/MWh 的水平下降到了不足 30 欧元/MWh**。原因是多方面的，包括 2008 年世界金融危机之后能源价格的低迷（可以解释价格下降超过 1/4），经济因素造成的需求不振与炭价格的走低（可以解释超过 1/4），以及我们在本章分析的可再生能源的效应，贡献也超过 1/4。2016~2019 年则有所反弹，其反弹也是多种因素作用的结果，包括天气造成的可再生能源出力减少，以及同期的炭市场价格越来越高，达到明显的 50 欧元/吨的水平（见图 11.8）。

这种价格的大幅与不断下跌造成了很多电力企业的"丢钱"（missing money）问题。市场价格过低，到了无法覆盖流动成本的地步，更不用说还未来得及回收的固定成本。在这一时期，主要发电企业比如 RWE、Eon 股价大幅下跌，是触发企业间重组与并购的重要原因。这种亏钱无疑是一个重要的原因。

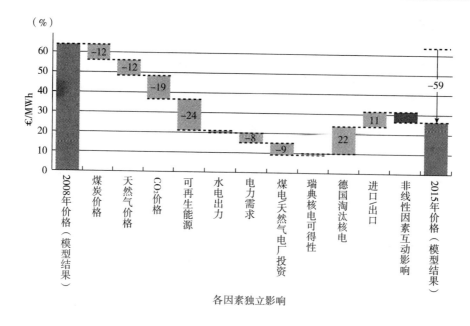

各因素独立影响

**图 11.8　德国批发市场电价下降 50% 以上的贡献因素**

资料来源：https://www.bundesnetzagentur.de/SharedDocs/Downloads/EN/BNetzA/PressSection/Reports Publications/2019/MonitoringReport2019.pdf? _blob=publicationFile&v=1.

德国发展可再生能源造成电价高企是个吸引眼球的话题，但是"电价高"事实本身，以及是否应该归因于可再生能源同样充满争议。由于可再生能源对系统参与者具有强烈的"再分配"效应，德国可再生能源发电装机比例从不到 10% 上升到 40% 的过程中，"赢家"是大工业与高耗能用户，而传统发电商、居民消费者与中小企业承担了大部分变化的成本。

"电价太高"的支持者认为，可再生能源附加达到 6 欧分，已经造成德国居民电价高达 30 欧分/度（目前可能要上涨额外一倍左右，基于 2022 年的批发电价水平），是欧洲最高电价之一。很多贫困家庭的电费支出已经占到家庭支出的 10% 以上，很多家庭因为交不起电费而停电。这种趋势是不可持续的。笔者认识的一些德国同事因此而抱怨，但是也有一些坚决认为"电价太低了，以至于我的邻居在德国这种纬度造了个冰窖养企鹅"。而部分学者的统计分析与观点是：能源贫穷在德国也是存在的。2014 年有 35 万户家庭因为拖欠电费而被停电，占全部家庭的不到 1%，是欧盟国家中问题相对较小的国家。但是那是社会政策的领域。能源贫穷的原因是"贫穷"本身，不需要特别的能源政策。

最新的故事是关于 2021～2022 年各种能源价格暴涨。各种能源价格大幅波动，天然气的短缺使得市场价格出现了 5～10 倍的上涨。这种短期的涨价无疑具有应对的政治必要性，因此如何使天然气价格与电力价格"脱钩"（decoupling）成为各国政府关注的议题。但是，现存的若干建议，是以彻底摧毁市场的价格发现功能与有效引导电力消费为代价的。

# 成本 VS 市场视角

以上分析都是从市场价格视角进行的。同样，我们可以从成本视角来审视，也就是可再生能源进入系统的成本影响。这需要超越其本身的长期平均成本（LCOE）。从不同电源类型的出力特性来看，没有任何一种电源类型可以完美无缝隙地满足波动的需求（再一次强调，系统运行的目标应该是供给与需求之间的匹配，而不是一条线输出！），即使是完全可调节的天然气机组也存在机组故障风险。我们可以定义一个假想的"电源"类型，具有与需求完全一致的出力特性，也就不需要任何除发电外的成本。那么，其他电源类型，包括传统的煤电、气电，也包括风电、太阳能等可再生能源，与这一理想电源的差别，就是这些电源除了本身发电成本之外的"系统成本"。作为波动性的电源，风电要提供充分满足需求特性的电力，还将存在相比传统电源更大的系统成本。

以完美跟踪需求变化的发电技术为参照，系统成本主要包括以下三个方面：

（1）出力特性与需求特性的差别，可称为特性成本（profile cost）。风电的保证容量较低，因此风电进入系统并不能等效地降低其他机组的投入，它会减少其他机组的利用时间，增加系统过多冗余的必要性，甚至在某些时刻大过总负荷，这在目前的技术条件下可能导致负的电力价格，进而导致系统成本相比不发展可再生能源而增加。

（2）出力的误差平衡，这就需要平衡成本（balance cost）。风电的出力是波动并具有不确定性的，预测总是有误差的，因此预测的误差就需要系统提供额外的备用容量来平衡。

（3）风电出力的地域限制与传输限制，这就对应网络成本（grid cost）。好的风光资源往往分布在那些远离城市负荷中心的地区，传输限制相比传统电源更大。这一成本意味着电网的传输容量，必须为了风光能够充分上网而投资或者扩建。

从系统视角，这些额外的系统成本加到可再生能源的容量成本上，是相比项目成本更完整的成本表征。它的量级有多大，显然跟系统的价格分布以及是否可以灵活运行相关。Heptonstall 和 Gross（2021）做了一个综述，总体上最大的成本增量是特性成本（profile cost），也就是波动引发的系统的总体利用水平的下降，而不是其他的成本，比如备用（见图 11.9）。

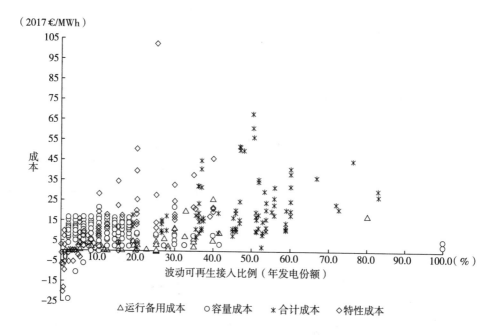

**图 11.9　风光进入系统各种成本的综述**

资料来源：Heptonstall P. J.，Gross R. J.（2021）. A systematic review of the costs and impacts of integrating variable renewables into power grids. Nature Energy，6（1）：72–83.

**必须指出的是，这些成本是客观存在的，但是这是系统特点与风电出力的特点所决定的，并不是市场失灵，不需要任何政府政策干预。**在起作用的电力市场中，这种成本自然会显现并由相应的主体承担。比如由于风电出力的时候市场价格低，而风电不出力的时候市场价格高，那么平均来看，风电的单位发电收益水平就比不上具有灵活调节性能的天然气；风电出力预测有误差，其业主就必然需要在平衡市场购买相应的平衡服务，以实现自己此前对市场的发电承诺；系统需要为大规模的风电出力波动提供更高水平的旋转备用等资源，这一系统服务也必然会以某种形式（比如分摊到输配成本、风电自身承担、调度收费）加以消化。

这一成本也并不必然是可再生能源自身承担的。由于其存在强烈的再分配效应，很多成本是其他系统参与者承担的。从市场竞争的视角，也应该如此。

**理论上，基于成本的视角与基于市场价格（也就是价值）的视角是等同的。**长期来看，如果信息足够透明，系统不存在任何不确定性，监管者与系统运营者具有相同的信息权力。那么，二者是一致的，系统成本的上升对应可再生能源发电价值的下降。特性成本可以看作"出力的时间价值"（timing）的另一面；平衡成本对应于平衡服务的价格（forecast error 支付）；而网络成本在以能量市场价格体系关注范围之外，构成输电系统变化的一部分，比如对应一个节点电价体系（反映输电线的边际价值）中不同区域的价格差，反映布局的位置影响（location）。从系统最优份额的视角，成本视角意味着可再生系统成本等于平均电力价格的风光比例，而市场价格视角对应项目成本等于项目市场价值的点。它们决定的风光最优份额是相同的（见图 11.10）。

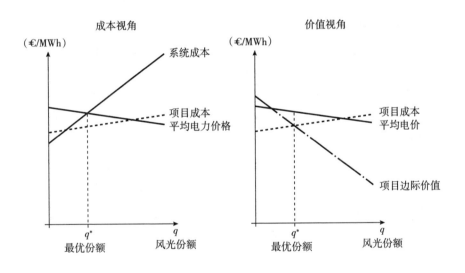

**图 11.10 成本与市场视角理论上等价**

资料来源：Ueckerdt F. , Hirth L. , Luderer G. , Edenhofer O. （2013）. System LCOE：What are the costs of variable renewables？Energy，63：61-75.

**风电这种额外成本的存在，跟传统机组出力与需求不一致并没有性质上的区别，也不能得出波动性电源不应该发展的结论。**发展风电光伏的意义与目标（target）在于长期的能源安全、减排与环境收益，以及其他方面。问题的关键在于：能否设计一个起作用的电力市场有助于各种成本要素的发现与定价，并对相应的利益群体提供价格信号或者激励，以更有效率地解决问题，并促进各种需求侧与平衡技术的创新。

# 小结

**可再生能源与波动的经济学—— 一个新兴的产业经济学分支**。不仅是关于可再生能源本身的成本，而且研究可再生能源的系统价值及其与其他发电类型的互动内容。可再生能源高资本成本，低（零）运行成本；出力具有随机性与间歇性，与需求的特点类似（更甚）；可再生能源的成本具有持续的下降潜力，但是市场价值也会下降。这些特点具有丰富的电力系统投资与运行含义。

**哲学上有个伟大的思想，叫作"The end justifies the means"，目的的合理性证明手段的合理性**。"为了实现道德上正确的结果，道德上错误的行动有时是必要的；只有结果的道德性，才能衡量行动道德上的正确或错误。"

**必须明确，这一政治哲学原则对于电力体制改革这样的"小问题"是不成立的**。即使是合理的目标也不能不择手段地实现。欧洲国家，特别是德国的批发电价的历史演变，无疑说明了这一点：目标重要，但是手段在长期更重要。否则，即使我们实现了最初的那个目标，它也可能产生很多意想不到的伴生后果（side effects），也不会是我们期望的。比如要实现电价的下降，在我国的政治经济中，可以通过直接行政限价来实现，如 2017～2019 年发生的事；也可以更加"曲折"，如通过更高强度的竞争、更加硬化的电网公司预算实现。不同的手段意味着截然不同的长期结果，乃至基础的供应稳定与安全可靠表现。

# 第 12 章　更多极端天气下的系统充足性评估

--------------------------------------------------

Climate is what we expect, weather is what we get.

——Mark Twain (1835~1910)

Anyone who causes harm by forecasting should be treated as either a fool or a lier. Some forecasters cause more damage to society than criminals.

——Nassim Nicholas Taleb, The Black Swan: The Impact of the Highly Improbable

## 引言

化石能源主导的电力系统具有恶劣天气下的脆弱性，比如极寒天气下机组性能会下降，高温天气下冷却效果弱化也会造成机组风险。而出力直接由天气决定的可再生能源可能更加强化了这种脆弱性。比如，风电一般只在一定的风速区间内工作，出于安全考虑下切入与切出风速；光伏在长时间的阴雨天气，比如 2 个星期以上（历史上并不少见），发电量几乎为零。

气候是你预期的，天气是你实际得到的。目前的气候灾害与极端天气日益频繁的证据越来越多。目前大气中累积的温室气体，将促使进一步升温。这很确定，意味着必须有一定程度上的适应（adaptation）。美国国家环境信息中心的统计显示[①]：2020 年，美国遭受了 22 次重大自然灾害，而 1980~2020 年的年平均

---

① https://www.ncdc.noaa.gov/billions/.

值是 7 次。2021 年 6 月底到 7 月初，北美地区经历了一场一星期的热浪，覆盖很少经历极端高温的大城市，比如美国的波特兰、西雅图和加拿大的温哥华。在加拿大的哥伦比亚地区，有 180 起野火的记录，最高温度接近 50℃，是有记录以来的历史最高温度。2021 年 8 月 11 日，意大利西西里岛的城市达到 48.8℃ 的高温，可能打破了欧洲有史以来的高温纪录。我国传统上多旱少雨的北方地区，夏季的雨水天气似乎越来越多。2021 年夏季河南、山西（传统上干旱少雨的地区）等地都出现了严重的洪涝灾害。气候与气象科学家的相关与因果分析称：这些事件如果没有人为因素几乎是不可能的[①]。

**新近 2022 年夏季世界各地的高温是受到广泛关注的公共事件。**7 月下旬西班牙的高温热浪，气温达到 40℃ ~43℃，造成超过 500 人死亡。它也是第一个被正式命名的"热浪"（叫作"Zoe"），类似于飓风、热带风暴等气候灾难[②]。关于气候风险以及转型风险如何影响能源部门，进而影响经济金融系统的稳定性，日益成为传统保险公司之外的群体，包括金融监管部门、投资人士、社会大众等关注的焦点。

**极端天气到底极端到何种程度，事先是很难知道的，虽然历史的长期数据积累可以得出某些"频率"意义上的概率理解，但是"黑天鹅"是无法预期的。**因此，系统必须保有一定程度的容量备用，以应对已知与未知的各种情况，此为系统的鲁棒性（robustness）——面对未知的情况还可以保持正常工作状态；以及韧性（residence）——事故之后可以迅速恢复常态。

本章我们讨论多种不确定情况下的电力系统容量充足性问题。

## 衡量系统充足性

**安全与可靠性方面。**从供给侧，电力安全性可以定义为电力系统在最小可接受的服务中断情况下，能够承受干扰（比如产生异常系统条件的事件或事故）或意外事件（比如系统部件的故障或停机）的能力[③]。比较明确的是：这是一个覆盖所有时间尺度与空间范围的定义。

---

① https：//www. nature. com/articles/d41586-021-01869-0? utm_ source = feedburner&utm_ medium = feed&utm_ campaign＝Feed%3A+nature%2Frss%2Fcurrent+%28Nature+-+Issue%29.

② https：//www. newyorker. com/news/daily-comment/how-hurricanes-get-their-names.

③ https：//ses. jrc. ec. europa. eu/electricity-security.

分开来看，电力系统的安全关切，包含短期运行与长期系统充足性两方面的含义。前者，可以称为一种可靠性（reliability），指的是运行的安全，以及面临各种扰动仍旧保持稳定状态；而后者，指系统不能在正常需求情况下存在"硬缺电"（adequacy）？——缺少足够装机。

**发电资源充足性（generation adequacy）** 评估是电力系统安全要求的重要部分。电力系统的需求随时变化。最大需求时刻也要求具有充足的发电资源来满足。因此，系统充足性可以用预计尖峰需求（projected peak demand）与发电资源（generation）可得性的比较来衡量[①]。中国《电力系统安全导则》（GB 38755-2019）明确规定：为保证电力系统运行的稳定性，维持电力系统频率、电压的正常水平，系统应有足够的静态稳定储备和有功功率、无功功率备用容量。备用容量应分配合理，并有必要的调节手段。此为系统充足性要求。

**对于何为足够、何为合理必要，安全导则并没有给出具体界定。** 这方面的规范体现在其他具体规程中。比如《SDJ161-1985 中华人民共和国水利电力部电力系统设计技术规程》规定系统总备用（包括负荷备用、事故备用与检修备用三类）不低于20%。2020年发布的《**电力系统技术导则**》（GB/T 38969-2020）规定，系统备用容量为最大负荷的2%~5%，事故备用容量为最大负荷的10%，不小于系统一台最大机组或馈入最大容量直流的单级容量。

由于我国电力行业从过去的装机严重不足迅速在2005年之后转为装机过剩，这方面的规则并没有适宜的现实条件去严格执行。在实际系统运行与规划中，通常采用经验原则，并事实上由系统运营公司主导并确定。

根据《电力系统设计技术规程》，系统的备用率定义为：

$$K = \frac{N_y - P_m}{P_m} \tag{12.1}$$

式（12.1）中，$K$ 表示电力系统的备用率。$N_y$ 表示电力系统的装机容量（kW），通常以"需求高峰时刻的电源出力"来测算。所谓保证容量（credit capacity）。$P_m$ 表示电力系统的最大负荷（kW），即预计的尖峰需求。

**这类似于北美可靠性委员会（NERC，负责监督各个电力系统的容量充足性）确定的"Resource Adequacy"（RA）reliability criteria（资源充足性）指**

---

① 其中，存在一些细节。比如一般而言，总负荷统计包括电厂的自用电与电网线损；净负荷（net）不含自用电部分。

标。一方面，这个标准不能过高，以免造成不必要的资产闲置浪费；另一方面，也不能过低，频繁备用耗尽出现拉闸限电。比如，在 2020～2021 年的冬季，美国 PJM 市场，考虑到其典型的受迫停机率和极端条件下的宕机[1]，根据最可能情况（most likely）的负荷预测，保有 48% 的计划容量备用；31% 的计划容量备用，对应于可能的极端峰值需求；17% 的储备率。

对系统充足性要求的考虑不足已经出现在实际运行体系中。如 2019 年 11 月的新闻报道显示[2]，"过去蒙西电网是将风电、光伏负荷预测折算 10% 计入电力平衡，近年来，为了更多消纳可再生能源，风电、光伏负荷预测已经折算 90% 计入电力平衡，在这一电力平衡模型下，关停了大量的煤电机组，导致气象因素作用下，风电、光伏停止出力，托底的在运煤电机组又爬坡能力不足，进而导致电力用户间歇式限电"。这种思维方式是存在方法论缺陷的。风电、光伏作为由天气决定出力的电源，其统计特性是大部分时间（比如 80%）的出力低于其额定出力的 50% 的特点。折算 90% 计入系统，必然在大部分时候都需要应对实际出力的不足。一个有效率运行的系统，必须依靠足够准确、高分辨率的预测系统。

当然，这一可靠性指标，不包含燃料短缺造成的风险。而这种风险在现实中是广泛存在的。北美的冬天，大多因为局部网络的阻塞，天然气价格可能上涨几十倍甚至上百倍；而我国更是存在巨大的天然气峰谷差，工业用气需要在供给紧张的时候给居民用气"让路"；而欧洲 2022 年乃至长期，正面临天然气价格暴涨乃至经济上无法承受的问题。

# 近期电力事故有愈加频繁迹象

## 美国得克萨斯州停电

2021 年 2 月 10 日以来，美国多地出现暴风雪天气。得克萨斯州原本处于温带、亚热带气候区，但是其日间温度出现几十年未见的 -10℃，甚至更低。电力

---

[1]　https：//www.nerc.com/pa/RAPA/ra/Reliability%20Assessments%20DL/NERC_WRA_2020_2021.pdf.
[2]　https：//www.cctd.com.cn/show-19-196018-1.html.

需求因采暖等需求增大而攀升。电力消费数据表明：得克萨斯州的采暖负荷需求占其总体负荷的 50%，甚至更多①。究其原因，在于得克萨斯州的气候原本是温暖型的，传统的用电高峰是夏季而不是冬季。这导致得克萨斯州建筑采暖需求并不大，大量新建住宅多采用固定投资较小的电采暖。

天气影响导致得克萨斯州的能源基础设施大部分出力不足，甚至无法正常运转。系统发电资源，包括天然气、核电、风电等出力均低于预期水平。上述两方面原因共同导致发电资源无法满足上涨的需求（见图 12.1），即使电力价格上涨到市场的上限 9 美元/度。2 月 15 日到 2 月 19 日，部分电力用户，特别是居民住宅发生停电。得克萨斯州电力市场（ERCOT）的电力价格短时上涨到 9 美元/度的最大限值②。部分零售用户，由于与售电商签订是批发电价的传导合同，其月度电费账单达到了 15000 美元③。提供这种电力套餐的售电商 Griddy 也因此申请破产保护。

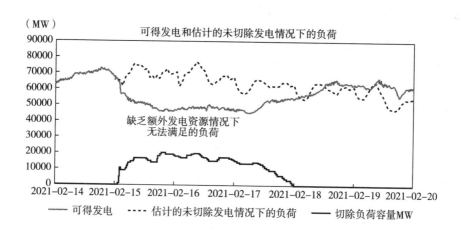

**图 12.1　得克萨斯州停电期间的负荷削减**

资料来源：Alison Silverstein. Texas Freeze Disaster. February 12–19, 2021. IAEE webinar. March 19,2021.

① https：//energyathaas. wordpress. com/2021/02/22/the–texas–power–crisis–new–home–construction–and–electric–heating/.

② 经过这一事件，得克萨斯州电力市场的市场最高限价从 9 美元/度下调到 2 美元/度（https：//www. spglobal. com/platts/en/market–insights/latest–news/electric–power/030321–texas–cuts–ercot–cap–from–9000mwh–to–2000–summer–exemption–mulled）。

③ https：//www. reuters. com/world/us/texas–power–retailer–griddy–files–chapter–11–bankruptcy–protection–2021–03–15.

其中，天然气短缺是造成这一系列问题的最直接与重要原因。得克萨斯州天然气提供了美国40%的需求，但是2021年2月出现了井口被冻住的情况，导致其天然气产量相比1月下降约15%①。局地价格由平时的低于5美元/百万英热上涨到超过100美元/百万英热。

事实上，得克萨斯州能源公司（Texas RE）和ERCOT在2020年9月3日举办了第九届冬季发电机气象研讨会。发电运营商和电厂介绍了他们从最近的极端天气事件中得到的经验，涵盖了经验教训、最佳做法和可靠性改进②。对于可能发生的天然气管道、机组低温下的能力下降已经有讨论。但是，这种出力能力减少的巨大程度，还是出乎之前的预计。

得克萨斯州事故造成了较大的美国国内与国际影响。通过分析我们可以总结：本次事故的事实是燃料短缺，供给不畅；导致这一事故发生的原因则是天气寒冷和主要能源基础设施抗低温能力不足；而这一事故带给系统平衡的影响是，燃料的短缺造成天然气机组出力大幅低于铭牌容量，其他机组的出力也有所下降。在此次危机发生之前，ERCOT的容量备用预计是15.5%③。这在正常情况下并不低。但极端小概率事件还是发生了。

## 欧洲电网短时解列

**2021年1月8日，起源于克罗地亚的设备故障问题导致南欧与中西欧电网出现短时间解列。** 彼时，南欧正处于宗教节日假期期间，天气温和、电力需求低；而中西欧地区则因天气寒冷而电力需求高。它们之间的电网断面潮流（功率在线路上的分布）相比平时的情况要大很多。事故时刻，克罗地亚一变电站母线设备故障，造成其他电网部分过载，从而电网解开，电力传输断掉。母线耦合器（busbar coupler trip）跳闸④，造成短时（20s）频率超标准波动（见图12.2）。

---

① https://www.eia.gov/todayinenergy/detail.php?id=47896.

② http://www.ercot.com/committees/workshops/2020.

③ https://www.spglobal.com/platts/en/market-insights/latest-news/electric-power/121620-ercot-sees-155-reserve-margin-up-from-2020s-126-down-from-may-forecast.

④ 母线耦合器跳闸不在N-1可靠性#考虑范畴之内。但是它的故障确实造成了电能质量超过规范阈值，比如频率波动超过0.2Hz。

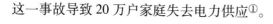

这一事故导致 20 万户家庭失去电力供应①。

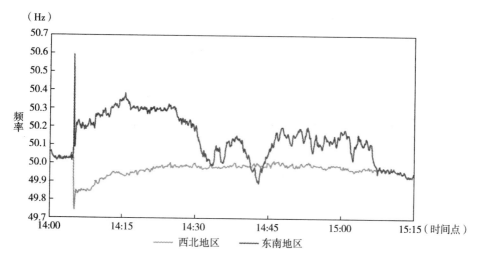

**图 12.2　极端天气下的潮流突变**

资料来源：What do the recent blackouts tellus about the current state of decarbonised power systems? https：//www.iaee.org/documents/2021/webinar_kiesling_Bialek.pdf.

**这一事故根本上也是由天气原因引发的。**系统的天气脆弱性与抗极端天气能力不足。事实上，欧洲电网上一次大的电网事故发生在 2006 年 11 月②。当时，电网分裂为 3 个部分，超过 1500 万人受影响，主要在德国与法国。事故的起因是人为操作失误，引发了 N-1 可靠性资源不足。目前，系统运营商（Transmission System Operator，TSO）领域有人已经表示：目前的欧洲电网，由于变化的电源结构与系统情况，已经无法应对与 2006 年类似的情况③。

### *江西湖南间歇性停电*

2020 年底到 2021 年 1 月中旬期间，中国的湖南、江西相继发布有序用电或限电通知。湖南长沙部分工商业企业削减负荷或"错峰"生产，同时办公场所

---

① https：//www.bloomberg.com/news/articles/2021-01-27/green-shift-brings-blackout-risk-to-world s biggest-power-grid.

② https：//www.econstor.eu/bitstream/10419/190501/1/1043587349.pdf.

③ https：//renewables-grid.eu/activities/events/detail/news/rgi-pik-mercator-workshop-are-our-market-designs-and-policies-fit-to-reach-the-paris-agreement-per.html.

在白天"原则上不开空调"。当时国家发展改革委对此做出的解释包括：工业用电的快速增长；极寒天气增加负荷需要；外受电受限和机组故障[①]。

需要注意的是，国家发展改革委的解释是全国地理尺度的。2020年12月14日、16日、30日和2021年1月7日，全国最高调度负荷连续4次创出历史新高，特别是1月7日晚高峰负荷达到了11.9亿千瓦。11.9亿千瓦的负荷比2020年夏季峰值增长了10%以上[②]。因此，年底前的限电并不被需求的增长所充分解释。

目前缺乏高分辨率信息，比如小时尺度的数据形成精确的理解。但是，有一点似乎越来越明确，华中地区的省份，其最高负荷除了过往的夏季外，冬季也越来越明显，呈现"双高峰"的特点（见图12.3）。这一方面是系统利用率的好消息，另一方面也意味着冬季平衡压力的加大。

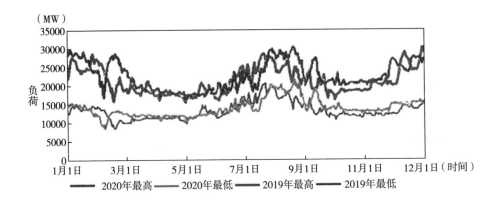

**图 12.3　2019 年和 2020 年湖南日最高、最低负荷曲线**

资料来源：https：//news.bjx.com.cn/html/20210315/1141804.shtml.

## 汇总分析

**表 12.1　近期电力事故的描述**

|  | 得克萨斯州停电 | 欧洲电网解列 | 湖南 | 江西 | 2021 年 9 月多地拉闸限电 |
|---|---|---|---|---|---|
| 容量不足 | + | + | ++（机组故障） | 未知 | － |

---

① http：//www.xinhuanet.com/2020-12/17/c_1126874945.htm.

② https：//m.thepaper.cn/wifiKey_detail.jsp？contid=11607229&from=wifiKey.

续表

| | 得克萨斯州停电 | 欧洲电网解列 | 湖南 | 江西 | 2021 年 9 月多地拉闸限电 |
|---|---|---|---|---|---|
| 燃料不足 | +++ | − | +（需要保障电煤） | 未知 | +++ |
| 需求增长大幅高过之前预期 | ++ | +++ | ++ | ++ | + |
| 风光出力低于常态下预期 | + | 未知 | + | 不明确 | + |
| 其他因素 | 居民采暖需求大幅增加 | 系统电源分布不均，空间布局不合理 | 省间交换不灵活，市场割裂 | 省间交换不灵活，市场割裂 | 部分地区通过限制经济活动实现能源消费控制目标 |

注：对事故原因的这一描述性说明，仅为理解事故是如何发生之用。它并不具有事故责任的划分含义。一个基本逻辑：各个电源单独并不对整体系统的安全性负有先入为主的责任。这一整体可靠性的实现，一般通过机制设计、不同机组互相补充实现。

资料来源：笔者根据各种来源材料汇总分析。"+"表示构成相关因素。++，+++表示相关的程度大小，两个加号代表比一个加号的影响更大，三个加号最大。"−"表示与这个因素无关。

# 华东 2021 年夏季容量充足性评估

## 电力负荷中心

华东是我国的经济中心，电力负荷大。华东电网地理上包括上海、江苏、浙江、安徽、福建四省一市，是中国的重要经济中心，人口占全国的 1/5，年 GDP 约占全国的 1/4。2020 年华东用电量接近 1.8 万亿 kWh，占全国的 1/4。2020 年夏季最高负荷出现在 8 月 14 日，达到 3.12 亿 kW[①]。

华东地区一直是电网与电力流格局中的"受电端"。到 2020 年底，华东电网在运跨区直流 11 条，外来电容量接近 7000 万千瓦。华东区域内也存在定位安徽为送电端、上海为受电端的"皖电东送"安排。

华东地区的最大负荷出现在夏季。这也意味着，"迎峰度夏"是系统平衡最为困难的时刻。

---

① https://shoudian.bjx.com.cn/html/20201123/1117332.shtml.

由于不同省份负荷特性略有不同，其夏季用电高峰出现的时间有所区别。就华东地区而言，其夏季用电高峰通常出现在 7 月中旬至 8 月下旬[①]。其中，处于最南端的福建出现的最早，在 7 月 24 日；而长三角地区比较接近，普遍在 8 月中旬；浙江夏末高温天气较多，最大负荷出现在 8 月 25 日，最晚。

根据 2018 年的负荷曲线[②]估计，整个地区的负荷高峰相当于各个省高峰用电之和的 92% 左右。也就是说：如果以满足最大负荷为目标进行装机，基于目前的负荷特性，以区域为平衡区来进行系统运行要比各个省分别平衡（目前的情况）减少 8% 左右的物理装机。

### 风光具明显保证容量

风电与光伏对应于系统的最大需求时刻，均具有明显的保证容量。我们对江苏省 8760 小时的负荷与出力曲线的评估显示：夏季用电峰值时刻，光伏的出力可以占到额定容量的 60%，而风电也有 30%（见图 12.4）。

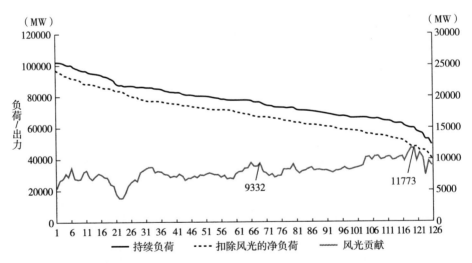

**图 12.4　江苏省 2018 年负荷与风光保证容量的统计规律**

资料来源：卓尔德环境研究中心根据国家发展改革委公布的 2018 年各省负荷曲线绘制，负荷数据来自国家发展改革委资料；风光出力信息来自 https：//www.renewables.ninja/。

---

① https：//shoudian.bjx.com.cn/html/20201123/1117332.shtml.
② 从天气情况看，2019 年与 2020 年存在较大差异，并且公开负荷资料不充分，更近年份负荷曲线尚不可得。

*部分省份独立平衡有压力*

常态情况（normal condition）下，外来电正常供应，风电与光伏都保有其统计规律上的保证容量。这种情况下，系统的充足程度是最大的。这里，我们根据各种程度的不确定性按照可得性有无进行发电资源贡献评估，依次是：本地可控装机、风电与光伏的保证容量出力以及外来电的容量支撑贡献。

**本地可控装机加上外来电，以及光伏与风电的贡献，华东每个地区都可以保证充足的备用率水平。**基于2020~2021年的最大需求预计与可得电源，总体上，按照整体华东地区一体化调度的安排，相比系统可能的最大负荷，系统在2021年有望保持30%以上的充裕度（见图12.5）。各个省在正常情况下也可以保证充裕度的充足，虽然浙江处在临界点。

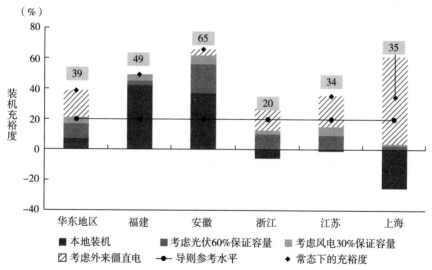

图 12.5　华东地区不同条件下的系统充足性——分省平衡与区域平衡

**上海与浙江存在本地负荷小于最大需求的情况。**不考虑风电提供容量支持的情况，从本地装机来看，浙江与上海本地电源装机无法满足整体需求。如果外来电大比例宕机，叠加本地光伏出力不理想，那么这两个地区系统备用很可能耗尽。当然，这是极端情况，出现的概率非常之低，可以认为接近于零。其他不确定性在很大的区间内都不会对系统充足性造成颠覆性影响（见图12.6）。

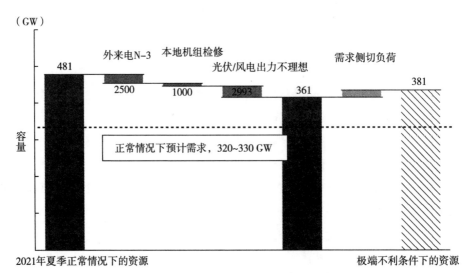

**图 12.6   华东区域平衡下的系统资源及其不确定性**

**更大区域的平衡可以减少 8% 的冗余装机。**华东电网内各省经济发展水平和电价差异不大，新增订立的火电标杆价差为 3 分/kWh 左右，显示了这个市场的各省情况比较均一。从最大负荷出现的时间来看，也比较集中。但是由于区域的电力负荷很大，就绝对量而言，这相当于减少 3000 万千瓦左右的装机，相当于节省超过 900 亿元固定资产投资。

# 华中 2021 年冬季容量充足性评估

## *负荷互补性更强*

**华中电网处于我国中部。**地理上包括湖北、湖南、河南、江西四省，传统上是电力外送区域，是三峡（湖北）以及众多水电发电资源所在地。根据湖南与江西的地理与气候特点，冬季的负荷并不低于夏季。四川与重庆同属华中电网行政权限，它们原来的两条 500kV 交流联络线，目前改成渝鄂直流联网，因此属于独立区域电网。

**全年来看，华中电网同时受入与送出电力。**华中地区最近几年也建设了几条从西南水电以及西北的受电通道。整体上，湖北的三峡与葛洲坝水电持续外送，而其他省份维持净受入电力状态。

由于不同地区负荷特性略有不同，其用电高峰出现的时间有所区别。华中地区，其夏季用电高峰通常出现在 7 月至 8 月上旬①。但是全年的用电高峰湖南、江西有可能出现在冬季。这预示着更大范围平衡运行下相比华东地区的更大收益。

根据 2018 年的负荷曲线②估计，整个地区的负荷高峰相当于各个省高峰用电之和的约 89%。也就是说：如果以满足最大负荷为目标进行装机，基于目前的负荷特性，以区域为平衡区来进行系统运行要比各个省分别平衡（目前的情况）减少 11% 左右的物理装机。更进一步、更大范围的平衡运行，使得整个负荷曲线冬夏季更加平衡，可以有效地提高各种机组的利用率，降低度电成本。

## 冬季发电资源总体充足

正常情况下，华中地区存在过剩程度更大的系统充裕度，普遍超过 30%。这主要来源于本地各种装机的丰富性，即使考虑到湖北的装机容量有相当部分是外送的（见图 12.7）。

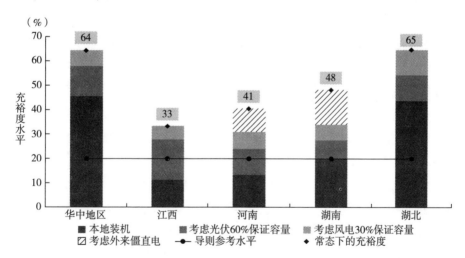

图 12.7　华中地区不同条件下的系统充足性——分省平衡与区域平衡

资料来源：笔者基于收集的电源容量、500kV 以上联络线以及负荷信息计算。

---

① https：//shoudian.bjx.com.cn/html/20201123/1117332.shtml.
② 2020 年负荷曲线尚不可得。2019 年天气情况比较特殊，与 2020 年存在较大差异。

从本地装机来看，湖南、江西本地可控电源装机不足。如果外来电出现 N-2 以上的宕机，叠加本地光伏出力不理想，那么这两个地区很可能系统备用耗尽。如果风电能够提供一定的容量支持，那么本地紧张情况将缓解。从历史统计来看，这种可能性不能排除。

### 区域平衡可节省 11%的装机

在华中地区，更大平衡范围将发挥相比华东更大的作用，节省**11%**的冗余装机，短期内可以不用增加任何可控电源。即使按照新增投资成本最低的天然气单循环机组（2800 元/千瓦）计算，也相当于节省超过 450 亿元冗余装机投资。

# 结论与建议

### 更大范围平衡系统收益巨大

在更大范围、更短尺度平衡电力系统的需求与供给，集合不同的出力与需求特性，将更有效率地发挥电网互济功能，有效降低对新增发电与备用资源的需求。

在华东地区，这一区域具有充足的已建成系统资源，可以保证短期不增加任何可控化石电源，也可以保证系统充足性。更大区域的平衡潜在地可以减少 8% 的冗余装机。由于区域的电力负荷很大，从绝对量而言，这相当于减少 3000 万千瓦左右的装机，相当于一次性节省超过 900 亿元。

在华中地区，这一"更大平衡范围"将发挥更大的作用，节省 11%的冗余装机，短期内可以不用增加任何可控电源。测算显示，即使按照新增投资成本最低的天然气单循环机组（2800 元/千瓦）计算，仍然相当于节省了超过 450 亿元冗余装机投资。

当然，要实现这一更大平衡范围要求，需要投资加密一些联络线[①]，以及相应的调度平衡自动化技术、监管治理体系的补充，以及定价体系的本质性改变。

---

① 这一投资，因为地理区域之间"相邻"，其需要的线路长度非常有限，投资总额不大。

### 新增煤电缺乏经济理性

能源部门需要在 **2050 年左右完全脱碳是一个基本的结论**。2060 年前在中国实现碳中和无疑是一场"马拉松",它不可能在最后阶段"冲刺"实现,而必须以可接受的成本(效率),在满足能源平衡、安全与其他各种约束,以及对各个社会主体保持公平的前提下,渐进式地实现。一个广泛涉及经济、财政、产业、就业、创新与社会政策的政策框架,才能使中国稳健地拥抱能源转型与最终碳中和。

**足够低等碳排放强度是未来中国电力系统的重要约束**。排放强度最大、经济价值最低的煤炭与煤电要么先被淘汰,要么应当加装碳回收装置。而碳回收技术应用在经过了 20 年的研究与开发、示范后,仍旧没有规模化的充分证明。

**电力部门需要制定碳排放强度下降的阶段性目标**。过去的能源与气候情景的研究充分表明:电力部门是减排技术选择最多,且减排成本已经实现有效降低的部门,应该首先实现深度脱碳直至(近)零排放。目前,在中国电力生产结构中,煤电排放强度在 $900gCO_2/kWh$,而整体电力排放强度在 $550gCO_2/kWh$。政府需要制定从这一水平逐渐到 2050 年下降到接近于零的路线图及其实现的政策工具。

**未来中国的电力结构,需要大比例的可再生能源加上大容量、低利用率的天然气单循环发电,以及满足季节调节需求的电源**。由于风光的波动性,其总装机会高出最大负荷很多倍,才能实现高发电比重。弥补"风不刮、无光照"情况下的电力供应,需要的不是年运行小时数足够高才有经济性的煤电,而是投资成本更低的技术,如需求侧响应与天然气单循环机组等。在可再生能源比例已经很高的情况下,季节性的储能需求可能出现,那是其他低碳机组,比如核电的角色。

### 新型电力系统建设的短期建议

**逐年监测评估系统充足性并提高透明度**。类似于欧洲输电协调联盟(Union for the Co-ordination of Transmission of Electricity,UCTE)[1] 与北美可靠性委员会[2]

---

[1]　https://www.ucte.org/_library/systemadequacy/saf/UCTE_System_Adequacy_Methodology.pdf; https://www.entsoe.eu/outlooks/midterm.

[2]　https://www.nerc.com/pa/RAPA/ra/Pages/default.aspx.

的做法，建议政府监管部门（国家能源局市场监管司等）就系统充足性透明度问题开展专项监管，要求系统调度机构须逐年编制并公开系统充足性回顾报告，以及系统充足性展望报告。

**更多地投资 500kV 及以下的电网加强，为更大区域电力平衡与统一市场建设奠定基础设施。**这在既有基础设施比较薄弱的华中地区尤其重要。同时，要对电力的生产与使用更多地进行统一市场安排，而不是形成各种"特供电"（比如"省间"市场）割裂市场，忽略供电者与需求方的供需动态。这关系到整个社会对于系统运行以及应该如何运行更高水平的认识。

# 案例：不确定的天气如何影响储能需求

**电力需求存在固有的不确定性，不可能 100%预测准确，而越来越多由天气决定出力的风光参与系统，意味着更大的不确定程度。**二者叠加，为了应对不可预见的净负荷（总负荷减去风光出力）增加，需要准备多大程度的备用就成为一个风险管理问题。一个典型的电力工程学问题是：给定需求与供给侧的诸多程度不同的不确定性，应该在各个时间尺度（小时/天/季度/物理备用）上安排多大的冗余（供给减去最大需求），才能实现一个"理想"的电力保障程度（比如年停电 5 小时以内）。这个"理想"，显然是个成本与保障程度的权衡，不可能堆上无限的资源保障"万无一失"，也不能一点余量没有而在运行中动辄"切负荷"。

**就风电光伏而言，理论上，总有那么一些时刻，风也不刮，也没有一丝阳光，其出力为零。**因此，无论装多大的容量，其最小出力也是零。那么，这是否意味着它们保证容量在充足性评估中要按零考虑？这无疑又是极端，并不是工程规则（只在一个通常的范围内成立）的惯例。现实中，一个可操作与经济性的处理，是类似于自然灾害应对的"10 年一遇""100 年一遇"情况下的设定。

**Ruhnau 和 Qvist（2021）基于德国 35 年的天气资料研究了这种极端天气存在的影响。**之前很多更短时间（比如 1 年或者 10 年的统计资料）统计规律的研究通常表明：长时间的电力短缺通常不会超过两周，但是他们发现这一短缺在更长时间内可能长达 9 周。不同年份是不同的。这意味着对长时间储能，比如核电或者 Power to X 的更大需求。

**Gruber 等（2022）对美国得克萨斯州 71 年的气象资料进行了分析，以了**

解 2021 年的这场雨雪冰冻灾害到底在多大程度上属于极端事件，以及为了避免这种"低风险、高损失"采取的措施是否值得（见图 12.8）。不同年份相比较而言，2021 年的最低气温并不是历史最低，要高于很多历史年份；而持续冰冻时间较长，但仍短于 1983 年，与 1962 年相当；但是，2021 年的事故是最大程度的电力（kW）短缺，而持续时长（hours）要低于 1962 年与 1983 年的事故。

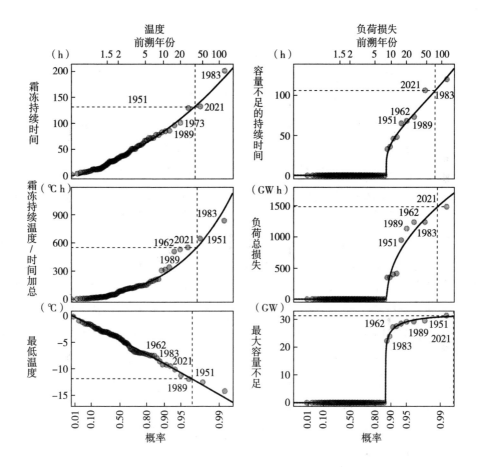

图 12.8　美国得克萨斯州 71 年天气资料中 2021 年事故的相对位置

资料来源：Gruber K.，Gauster T.，Laaha G.，Regner P.，Schmidt J.（2022）. Profitability and investment risk of Texan power system winterization. Nature Energy，1-8. https：//doi. org/10. 1038/s41560-022-00994-y.

在随机理论中，我们往往需要区分三种（甚至更多）不同性质的"不确定性"——风险（risk）、不确定（uncertainty）以及模糊（ambiguity）。它们可以通过人们对于随机结果（outcomes）以及相应的概率（likelihoods）是否了解进行区分。风险指的是那些结果与可能性都清楚的随机事件，比如扔硬币，或者正面，或者反面，二者的概率是一半对一半；而不确定事件的各种结果往往是事先知道的，但是概率并不明确，比如人类是否会彻底灭绝的问题；模糊事件指人们既不知道可能的结果，也不知道结果对应的概率，完全可以称之为一种无知（ignorance）。

历史总是惊人的相似，但并不是简单的重复。过去的总结，往往只能用来理解过去，在多大程度上可以预测未来，不得而知。预测神棍们如果沾沾自喜于似乎准确或者比较准确地预测了某个东西，而不是从这种预测准确中获得了多大收益或者避免了多大的损失，其实99%（或者100%）的情况下都是运气还好而已。"未知的未知"（unknown unknowns）是永远存在的。

趋势是那些假以时日就可以实现的东西。在我国，由于社会规范巨大的"裹挟"作用，趋势还是一种"论证完毕"的快捷方式。它自动跳过了为何需要顺势而为，而不是逆势而动的必要逻辑论证。趋势有内在的，或者已经存在的持续动力。在煤炭代替薪柴的过程中，很明显可以看到确定性的趋势。因为煤炭在当时的环境下，可能各个方面都比薪柴要优质、清洁、能量密度高；内燃机汽车代替马车的过程，无疑也是一种快速的趋势。那么，碳中和呢？便宜的占据更大的市场份额是个趋势？可惜笔者还总结不出来一个碳中和的趋势。

情景是我们理解复杂未来多种可能性的工具之一，帮助建立能动性的政策。基于可能的驱动力与影响因素，探讨其可能的结果。我们现在热烈讨论的碳中和显然不是"照常发展"情景。也就是说：基于目前的政策、技术与消费动态现状，是无法实现碳中和的。需要探讨的是"从现在开始的增量政策是什么？"。情景无疑是一种主观的社会构建（social construct），它并不代表客观与真实存在，而是建立在若干前提与假设基础上的构建结果。

通配卡（wild card）指的是那些足以改变事物形态的低概率、高影响的事件或者变化。

与"黑天鹅"事件不同的是，通配卡跟"微弱信号分析"（weak signal analysis）与临界点（tipping）联系在一起，可以包括各种微小概率事件酿成的巨大改变动力。而"黑天鹅"本来就是存在的，它更多指的是确定性事件但是还不普遍为人所知①。一些重大的颠覆性技术可以预见是通卡，比如特别便宜的储能、热核聚变商业化等。当然，它们是否能够实现这样的技术经济表现，高度不确定。

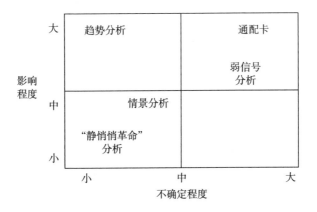

**图 12.9　基于不确定程度与影响深度的问题类型**

资料来源：Kaivo-oja J.（2012）. Weak signals analysis, knowledge management theory and systemic socio-cultural transitions. Futures, 44（3）：206-217.

笔者不是这方面长期研究的专家，但是它对于我们区分各种天气事件的性质往往是相关甚至是重要的。有兴趣的读者可以进一步参阅相关的书籍文献，比如 Taleb（2007）、Kay 和 King（2020）、Oehmen 等（2020）、Stirling（2003）等的研究。

---

① 《黑天鹅》一书的作者是否同意这种解读，笔者不得而知。

# 第 13 章　最优电源结构与可再生能源竞争力——以浙江为例

Give them a forecast or give them a date; just never give them both.

——Jane Bryant Quinn, Financial Journalist

## 引言

我国已经确定了 **2030 年前实现碳达峰、2060 年左右实现碳中和的集体目标，是为"双碳"目标**。如何以公平、有效率、可管理的方式从现在开始趋近这一目标，系于各项政策的实施效果，并考验政府的治理能力。

总体目标涉及的维度通常包括：

**产业维度**——哪些部门与产业首先实现深度减排？

**时间维度**——什么时候？实现何种中间（interim）目标，比如 2030 年/2035 年目标？

**空间维度**——哪些地区因为更低的成本而率先实现低碳乃至零碳发展？

从部门与产业看，过去的能源与气候情景研究充分表明：电力部门是减排技术选择最多，且减排成本已经实现有效降低的部门，应最先实现深度脱碳直至（近）零排放。目前，我国电力生产结构中，煤电排放强度在 $900gCO_2/kWh$，而整体电力排放强度在 $550gCO_2/kWh$ 左右。政府需要制定从这一水平逐渐到 2050 年下降到接近于零的路线图，以及实现这一路径的集体性政策工具。

基于电源排放强度以及其他各种物理、经济约束，经济学上讲的"最优电源结构"（optimal power mix）对应着系统成本的最小化。如果再加上消费者福利效用，就是福利最大化框架。

这一最优电源结构如何构成，跟非常多的需求、供给以及系统层面的因素相关。特别包括：

——**供给侧**：受技术进步、规模效应、市场环境、资源质量、资本成本等驱动，风电光伏与化石能源发电的成本变化动态。

——**需求侧**：总体需求特性及其随着时间的可能变化。工业、商业与居民用户的用电行为及其改变是影响因素。

——**系统层面**：需求特性与可再生能源出力特性不一致的程度越大，那么系统最优结构中的风光比例就越低。其他电源也是这一逻辑。

——**超越技术经济**：比如政府出于更广阔目标（比如制造业竞争力、军事资源、控制能力）的考量，对某种电源或者应用（比如储能产业）的特殊偏好。这方面的额外约束，有些时候可以明确区分合理不合理，但是有些时候会变得模糊。如果这些约束纳入技术经济框架，那么所谓的"最优结构"也会发生变化，甚至很大的改变。

**因此，这一最优结构的理解，已经大大超过了人的主观直觉能够把握的范围**。而这恰恰是模型，特别是大型应用数值型模型——以逻辑一致的方式考虑足够多的因素与约束的优势。

本章，我们以浙江在气候约束下的电力结构情景为例，采用卓尔德（北京）中心使用与维护的基于 Google Colab 云与 Python 平台的电力系统运行与投资优化模型 *Draworld-P* 来模拟说明。

# 可再生能源竞争力与"平价"

可再生能源，特别是风电与光伏发电在全球保持着快速增长，建设成本大幅度下降。在大部分时间与空间尺度上，长期度电成本（LCOE）已经比燃煤发电更低，更不用提成本最近出现大幅上涨的天然气与核电。

那么，我们可以说可再生能源能够依靠自身的竞争力，不需要政府政策去干预，实现市场竞争环境下的自主发展驱动电力系统的结构变化，从而一步一步实现减排吗？

这个问题是重要的，为社会各界所关注，比如：

- 投资者关心如何投资决策，避免亏损乃至长期的电源提前退役；
- 政府关心气候减排，以及未来补贴是否需要以及需要多少的问题；
- 经济学者关心风电的波动性意味着何种经济成本；
- 工程师关注可再生能源并网（超越接入成本）的总体成本。

但是，同时这个问题是复杂动态的。

**首先需要明确的是：可再生能源自身的成本变化，也并不总是朝向成本下降的方向。**

技术进步与规模效应会带来单位成本下降，但是市场环境还与资源质量等有关。上游原材料如果大幅涨价了，那么设备成本必然也会因此上升；如果全社会的资本成本上升，那么风光发电作为更加资本密集的发电类型，受到的影响会格外大；随着资源优质地区的风光资源开发"完毕"，次级资源地区的度电成本也会受到下降的利用率的影响。

**其次，传统化石能源面临竞争情况下的动态调整也影响二者的竞争力关系。**能源市场是联动与存在互动影响的，甚至与整个宏观经济要素的流动（资本、人力等要素存在稀缺性）相互影响。这系于传统能源的成本（短期与长期存在本质的不同，是否考虑沉没的投资基础设施成本），以及可再生能源的投入要素成本，特别是资本成本、原材料成本等（比如钢铁、铜、硅料等）。

**再次，可再生电力与传统可控电力间市场价值的差异是什么？**对于消费者而言，电力往往是均一的产品，不需要区分是煤电还是可再生发电。但是从供应侧来说，由于出力的时间、空间与灵活性有所不同，供应的往往并非一种产品。这样，基于长期平均成本的比较就缺乏统一基准，相当于比较苹果跟橘子的价格。在可再生能源日益增多的情况下，如前述章节（本书第 11 章）展示的，必须考虑这种异质性，也就是涉及可再生能源电力市场价值的讨论。

基于这些考量，从微观经济学的"零利润均衡"出发，需要界定<u>可再生能源竞争力等价为其*长期成本等于长期收益对应的份额水平*</u>，而不是简单的各种电源的平均成本比较。

因此，在风电光伏已经比传统电源长期成本更低的当下，它们可以依靠自身的竞争力，份额扩大，直至收益下降到自身成本水平。这一时点之后，就必须继续依靠额外的气候政策的帮助。否则，风光就会停止在某个"自然最优水平"上。这一"故事情节"（narrative）构成了本章模拟的情景内容。

# 波动可再生能源引发模拟方法论挑战——更小尺度的运行约束

风光的波动性对于大尺度模型电力平衡模拟具有很强的含义。年度尺度上的平衡，隐含着电量（kWh）可以在年度以内任意"移动"去满足波动性的需求。而最优结果往往对应各种电源的长期平均成本的比较，所谓平准化成本（LCOE）。如果只考虑年度的电量约束，那么无疑，只要堆足够多的光伏，完全可以覆盖 100% 的电量（kWh）需求。但是，显然这样的系统在太阳落山之后就会面临发电资源不足的物理平衡约束，而在中午也面临过剩电力如何消化的问题。更小时间尺度的运行约束必须作为额外显性约束做必要的添加，以反映不可控的电源出力。而这些约束，对风光本身以及其他机组的容量与利用率水平都将具有显著影响，从而影响整个系统的最优结构构成与成本动态。

过去标准能源经济环境模型往往关注中长期问题，比如关注 2050 年乃至 2100 年的能源气候系统变化，通常具有 1-5-10 年的求解步长（time steps）。这属于规划问题（比如从几年到几年）或者政策评估问题（从几年到十几年乃至几十年）。方法论上，往往并不考虑年度尺度以内的供应与需求的波动性。这会导致一定的误差，比如倾向于发展非常多的基荷电源（加装 CCS），低估电力系统的整体成本。但是如果所有的电源都是可控的，这种误差的程度还是有限的。年度尺度的平衡往往意味着更小尺度也平衡，因为大部分机组（如果不是全部）都可以自由地调整，满足各个必要时间段的需求。有功功率的平衡，往往意味着无功平衡也不是问题，因此只要关注第一个即可。

这一简化在不可控风电光伏高比例的系统显得不可行了。在风电、太阳能光伏大发展以及未来需要更多（甚至出现纯可再生能源系统）的背景下，不考虑更小尺度的波动性因素已经意味着巨大的误差，甚至是错误（见专题 13.1）。不考虑运行细节，就无法知道风光的收益，也不知道其他电源的逻辑一致的利用率水平。在大尺度的能源电力模型中，嵌入对更小时间尺度波动性的考虑，是一个研究与模型开发的热点。如何尽可能考虑风光的出力特性，又同时维持模型的复杂与求解难度可控，是一个重要的权衡问题。

## 专题 13.1　大尺度模型为何日益需要考虑小尺度运行约束?

**以舒印彪等（2021）的研究为例。**他们利用 1.5 倍的风光就能实现 92% 的可再生能源。其中可能有水电的贡献，从 2030 年的 4 亿千瓦增长到 5 亿千瓦。但是如果我们仔细分析一些极端的情况，比如风电/光伏持续低出力（意味着储能放光）的情况，这个系统配置很难满足系统物理平衡的基本需要。

比如，在 2060 年，风光装机 46 亿千瓦，需求侧响应能力 4.5 亿千瓦的情况下，储能放光，电转氢无系统容量贡献价值的情况下，可控装机+需求侧响应只能提供 22 亿千瓦的最大资源，远低于设定的最大负荷 30 亿千瓦。

假设系统 8760 小时全年的最大负荷一直在增长并不存在明显的问题（尽管在我国 30 亿千瓦的最大负荷，同人均用电量超过 1 万度一样，现在还难以想象），但是系统的低谷负荷往往并不会相同程度抬升。另外一个极端，给定风光的容量超过了最大负荷，因此系统也会有相当多的时候，单单风光地出力就会超过需求水平。

设想一种情况，风电大发的时刻，风光出力就超过 20 亿千瓦。如果遇到系统底谷负荷（5 亿千瓦），即使算上储能 2 个亿千瓦（披露设定），抽蓄 4 亿千瓦，需求侧响应 4.5 亿千瓦，还需要切除可再生能源 4 亿~5 亿千瓦。

这意味着系统仍旧存在程度不低的"过发电"。这种情况下，对可再生能源发电的切除，意味着其全年发电小时数会比理论能力低。但是，文章数据显示的风光小时数到 2060 年高达 2400 小时与 1500 小时，甚至高于 2020~2030 年的水平。这是难以理解的。

**难道是因为电网层面的联网 2030~2060 年经历了重大变化，对更大范围内的风光出力与需求进行了"平滑"，从而规避了大部分供需不匹配?**理论上有可能，但是从全文看，电网网架并不在模拟核算范围之内。

因此，我们的主观猜测是:

*文章并没有对风光出力进行运行层面约束的考量，而仍旧维持年度尺度的电量平衡测算。2060 年 92% 的可再生能源发电下的电源结构，系统性高估了风光的电量贡献，从而低估了实现低碳能源系统的风光容量要求。*

考虑可再生能源的这种特性，确定性（deterministic）模型的处理方式包括:

- 添加可再生能源发展的上限约束，比如最大份额。显然，这一参数设定是非常武断的。模型的结果往往由这些外生直接约束（hard bounds）决定。

- 对可再生能源进入系统添加额外成本项。参数化仍旧是个困难。此外，系统中的化石能源类型跟可再生的互动影响也难以考虑。

- 添加计量模块，考虑系统为风电入网提供的备用、储能或者联网设施的投资成本。这种对可变性的考虑可能并不全面，比如预测误差的考虑，并且参数化困难。

- 添加新的平衡约束方程，考虑系统可提供的"灵活"能力与可再生需要的能力间的平衡。但是这一考虑是没有时间分辨率的，也就是在哪个时间尺度上的平衡，仍旧属于高度"程式化"（stylized）的表示。如Sullivan、Krey 和 Riahi（2013）对 Message-Macro 模型的额外方程添加。

- 与高分辨率的电力系统生产模拟模型软连接，比如小时级的运行与投资共同迭代优化。但是如何保持模型的一致性，以及这些生产模拟模型如何反作用于能源经济环境模型均是未知数，比如考虑的系统成本的界限。如 Luderer 等（2022）对 REMIND 与 Dieter 模型的软连接框架。

- 基于（净）持续负荷曲线的模拟。属于确定性参数，基于过去出力统计下仿真模拟的方法。这是大部分长期气候约束下的能源经济模型的处理方式。比如 Ueckerdt、Brecha 和 Luderer（2015）对 REMIND 模型的更新改造。

- 直接采用更小尺度的模型模拟年度大尺度问题。它可以对年内动态刻画得非常细致。但是在一些跨年的问题上，比如学习曲线、动态优化、逐年折旧需要额外的大量工作，在代码实现上很不方便。比如：年度 8760 小时开源模型（Hörsch et al.，2018）。

本章模拟主要采用经济模型（卓尔德维护的动态最优增长多区域模型 Drawold-E）与小时级运行与投资模型（Draworld-P，建立在开源 Python 库基础上）软连接的方式构建。

# 华东与浙江省情

华东电网从地理范围上，包括上海、江苏、浙江、安徽、福建四省一市，是中国的重要经济中心，人口占全国的 1/5，年 GDP 约占全国的 1/4。2021 年华东用电量 1.8 万亿千瓦时，占全国的 1/4。由于不同地区负荷特性略有不同，夏季用电高峰出现的时间有所区别。华东地区夏季用电高峰通常出现在 7 月中旬至 8 月下旬[①]。根据 2018 年的负荷曲线估计，整个地区的负荷高峰相当于各个省高峰用电之和的 92%。2021 年夏季最高负荷出现在 8 月中旬，达到 3 亿千瓦以上，其中江苏超过 1 亿千瓦，而浙江与上海均接近 1 亿千瓦。

华东地区一直是我国电网与电力流格局中的"受电端"，内部也存在"定位"安徽为送电端，上海为受电端的"皖电东送"安排。到 2021 年底，华东电网在运跨区高压直流 11 条，外来电容量 7000 万千瓦。此外，华东省份本地往往具有充足的本地装机，煤炭占据 50% 甚至更多的份额。而海上风电发展的潜力被认为是巨大的（见图 13.1）。

经济发达、能源结构相对绿色、治理能力完善的华东地区（上海、浙江、江苏、安徽、福建）无疑是最合适最先并且最大程度上实现脱碳的地区。浙江作为经济强省，已经在低碳发展方面取得了重要进展，例如，发展新能源、推广清洁生产和加强能源利用效率等方面。"十四五"规划资料显示，浙江省预期将进一步加大投入和创新，全面推进碳减排和碳中和工作。这包括加强能源转型、改造传统产业、发展绿色产业和生态保护等方面。同时，浙江省也将加强与其他省份和国际社会的沟通与交流，共同应对全球气候变化挑战。

具体而言，《浙江省能源发展"十四五"规划》重点强调了各种电源对低碳发展的贡献。浙江省低碳转型，尤其是海上风电的发展前景广阔，未来将成为该省经济发展的重要支撑之一。《政府工作报告》中的相关提法也表明了政府对该领域的高度重视，未来将实现清洁能源的大规模利用和低碳经济的可持续发展。

---

① https：//shoudian.bjx.com.cn/html/20201123/1117332.shtml.

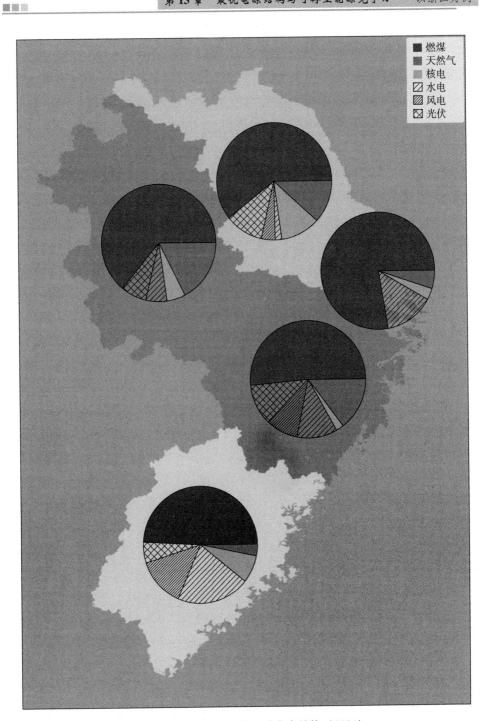

**图 13.1　华东地区分省本地发电结构（2021）**

资料来源：《中电联统计快报》，卓尔德绘制。

# 模拟网架结构

在欧美国家的实践当中，海上风电往往不仅具有发电功能，同时还具有联网功能（称为混合项目，hybrid project）。这些海上风电同时接入不同区域实现联网功能，在海上构成互联电网的一部分，从而不但提升了网状电网利用率，同时加强了各个地区间的电网交换容量。比如通过北海风电将荷兰电网接入英国电网[1]，美国 PJM 电力区域通过海上风电进一步加强控制区间的容量交换[2]。风电本身也需要这种灵活安排，规避任何单一地区价格与市场可得性/充分性风险。

基于此，我们设计了一省一节点（node），考虑目前的电网交换容量，并且包含海上风电互联网络（内生或者外生设定）的模拟网架结构（见表 13.1）。

表 13.1　华东地区分省 2020~2021 年电网交换容量（GW）

|  | 浙江 | 江苏 | 上海 | 福建 | 安徽 | 区外 |
|---|---|---|---|---|---|---|
| 浙江 | 101 | 1 | 1 | 0.5 | 3 | — |
| 江苏 | 1 | 141 | 2.5 | 0 | 1 | — |
| 上海 | 1 | 2.5 | 27 | 0 | 2 | — |
| 福建 | 0.5 | 0 | 0 | 64 | 0 | — |
| 安徽 | 3 | 1 | 2 | 0 | 78 | — |
| 区外容量 | 16 | 28 | 24 | 0 | 2 | — |
| 合计总供给能力 | **123** | **174** | **57** | **65** | **86** | — |

注：1. 对角线数字代表着本地电网内装机容量。

2. 行向（Rows）表示输出能力；列向（Columns）表示输入能力。本地线路多为交流/直流背靠背线路，可以双向运行或者方便换相，按照对称网络对待。

3. 各省装机代表其物理上处于该地。在我国，很多电厂如何使用，是政治权力在粗时间尺度决定的结果。本地电厂并不总是并入本地电网的。比如安徽有机组专门是供上海使用的。这种情况亟须改变。

资料来源：《中电联统计快报》；CREA－Draworld2021 年项目对"跨区专项工程"的汇总统计。见 https：//energyandcleanair. org/publication/power-system-adequacy-and-new-power-system-development-in-china/。

---

[1]　https：//www. rolandberger. com/en/Insights/Publications/Hybrid-projects-How-to-reduce-the-cost-and-space-of-offshore-wind-projects. html.

[2]　https：//www. esig. energy/pjm-working-with-states-to-advance-offshore-wind-and-other-renewable-goals/.

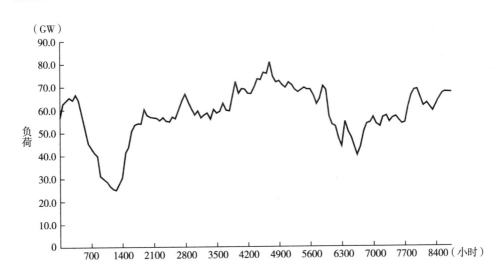

**图 13.2　浙江需求特性——8760 小时曲线**

资料来源：笔者基于国家发展改革委披露的年度曲线绘制。

# 模拟情景

站在 2022 年的时点，除了面临价格暴涨的天然气，各种已经商业化电源的长期度电平均成本（LCOE）相差不大。光伏目前的成本可能更低一些。但是光伏的竞争力会随着其发电量增加挤出高边际成本机组而下降，因为可以获得的收益减少（称为"市场价值"）。也就是说：如果光伏的增加消灭了中午的用电高峰，那么额外增加光伏的价值就会下降得非常快。因为新增装机不再解决其他时刻，特别是傍晚的供电问题。因此，如果有价格信号，光伏的自发增加动力会自动停止。当然，这一过程中，储能的安装必要性与动力会逐步凸显出来。

与此类似，风电也存在类似的现象——份额越大，市场中可获得的单位收益越低，但是程度会比较轻。此外，我们仍不具有经济性的海上风电。如果没有额外政策的加持，海上风电可以预计"学习"节奏（单位成本随着容量积累下降）将不可避免变得缓慢。

必须指出的是：电力系统并不存在随着时间自动发生的脱碳。如果缺乏额外的政策，其脱碳进程会自动停止。从而，未来会更加像今天，而不是一个期望的理想结构与部门动态。

**过去的模型模拟往往表明：实现 80%～100%可再生的减排是额外昂贵的，甚至缺乏可行解。**因为它涉及排放最少的灵活天然气机组的退出，以及在风光极高比例下季节性储能的需求，这种长期储能无论是制氢、电池还是其他方式，往往都是昂贵的。我们的模拟也显示了这一点。实现 100%减排需要的求解时间超过 5 小时，且需要较高频率的需求削减（demand shedding）才能具有可行性。

基于以上两方面的考量，我们设计并模拟了 2 个静态情景。

**第一，BASE-Scen 情景。**在缺乏气候约束的条件下，依靠可再生能源自身目前的成本竞争力，其能够实现的最优容量与电量份额，以及相应的电力系统的技术经济环境。

**第二，DM-Scen 情景。**添加气候约束，对应一个相比当前总排放减排 80%的系统中，系统的最优结构以及各个电源的角色。技术经济特性与 BASE-Scen 基本相同。

第一个是仿真情景，回答"会如何"的问题；第二个是"目标导向的情景"，回答"给定实现气候目标，电力部门需要何种改变"的问题。

# 情景结果与比较

这里我们简要报告模型模拟的结果，聚焦浙江省的低碳电力路径与结构。为了聚焦系统供给侧结构模拟，我们简单假设浙江的峰值需求（稳定水平）是 2019 年的 1.2 倍，整个负荷曲线的形状保持不变①。

Demo 版的 code 可以在 https：//colab. research. google. com/drive/1xEb6iMXx75nKBZnTO-zDdxjTJFNiqYty 查看与下载运行试用。第一次需要申请访问权限。

*最优容量结构*

**在 BASE-Scen 中，缺乏气候减排约束，系统投资结构的演变依赖直接经济**

---

① 这是一个很强也方便的假设。未来负荷曲线如何变化，是一个高度掺和消费者行为变化的问题，往往会额外复杂而缺乏明确的方法论。这是另外一个很专门特定的工作领域。

竞争力原则。

相比目前的结构，竞争力更强的风电取得更大的发展，在电源结构中占到1/3 的份额。光伏呈现类似的趋势，但是因为它无法提供夜间的需求满足，因此在容量到达一定比例之后，就会呈现"自我彼此竞争"的情况，无法获得足够的收益以回收成本，可实现 17% 左右的装机份额。传统化石能源中，煤炭因为其长期平均成本仍旧具有竞争力，仍旧保持 25% 左右的份额。而各种类型的天然气发电由于燃料成本高，仅占很小的比例。核电与水电在系统中有一定份额，但是它的发展无疑受限于自然条件或者厂址资源，总体潜力有限。

这一结构在 **80%气候减排约束 DM-Scen** 情况下发生巨大变化，表现为**风电，特别是光伏对煤电的进一步替代。风电与光伏的容量比例合计达到 3/4**。但是，由于可再生能源的波动性，系统的平衡对新的储能与发电形式提出了要求。在 BASE-Scen 进入电源结构之前，电池储能与电转氢存储发电均具有了一定的系统平衡角色（见图 13.3）。煤电在深度减排系统中彻底消失，而弥补"风不刮，也缺乏光照"情况下的天然气发电容量超过 10%。尽管它们的成本不低，但是相比新的储能，特别是长时间储能还是具有竞争力的。由于气候约束，它们的比例无法进一步增加。

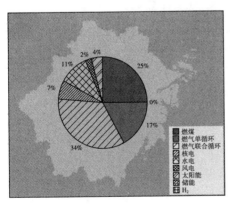 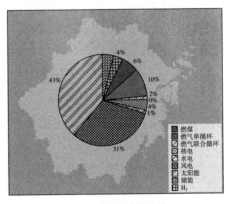

图 13.3　BASE-Scen（左）与 DM-Scen（右）下的最优容量结构

### 运行发电结构

基于以上容量结构，系统的运行遵循"边际成本排序"原则，已经建成的风光水核因为低的边际成本优先满足需求，而在它们出力不足的情况下，由可控的传统化石发电补足。这一点对两个情景是相同的。不同的地方在于煤电在 BASE-Scen 仍保持可观的发电份额；而在 DM-Scen 中，电池与 $H_2$ 储能均具有充电与放电的机会，而天然气联合循环因为灵活高效率与排放强度的最佳平衡也具有平衡供给与需求的重要角色。

### 电力系统平均成本与电价

基于 2019 年 6 月的需求特性曲线（见图 13.4），在 BASE-Scen 中，由于煤电在大部分情况下仍旧是系统的边际机组，电力系统的电价在 0.3~0.4 元的时刻比较多，系统总的平均成本也大致在这一区间。与之迥异的是，在 DM-Scen 中，系统的电价波动大幅增加，在风光充足的时候触及零电价，而在其出力不足的时刻（由天然气乃至氢能发电满足）超过 1 元/kWh 的电价。

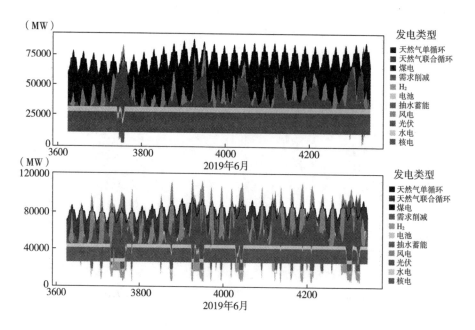

图 13.4　基于 2019 年 6 月需求特性的发电结构

全年平均，BASE-Scen 的电价保持在 0.38 元/kWh 的水平，与系统平均成本大体一致。DM-Scen 因为有高成本的天然气、储能与 $H_2$ 发电的更多参与，电

价水平在 **0.62 元/kWh**。相比而言，DM-Scen 中系统平均成本在 0.42 元。电价
与成本之间的差别，可以看作系统的稀缺租金（Scarcity rent），系统不再是"零
利润"的。它来源于各种储能技术实现的价值转移。储能本身有充电与放电的效
率损失，因此它对于充电（抬升电价）的影响往往要大于放电（降低电价），带
来了总体上系统电价的上升，以及各个参与主体利润的增加，并且支持自身的资
本成本的回收。6月逐小时电价示意图见图 13.5。

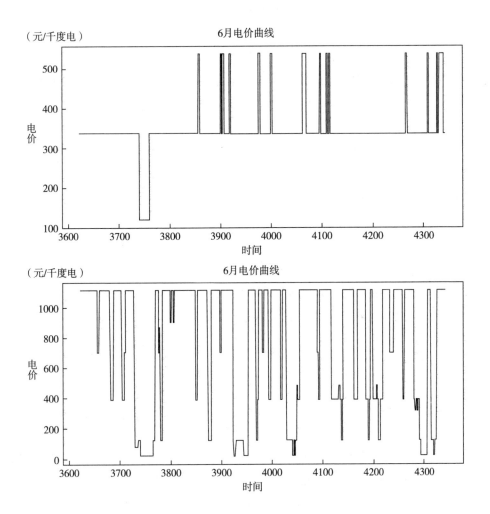

图 13.5　6 月逐小时电价示意图

### 发电技术利用率

基于以上容量、电量与成本结构，两种情景显示了差距巨大的技术利用率水平。

**BASE-Scen 中核电与水电因为很低的边际发电成本，保持其理论上最大的发电小时数，而煤电维持在 4000 小时的水平。** 满足风光不足的个别时刻，高成本的天然气发电仅实现几十到几百的小时数。

**深度减排 DM-Scen 下，煤电已经因为最大的排放强度，完全失去了生存空间，而燃气联合循环因为效率与排放之间的较好平衡，可以实现 1500 小时左右的发电。** 水电与核电的发电小时数都因为更多的风光发电机组出力，而有所下降。

**两种情景下的弃电程度也有很大区别。** 系统存在风光发电非常大的时刻，仅二者就会超过总需求，但是这样的时刻还不足够多，或者价差不足够大，无法足够激励储能设施的进一步添加。因此，一定程度的风光切除往往是整体"最优的"。这样造成的最优弃电带来了风光相比其理论发电量低的实际发电量，尤其是风电。BASE-Scen 中风电大约切除 3%，而 DM-Scen 中接近 20%。这给二者的发电小时数带来了意义。

**BASE-Scen 中风光基本能够实现其理论最大小时数，而在 DM-Scen 中面临着较大的发电削减。** 风电从其理论发电小时数 2200 小时左右，下降到 1750 小时的水平（见图 13.6）。光伏因为只在需求较为旺盛的白天发电，受到的利用率影响要小得多。

### 新型储能循环次数

**BASE-Scen 中没有市场份额的电池储能与氢能存储然后再发电技术，深度减排情景 DM-Scen 具备了明显的市场份额，并且根据自身的特点呈现不同的充放电特点。** 电池储能的存储能量（kWh）成本非常高，因此小型储能往往经济上更合适，它适用于日内与日间的循环，在一个月内就会充放电 20~30 次（见图 13.7）；而电解水制氢循环具有较高的投资成本，而且存储的成本（地下岩洞）还很低。需要提升电解槽设备利用率，更适合长期的储能，1 年循环 2~5 次。

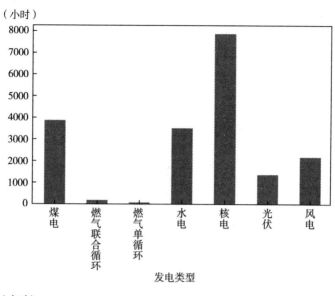

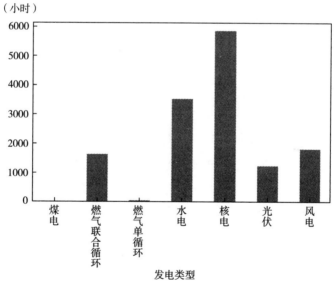

**图 13.6　发电技术年利用小时数**

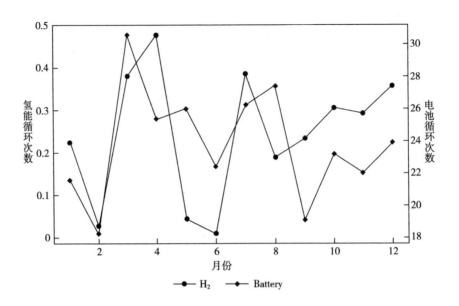

图 13.7　电池储能与电解氢的年循环次数

# 政策建议与讨论

　　**确定可衡量的 2025~2035 年绝对减排目标。**从政策视角，实现深度减排需要明确的碳约束，从而形成较高的碳的影子价格，帮助风光在成本超过市场价值之后，仍旧保持投资的动力。否则，煤电仍旧占据显著容量与发电份额。

　　**储备实现目标的政策工具箱。**如果明确的碳定价无法实现，那么持续补贴可再生能源就是理想的"次优"政策（second-best）。政府需要储备各种补贴工具箱，弥合一定阶段之后风电光伏成本与取得收益间的差距，使其保持持续竞争力。

　　**持续支持海上风电发展，并开展混合项目（hybrid projects）实践。**华东乃至浙江地区属于高度发达的地区，土地空间的约束可以预见将是紧的，往往是决定最大开发程度的关键因素。这种情况下，资源量非常丰富的海上风电资源将是不多的可行选择。具有联网功能的海上风电混合项目是一个讨论的热点。

　　**从方法论视角，坚持就地平衡原则，是一个高效电力系统的必要前提。**从供需平衡来说，本地发电、本地上网、本地消费是最稳定、最容易实现和成本最低的，意味着有功、无功与功角平衡的更好满足。2022 年 11 月，电网高层在中国电力企业联合会年会上，明确表示："坚持就地平衡、就近平衡为要，跨区平衡互济，着力解决应急调峰电源互济能力不足等难题，抓好安全生产。"[①] 这一表态集中反映了这一关切。

**光伏发电超过日间最大负荷之后是否还有必要？** 从电力系统平衡的视角，答案大体是：不再有必要。再多的光伏也是它们之间的互相挤出。在一个竞争市场起作用的地方，市场价格在越来越多的时段保持零价，从而对更多的电源投资起抑制作用，显示系统现在不需要光伏出力时段的任何新装机了。但是，如果视角超越电力系统平衡，比如提供廉价的更大规模的电力，以供 Power to X 应用，那么必要与否的逻辑就需要扩展。廉价易得的电力去做各种其他能源的中间能量或者反应载体，具有潜在的更大价值。这方面的理论与实践工作正在迅速进展中。

# 附录

## 1. *Draworld-P* 模型框架

同业内诸多电力系统模拟商业软件或者开源工具类似，*Draworld-P* 模型是一个带约束的（线性）优化模型。优化目标是系统总成本，而约束包括供给需求平衡约束、各种机组出力约束、温室气体排放约束，以及其他的物理、技术、经济、政策（比如核电往往保持高利用率稳定运行）乃至政治性约束。

### 目标函数

目标函数代表优化问题的目标，通常是最小化系统总成本或最大化福利。

$$Minimize\ Cost = \sum \left[ c\_gen * P\_gen + c\_trans * F\_trans + c\_other * Other\_costs \right]$$

式中，c_gen 表示发电单位成本（如燃料成本、资本成本、运营成本）；P_gen 表示发电单元的功率输出；c_trans 表示输电成本系数（如新输电线路的投资成本）；F_trans 表示输电线路上的功率流量；c_other 表示其他组件或成本的成

---

① https：//www.cec.org.cn/detail/index.html？3-315443.

本系数（如储能容量/能量成本、弃电的惩罚系数、未商业化的技术补贴等）；Other_costs 表示与其他组成或约束相关的成本，比如排放环境成本。

### 潮流方程

潮流方程描述网络中功率的平衡。它们确保每个母线（bus）上的注入功率和提取功率保持平衡。

潮流方程使用直流（DC）潮流近似。

### 网络拓扑

网络拓扑表示电力系统的物理布局，包括母线、线路、变压器和发电机。

母线：母线表示网络中的节点，用于注入或提取功率。

线路：线路表示连接母线的输电线路或配电线路，允许功率流动。

变压器：变压器用于在母线之间改变电压水平。

发电机：发电机表示系统中的发电单元。

### 参数和变量

参数：参数是模型中使用的固定值，往往在优化过程中不改变或者外生设定。它们包括技术经济数据，如发电机成本、线路容量和负荷曲线、可再生负荷特性等。

变量：变量是通过优化来实现目标函数的值。它们包括发电调度、线路传输量和电压水平。

### 投资与运行决策

模型可以考虑发电机、输电线路或储能设备的新增或退出等投资决策。

投资决策表示为二进制变量，表示是否可扩展。

运行决策覆盖发电机组，输电潮流以及储能运行，等价于基于可变成本的最优决策。

### 约束条件

约束条件表示电力系统的物理和运行限制，确保模型解（solution）在技术上可行。

约束条件包括有功平衡、发电机容量限制、线路热限制、电压限制和备用要求等。

### 可再生能源整合

模型可以分析风电和太阳能等可再生能源的整合，比如对市场价格的影响、最优弃电程度等。可以使用历史统计数据或模拟的发电曲线将可再生能源发电曲线纳入模型。

基于随机出力的模型框架正在开发建设中。

**市场建模**

模型可以考虑节点定价或边际统一定价等市场机制，以模拟电力市场行为。

**敏感性分析**

敏感性分析用于评估模型的稳健性，并评估参数变化对结果的影响。

可以通过变动燃料价格、需求水平或可再生能源成本与出力特性等关键参数来进行敏感性分析。

2. 理解模型情景为何不是预测

**模型都是简化的，因为只有简化的模型才是有用的。跟现实一致的模型恰恰就是现实本身，根本无法理解。所谓小世界的模型。**正如一幅严格 1∶1 复制现实地理形态的地图一样，不能用来指导旅行①。但是，这种简化，在变化的时间与空间中，可能就不适用或者忽略了重要的因素。2002 年诺贝尔奖行为经济学（其实是行为心理学）奖获得者 Kahneman 说过："当你接受了一个理论并用它作为自己思考工具的时候，你就很难注意到它的缺陷了。"②

**小世界模型的工具可以帮助理解复杂现实世界，但是我们不能把小世界的结果作为大世界的结论。**广义上的模型（Models），包括理论、框架、工具、模式（可称为"模型小世界"）等，都是人们理解这个复杂世界（可称为"现实大世界"）的工具。这种理解往往并不涉及是否严格准确，这往往事前无从判断，而只是给自己一个交代，正所谓 make sense of the world。

英国的两位学者，Kay 与 King 在 2020 年关于未知的不确定性（radical uncertainty）的新书③中讲了这么一个故事：

作者中的一个评审了一篇知名宏观经济学家撰写的模型论文。他在中央银行和财政部都有丰富的工作经验。该模型显示：如果中央银行现在宣布未来几年不同时期的利率，就能实现既定的通胀目标。评审人提问：那么我们从这个模型中获得了什么启示？回答是，*从模型中得出的数字应该就是政策本身。*

---

① 这一洞见最初来自：Suarez Miranda, Viajes de varones prudentes (1658)。

② Kahneman D. (2011). Thinking, fast and slow. Macmillan.

③ Kay J., King M. (2020). Radical uncertainty: Decision-making beyond the numbers. WW Norton & Company.

他们评价道："只有当专家认为他的模型描述了真实的世界时，这个答案才有意义。但小世界模型往往不是这样的。它的价值（往往）在于构建一个框架，为决策者面临的大世界问题提供见解，而不是假设它可以提供精确的定量指导。你不能从模型中得出概率、预测或政策建议；只有在模型的范围内，概率才有意义……政策建议才有依据"。

**情景（Scenario）是理解未来可能性中的一种"假设—结果"方法**。它的意义往往在于评估技术与政策的结果，特别是长期目标的短期含义，以及短期行动的长期影响，而不是预测未来。国际能源署 2017 年在其旗舰出版物《**世界能源展望 WEO**》第二章专门用了一个章节说明自己的三种情景为何不是预测练习。它解读自己的结果，通常开头就是"正如我们总是指出的，我们的结果不是预测（Forecast）"。情景要有用，必须揭示短期、能动性的额外政策作为建议。

**与之相反地，情景在很多媒体层面很多时候走到了"宗教式"的理解：2050 年会怎么样？**我们不知道答案，但是它已经在那里了，需要先知或者权威揭开盖子，消除神秘感。所以有"经过复杂的研究抑或多模型比较，2050 年零碳证明是可行的！"一说。这种对仍处于随机状态未来的简单论断（claim），对于我们讨论如何实现一个期望中的未来是没有帮助的。它混淆了小世界模型的功能（提供洞见，而不是现实中的结论）与复杂大世界的现实。

**预测总是存在的，在很多场合也是不可避免的，但是情景并不需要成为预测**。预测的价值往往在于为可能发生的情况做好各种准备，而非简化完全无法精确知道的未来。

未来的电力系统，也会越来越多地受到无法长期预测的气候与天气情况的影响。"避免过度依赖预测做决策"是一个方法论上的重大问题，关系到一个更加稳健与有弹性的系统建设质量。

# 结语　应对更多的电力不平衡

The fox knows many things, but the hedgehog knows one big thing.

——Archilochus, Greek poet（680 BC~645 BC）

Those who practice deserve your respect. If you respect them, you respect yourself. It's easy to be critical, but it does no good. What's important is to be supportive of all who practice.

——Frederick Lenz（1950~1998），精神导师

There is nothing new under the sun, but there are new suns.

——Octavia E. Butler，美国科幻作家

## 引言

一个越来越频繁在过剩（abundance）与不足（scarcity）之间转换的电力系统，处理得好，是各种具有想象力的创新与商业模式的机会；处理不好，是系统可靠性与满足需求能力的下降。

我国的电力系统，需要在未来的若干年或者年代，直面这一问题。建设新型电力系统的提出，表明起码在决策与监管者层面，我们已经做好了心理与思想准备。

那么，接下来就是如何一步一步以进化的方式实现这一目标的问题。挑战仍是巨大的。因为它需要克服整个系统运行多年的路径依赖，建立以消费者为中心的体制机制安排，告别基荷与稳定出力偏好，需要在本质上变革调度模式，提升

物理平衡颗粒度。如果要坚持市场为基础的模式，需要更大程度地发挥市场在资源配置中的决定性作用，停止根据电力来源给电力"划成分"，培育更多的市场主体，打破垄断；如果要实施严格的计划经济模式，需要重回厂网一体化，而明确的价值观而不是自由量裁也是必需的。这些，需要很大的政治勇气、详尽的机制改变与政策设计，以及可管理的从旧范式到新范式的转型安排。

这考验着包含从业者、社会公众以及政府决策者在内的所有主体，构成了我国国家能力检验的试金石。

# 技术经济

电力系统要维持安全稳定可靠运行，需要满足若干物理约束。这特别包括系统的注入（供给）要随时等于引出（需求），机组与电网网络都存在容量问题，不能（长时间）过载。系统经济地运行，需要经济调度的价值标准，用此时此地成本最低的机组优先满足需求。理论上，这是一个带约束的总体优化问题。理论上，计划模式与市场竞争模式可以产生相同的结果。如何规避计划模式下的信息不对称与持续创新激励不足的问题？对于整个经济体制，这似乎是无解的；对于电力部门，动态监管与对标比较似乎是个不完美但是仍旧可行的方式。

**市场模式，为何电力需要动态定价（dynamic pricing）？——因为电力是有时间价值的。** 所有的体制、机制与政策安排都需要围绕这一基本"意识形态"设计。当系统资源过剩的时候，价格（价值）就应该低；反之，系统资源不足，价格应该高，甚至高得离谱。只有这样，系统的物理平衡才是各个主体"激励相容"的目标，也更加容易实现。

**市场模式，为何价格是短期边际成本定价？——因为短期边际成本对应提供产品与服务的"机会成本"（opportunity cost），也就是那个时刻满足边际需求的私人与社会付出。在可再生能源大规模进入系统之前，系统的大部分机组都是可控的，成本也差不多，特别是某种单一技术占很大比例的系统——我国就是这种情况，煤电长期占据主导地位。不考虑时间价值、不进行边际定价的误差还没有那么大。** 但是可再生越来越多的系统，不朝向这个方面进化，意味着经济效率打折、社会福利损失乃至系统物理平衡挑战加剧等问题。

从技术的视角，要解决高比例可再生电力系统日益增多的有功不平衡（包括正的与负的），可以有：

- 空间转移的思路——扩大的电网平衡范围。
- 时间转移的思路——储能（双向调节）或者部门耦合。
- 需求转移的思路——需求越来越多跟踪供给的变化。

基于技术可行性，风电、光伏、电池、电解池构成了未来电力系统的核心单元。其中，风电、光伏提供低成本电力解决方案；电池解决移动源的动力提供，以及承担小尺度的平衡；而电解池生产的氢能（进一步甲烷化）则用于那些减排困难部门，特别是钢铁、化工、货运、航运的减排问题，并提供长周期的储能方案。

# 社会经济

任何变化与改革都需要社会的最小接受程度。在本书写作半途，正是世界能源价格暴涨的一段时期，堪比 20 世纪 70 年代，中东对美国石油禁运造成的两次石油危机时期。有意思的是：上次石油危机期间，美国政府采取了很多干预措施，但是很少有抑制消费的措施，比如给汽油加税。Knittel（2014）对这一过程进行了详细的审查，认为加税的措施其实是在政府与学术界的讨论中，但是因为议会与大众的反对（由社会调查得出的结论）而无法实施。也就是：社会不接受。

今天，我们站在一个类似的历史时点上。我国的能源环境目标——一个更加低碳化的系统，更低而不是更高的电力价格，以促进更大程度的直接电气化与间接电气化，是一个需要努力的集体目标。因此，非常幸运，更低的电力价格目标与公众的需求存在一致性。这个更低，一方面是相比国际同行，另一方面是相比可支配收入，最后是相对生产率效率前沿。目前这三方面，大体都不是事实。

广大民众对接受新鲜事物具有相比欧美西方国家更好的程度。这是数字化在我国得以快速发展的基本原因。2020 年，数字经济占 GDP 的比重在我国已经接近 40%①，这集中体现在金融、交通、购物、餐饮等众多领域。而能源与电力部门由于资产更新速度慢，过往发展变化稳健、规划决策周期长，往往是最后一个开始大规模数字化的。

**电力部门有巨大的潜力为经济与人们生活提供更加廉价的电力。** 要想把这种潜力变成现实，取决于改革是如何设计特别是具体实施的（designed and implemented）。合理的目标需要更加合理的途径（means）去实现，否则即使实现了那个直接目标，其结果往往也并不是我们所期望的。过去持续 20 年的电力体制改革，诞生了很多的引领者、实践者，在面临诸多约束与困难的情况下持续推进改革，他们值得我们尊重与致敬。美国精神导师 Frederick Lenz 曾经说过：那些实践者值得你尊重。如果你尊重他们，你就是在尊重你自己。批评是很容易的，但没有好处。重要的是要支持所有修行的人。这是社会的良性互动能力。

# 政治经济

**电力部门是否要分散决策，进行市场化的定价机制，这并不是一个不言自明的问题。**

必须明确，2015 年改革之初的中国电力系统，并不是计划经济系统——计划经济也是有明确价值标准的。它更多是一个消费者缺乏选择与发言权，而拥有信息与权力优势者高度自由量裁的体系。实现一个与旧有的系统（无论你如何理解）不同的电力系统，满足清洁、高效、安全的电力供应的基本目标，是市场驱动（market-driven）还是政策驱动（policy-driven）？如果要市场化定价，那么由于需求与可再生能源的波动特性，必须建立具有高分辨率的价格体系与调度运行体系，而这是过去所没有的。市场化改革意味着本质上的系统运行平衡方式的改变，特别是实时市场的建立，发现最重要的价格（实时对应于供需平衡的价格），为其他价格提供结算标准。同时，分散式的投资决策对充足性与弹性投资不足（Mays et al.，2022），类似于教科书式的电力市场——美国得克萨斯州显示的那样。如何解决系统充足性问题是世界电力工业面临的问题。

---

① http://english.news.cn/20220704/9f34488486cc4fa2a435bfdc20a46cd6/c.html#:~:text = The%20 proportion%20of%20the%20digital，sped%20up%20digital%20infrastructure%20construction.

这个问题在我国似乎不成为一个问题——因为部分群体仍然具有较大的投资冲动症。这种现象部分来自其"预算软约束"性质。在火电以及电网领域，还存在不少具有很高政治能见度而缺乏经济理性的"白象工程"（white elephant projects）。这种软预算约束也有积极的一面（upside），那就是对于电力装机容量不足的担忧往往是杞人忧天。我国的电力装机容量，在解决了资本稀缺的问题后，永远都是过剩的。电力的供应中断，物理上的拉闸限电是间或出现的，但是它的原因往往并不是系统容量不足。

过去我国的电力体制与机制选择，都是政治过程（political process）主导，存在科学问题艺术化的倾向。未来的电力部门改革，无论是向左走，建立一个成本最小化价值观为标准的高度计划体系，还是向右走，通过市场主体的分散决策实现这种成本最小化，都是一种选择。但是无论哪一种，都必须明显地区别于目前"拥有信息与权力优势者高度自由量裁"的体系，以系统的总体经济效率与对不同主体的公平对待为代价。

与此同时，寄希望于"增量改革，存量不动"对于电力部门往往也是不成立的。往往风光从进入系统开始，就改变着整个（净）负荷曲线的形状。这意味着即使有很充分的电力需求增长，存量基础设施也必须做适应性改变。

这考验着"政府能力"，包括其资源配置能力，以及调整自身角色与作用的能力。国际上来讲，一个日益"部落化"的世界中，基于价值观的互信合作将是主要形态。相对的而非绝对的标准会越来越多，类似于电力系统中到底哪级电压算输电网，而哪级又算配电网这类问题。这种情况下，我国尤其需要"一步一步"的渐进式进步与发展，而放弃跨一步实现范式变化的瞬间革命幻想。

# 电力部门内循环需要国际标准

2020 年 11 月，中国共产党十九届五中全会通过《中共中央关于制定国民经济和社会发展第十四个五年规划和二〇三五年远景目标的建议》。它特别提到：要加快构建以国内大循环为主体、国内国际双循环相互促进的新发展格局。我国经济体量巨大。为国民经济提供有竞争的电力，对于我国制造业的升级，人民生活水平（电气化）的持续提升，为新的产业与商业模式提供能源动力都具有实质性意义。这应该是电力部门的重要任务，甚至是唯一任务。

中国电力部门本土化、自主化，国有企业与资产占绝对地位，外资可以忽略，民营还非常有限，不存在国际竞争，跨国电力贸易也非常少（成本与安全考量）。这样的部门，恰恰是需要"国际标准"的部门，以保持其持续增强的竞争力与创新活力。在构建国民经济"内循环"为主、双循环促进的新体系中，电力部门尤其需要成为一个对外交流与对话的窗口。

**必须在顶层设计中明确的是：电力部门作为一个"内循环"的部门，不需要任何中国特色，而必须坚持国际标准与方法论，将经济效率而不是绝对控制权放到第一位。** 不控制，它也不跑。电力部门是一个经济部门，需要彻底地非政治化，在其他部门（比如 IT、电信、媒体）跟欧美国家纷纷脱钩的背景下，电力系统要逐步与世界"挂钩"——而现状依然是脱钩的。

# 总结

**转型中的电力系统受技术进步、监管与政策变化驱动，在不断地进化。** 在满足持续增长电力需求的同时，我国电力工业需要以"小步快走"的方式在 15~30 年实现完全脱碳。作为一个内循环部门，电力部门需要以可靠、高效、环保的方式为国民经济与人们生活提供基础支撑。国际同行，往往先有电力部门放松管制市场化效率改革，再有可再生份额的逐步扩大。我国则要在一个时间窗口同时处理这两个问题。处理得好，可以取得"1+1＞2"的效果；处理得不好，也有二者皆失的风险。

**新型电力系统，需要新的技术**——通过数字化技术提高系统状态识别、调节响应与灵活快速安排的能力；**需要新的机制**——实现更加精细化的系统平衡安排；**更加需要新的体制**——调整与明确电源与调度的责任界面，使后者成为一个维护系统平衡的专业化机构。

**电力改革的过程，就是国家治理体系改革的过程。电力治理就是国家治理，电力转型就是国家转型。** 作为一个内循环部门，电力部门作为各种改革的试验田，具有天然的优势与稳健性。与此同时，这个部门供需波动剧烈，展示变化的速度如此之快，可以作为各种更慢但是更重要的结构性变化的"指针"，使我们能够更及时地了解更大层面与尺度的本质性变化。仍然，电力体制改革属于一个系统工程，它需要不同学科的人共同从事一个高度交叉的"产品"构建。在改革组织与公众理解层面，我们需要刺猬型的专家——知道一个大道理，可以应用到每一种情况。我们也越来越需要拥有很多主意的狐狸型专家，在每一个具体的情况下创造性地工作，以合理的手段实现期望的大目标与大道理。

管制与放松管制研究与实践专家 **Alfred Kahn** 1980~1990 年对北美航空与能源行业的管制改革产生了很大的影响。在《放松管制经济学》（Kahn，1988）中，他特别用一种"饶舌"的方式强调：

*"在可行的范围内，继续放松管制是正确的做法……公共事业管理的核心制度问题仍然是找到不可避免的不完善的监管和不可避免的不完善的竞争的最佳组合。*

*所有的竞争都是不完善的；首选的补救措施是试图减少不完善。即使在高度不完善的情况下，它也往往是对监管的一种有价值的补充。*

*但如果它是不可容忍的不完善，唯一可以接受的替代办法就是监管。而对于监管中不可避免的不完美，唯一可用的补救措施就是试图使其更好地发挥作用。"*

30 年前，博弈论与信息经济学大师，诺贝尔奖得主梯若尔（Jean Tirol，2017）在他的《社会公共品的经济学》一书中最后一章"部门管制"末尾讲道：

**"管制性的行业（指的是传统上被认为存在自然垄断的行业，比如电信、铁路、电网等——笔者注）正处于不断的变异中。与所有其他行业一样，正在被数字革命所改变。**

**过去理解中的重要基础设施可能不再成立。在这些变革中出现了新的根本性瓶颈。必须制定新的法规，反映新的环境，确保市场为社会利益服务。"**

这句话如果没有广泛的理论、实践与 IT 技术的角色理解，可能是非常抽象和难以捉摸的。但是，笔者相信，随着时间的推移，我们会越发体会到它所体现的思考深度与理性光辉。

**"太阳底下没有新鲜事，但是总会有新的太阳出现"**美国作家 Octavia E. Butler 如是说，挑战那些"习以为常"的现状，唤起人们对屈从现状的抵抗。

**让我们共同期待电力与能源部门的革命性变化，即所谓的新型能源与电力系统！**

这种革命，最终将是"润物细无声"的效率提升与长期的大众福祉，与一个世界一流的电力部门！

这个部门，不再以"功率一条线输出"稳定（stability）为美，而追求在快速变化的社会经济环境下的稳健性（robustness）。并且在一定程度上，具有适应消化极端变化的弹性（resilience）。

从追求功率稳定到追求系统稳健，并且在成本有效的原则下适度兼容弹性，构成了笔者认识中的新型电力系统建设的要义。它将是我们最终实现碳中和目标的重要与不可缺少的基础设施。

多谢阅读！

并与各位读者共勉！

# 致 谢

--------------------------------------------------------------------------------

本书是"国家能源转型与碳中和丛书"的一部分。

感谢经济管理出版社的精心策划，以及提供的交流平台，笔者才得以与各位丛书作者互相启发，分享信息与洞见。特别感谢**朱彤与王蕾博士、丁慧敏**的支持与协作。受益匪浅！

自从我国宣布中国二氧化碳排放力争于 2030 年前达到峰值，努力争取 2060年前实现碳中和之后，碳中和在中国正式成为"显学"。笔者作为专业能源工作者，也很享受这种主流的荣光。是的，笔者也享受这种著名的 15 分钟"虚名"。

过去 20 年，在产业（中国电力部门）、公共（国际能源署 IEA）与学术应用（现智库机构）领域，笔者都曾经致力于能源问题研究，因此有机会以更多的视角思考气候约束下的电力行业的转型问题。这不得不说是一种幸运。

本书得以最终完成，离不开卓尔德环境中心（www. draworld. org）的协助，特别是殷光治、银朔、乔瑾在文献汇总、信息校核与数据分析上的贡献。感谢《风能》杂志提供的专栏研讨平台，特别是秦海岩主编与夏云峰副主编的支持与协助。

感谢以下同事和朋友以信息提供、文稿审阅、背景提示等方式提供的帮助，使本书变得更好。

- 李帅，金风科技集团（典型风机案例）。
- 毕云青，卓尔德环境（北京）中心和 Oxford University（英文材料整理）。
- Yucen Luo，Max Planck Institute for Intelligent Systems（深度学习理解）。
- 王学文，普诺兴科技公司（数字化硬件理解）。
- Lars Møllenbach Bregnbæk，Ea Energy Analyses（Ea）（电—气—热耦合案例）。

- 霍墨霖，国网能源研究院（贵州能源情况）。
- Johannes Trüby，德勤咨询，经济部主任（氢能技术路线与动态）。
- 冯永晟，中国社会科学院经济政策研究中心博士（电改历史回顾）。
- 赵紫原，中国电力企业联合会（行业动态及理解）。
- 沈昕一，Centre for Research on Energy and Clean Air（煤电容量干预动态）。
- 裘铁岩、周苏燕，法国电力公司（EDF）（经济调度原则在管制体系的应用）。
- 周希唯，中石油技术经济研究院（液体燃料市场动态与格局）。
- 武魏楠，《能源》杂志副主编（最新能源电力动态）。
- 袁敏，世界资源研究所（WRI）（传统发电机组的热力学特性）。
- Mr. Google（分布在网络各处的零散信息，笔者只能理解，但无法判断其内容）。
- Mrs. ChatGPT，version 3/4（笔者并未真正做过内容的系统性入门理解，但是事后证明，其回答质量飘忽不定）。

本书在策划中有更多的章节，讨论了更多的问题，而这些问题都被以下同事更加有效地回答或者解决了。为了避免重复，本书直接引用了其工作结果或者结论。特别鸣谢以下作者、机构与其相应的版权内容：

- 第 3 章，德国经济合作机构（GIZ），德国的电价结构，鸣谢王昊项目主管。
- 第 4 章，邹才能，氢能产业链制图。
- 第 7 章，中金研究部，图 7-7，关于电力体制改革历程与产业组织。
- 第 8 章，王玮嘉，华泰证券研究员。图 8-2、表 8-2，关于电价改革历程的演变。

最后，感谢家人与朋友们的持续鼓励与支持。写作一本书是一场修行。它需要大量的精力投入与专注的时间付出，尽管在新冠疫情期间（2020~2022 年）这变得容易了一些。通过本书的写作，笔者的知识边界以及驾驭众多内容"讲故事"的能力（以方便读者理解）都得到了拓展和提升。

欢迎读者来信来函告知你们的阅读感受！

愿下一代的孩子们最终生活在一个碳中和的世界！

# 参考文献

----------------------------------------------------------------------

## 开篇导言

［1］ *Hogan W. W.* （1992）*. Contract networks for electric power transmission. Journal of Regulatory Economics*，4（3）：211-242. https：//doi. org/10. 1007/BF00133621.

［2］ *Jenkins J. D.*，*Luke M.*，*Thernstrom S.* （2018）*. Getting to zero carbon emissions in the electric power sector. Joule*，2（12）：2498-2510. https：//doi. org/10. 1016/j. joule. 2018. 11. 013.

［3］ *Jonnes J.* （2004）*. Empires of light*：*Edison*，*tesla*，*westinghouse*，*and the race to electrify the world. Random House Trade Paper.*

［4］ *Nordhaus W. D.* （1997）*. Do real-output and real-wage measures capture reality? The history of lighting suggests not. The Economics of New Goods*，58：29-66.

［5］ *Paul L. Joskow.* （2000）*. Deregulation and Regulatory Reform in the U. S. Electric Power Sector.*

［6］ *Schweppe*，*et al.* （1988）*. Spot Pricing of Electricity.* https：//link. springer. com/book/10. 1007/978-1-4613-1683-1.

## 第 1 章

［7］ Borenstein S. （2002）. The trouble with electricity markets：Understanding California's restructuring disaster. *Journal of Economic Perspectives*，16（1）：191-211. https：//doi. org/10. 1257/0895330027175.

［8］ Cervigni G.，Perekhodtsev D. （2013）. Wholesale electricity markets. In *the Economics of Electricity Markets*. Edward Elgar Publishing.

［9］Cicala S.（2017）. *Imperfect markets versus imperfect regulation in U. S. electricity generation*（No. w23053；p. w23053）. National Bureau of Economic Research. https：//doi. org/10. 3386/w23053.

［10］Hirth L. , Ziegenhagen I.（2015）. Balancing power and variable renewables：Three links. *Renewable and Sustainable Energy Reviews*, 50：1035 - 1051. https：//doi. org/10. 1016/j. rser. 2015. 04. 180.

［11］IEA.（2018）. *Digitalization and Energy - Analysis*. https：//www. iea. org/reports/digitalisation-and-energy.

［12］IEA.（2020）. *System integration of renewables - Topics*. IEA. https：// www. iea. org/topics/system-integration-of-renewables.

［13］IPCC.（2022）. *Climate Change 2022：Mitigation of Climate Change*. https：//www. ipcc. ch/report/ar6/wg3/.

［14］Jonnes J.（2004）. *Empires of light：Edison, tesla, westinghouse, and the race to electrify the world*. Random House Trade Paperbacks.

［15］Joskow P. L.（2019）. Challenges for wholesale electricity markets with intermittent renewable generation at scale：The US experience. *Oxford Review of Economic Policy*, 35（2）：291-331. https：//doi. org/10. 1093/oxrep/grz001.

［16］Jucikas T.（2018, January 8）. Artificial intelligence and the future of energy. *WePower*. https：//medium. com/wepower/artificial - intelligence - and - the - future-of-energy-105ac6053de4.

［17］Luo Z.（2017）. 国家电网公司电力市场：回顾与展望。2018 年 5 月，在丹麦哥本哈根举行的第 9 届清洁能源部长会议（CEM9）上的演讲.

［18］Rae M.（2021）. *The texas energy crisis：Has deregulation hurt consumers?* https：//doi. org/10. 4135/9781529778885.

［19］Richard E. , Jim G.（2016）. *Deep mind AI reduces google data centre cooling bill by 40%*. https：//www. deepmind. com/blog/deepmind - ai - reduces - google-data-centre-cooling-bill-by-40.

［20］Riesz J. , Gilmore J. , Hindsberger M.（2013）. Market design for the integration of variable generation. In *evolution of global electricity markets*. Elsevier, 757-789.

［21］Tröndle T. , Pfenninger S. , Lilliestam J. （2019）. Home-made or impor-
ted：On the possibility for renewable electricity autarky on all scales in Europe. *Energy Strategy Reviews*, 26, 100388. https：//doi. org/10. 1016/j. esr. 2019. 100388.

［22］Turconi R. , Boldrin, A. , Astrup T. （2013）. Life cycle assessment （LCA） of electricity generation technologies：Overview, comparability and limitations. *Renewable and Sustainable Energy Reviews*, 28, 555-565. https：//doi. org/10. 1016/ j. rser. 2013. 08. 013.

［23］张树伟（2020）. 从电力调度视角看拉闸限电. 能源. https：// finance. sina. com. cn/wm/2020-12-21/doc-iiznezxs8088810. shtml.

## 第 2 章

［24］Biggar D. R. , & Hesamzadeh M. R. （2014）. *The Economics of Electricity Markets*, 433.

［25］Brown, Bischof-Niemz T. , Blok K. , Breyer C. , Lund H. , Mathiesen B. V. （2018）. Response to "Burden of proof：A comprehensive review of the feasi-bility of 100% renewable-electricity systems. " *Renewable and Sustainable Energy Re-views*, 92：834-847. https：//doi. org/10. 1016/j. rser. 2018. 04. 113.

［26］Brown T. , Schlachtberger D. , Kies A. , Schramm S. , Greiner M. （2018）. Synergies of sector coupling and transmission reinforcement in a cost-opti-mised, highly renewable European energy system. *Energy*, 160, 720-739. https：// doi. org/10. 1016/j. energy. 2018. 06. 222.

［27］IPCC. （2022）. *Climate change 2022：Mitigation of climate change.* https：//www. ipcc. ch/report/ar6/wg3/.

［28］Jacobson M. Z. , Delucchi M. A. , Bauer Z. A. F. , Goodman S. C. , Chapman W. E. , Cameron M. A. , Bozonnat C. , Chobadi L. , Clonts H. A. , Enevoldsen P. , Erwin, J. R. , Fobi S. N. , Goldstrom O. K. , Hennessy E. M. , Liu J. , Lo J. , Meyer C. B. , Morris S. B. , Moy K. R. , Yachanin A. S. （2017）. 100% Clean and Renewable Wind, Water, and Sunlight All-Sector Energy Roadmaps for 139 Countries of the World. Joule, 1 （1）：108-121. https：//doi. org/10. 1016/ j. joule. 2017. 07. 005.

［29］Jacobson Mark Z. , Delucchi Mark A. , Cameron Mary A. , Frew Bethany

A. (2015) . Low-cost solution to the grid reliability problem with 100% penetration of intermittent wind, water, and solar for all purposes. *Proceedings of the National Academy of Sciences*, 112 (49): 15060-15065. https://doi.org/10.1073/pnas.1510028112.

[30] Jenkins J. D., Luke M., & Thernstrom S. (2018) . Getting to zero carbon emissions in the electric power sector. Joule, 2 (12): 2498-2510. https://doi.org/10.1016/j.joule.2018.11.013.

[31] McKenna R., Weinand J. M., Mulalic I., Petrović S., Mainzer K., Preis T., & Moat H. S. (2021) . Scenicness assessment of onshore wind sites with geotagged photographs and impacts on approval and cost-efficiency. Nature Energy, 6 (6): 663-672. https://doi.org/10.1038/s41560-021-00842-5.

[32] Newborough M., Augood P. (1999) . Demand-side management opportunities for the UK domestic sector. *Generation, Transmission and Distribution, IEE Proceedings*, 146: 283-293. https://doi.org/10.1049/ip-gtd:19990318.

[33] Schmidt O., Melchior S., Hawkes A., Staffell I. (2019) . Projecting the Future Levelized Cost of Electricity Storage Technologies. *Joule*, 3 (1): 81-100. https://doi.org/10.1016/j.joule.2018.12.008.

[34] Shirizadeh B., Quirion P. (2021) . Low-carbon options for the French power sector: What role for renewables, nuclear energy and carbon capture and storage? *Energy Economics*, 95, 105004. https://doi.org/10.1016/j.eneco.2020.105004.

[35] 舒印彪等 (2021) . 我国电力碳达峰、碳中和路径研究 . 中国工程科学, 23 (6) .

[36] 陈露东, 赵星, 潘英 (2020) . 贵州典型行业及用户负荷特性分析 . https://www.energychina.press/cn/article/doi/10.16516/j.gedi.issn2095-8676.2020.S1.006.

## 第 3 章

[37] Borenstein S., Fowlie M., Sallee J. (2021) . Designing electricity rates for an equitable energy transition. *Energy Institute at Haas Working Paper*, 314.

[38] Elmallah S., Brockway A. M., Callaway D. (2022) . *Can distribution grid infrastructure accommodate residential electrification and electric vehicle adoption in Northern California?* 65. Distribution grid.

［39］ Gorman W. , Montañés C. C. , Mills A. , Kim J. H. , Millstein D. , Wiser R. （2022）. Are coupled renewable-battery power plants more valuable than independently sited installations? *Energy Economics*, 105832. https：//doi. org/10. 1016/ j. eneco. 2022. 105832.

［40］ Luderer G. , Madeddu S. , Merfort L. , Ueckerdt F. , Pehl M. , Pietzcker R. , Rottoli M. , Schreyer F. , Bauer N. , Baumstark L. , Bertram C. , Dirnaichner A. , Humpenöder F. , Levesque A. , Popp A. , Rodrigues R. , Strefler J. , Kriegler E. （2022）. Impact of declining renewable energy costs on electrification in low-emission scenarios. *Nature Energy*, 7 （1）：32-42. https：//doi. org/10. 1038/ s41560-021-00937-z.

［41］ Madeddu S. , Ueckerdt F. , Pehl M. , Peterseim J. , Lord M. , Kumar K. A. , Krüger C. , & Luderer G. （2020）. The $CO_2$ reduction potential for the European industry via direct electrification of heat supply （power-to-heat）. *Environmental Research Letters*, 15 （12）：124004. https：//doi. org/10. 1088/1748-9326/abbd02.

［42］ Mauler L. , Duffner F. , G. Zeier W. , Leker J. （2021）. Battery cost forecasting：A review of methods and results with an outlook to 2050. *Energy & Environmental Science*, 14 （9）：4712-4739. https：//doi. org/10. 1039/D1EE01530C.

［43］ Ruhnau O. , Hirth L. , Praktiknjo A. （2019）. Time series of heat demand and heat pump efficiency for energy system modeling. *Scientific Data*, 6 （1）：189. https：//doi. org/10. 1038/s41597-019-0199-y.

［44］ Wiser R. , Bolinger M. , Gorman W. , Rand J. , Jeong S. , Seel J. , Warner C. , Paulos B. （2020）. *Hybrid Power Plants：Status of Installed and Proposed Projects*. https：//emp. lbl. gov/hybrid.

［45］ Rosenow J. , Gibb D. , Nowak T. , Lowes R. （2022）. Heating up the global heat pump market. *Nature Energy*. https：//doi. org/10. 1038/s41560 - 022 - 01104-8.

## 第 4 章

［46］ Andersson, Joakim, and Stefan Grönkvist （2019）. "Large-Scale Storage of Hydrogen." *International Journal of Hydrogen Energy*, 44 （23）：11901 - 11919. https：//www. sciencedirect. com/science/article/pii/S0360319919310195 （May

31, 2022）．

［47］Beswick, Rebecca R. , Alexandra M. Oliveira, and Yushan Yan. （2021）. Does the Green hydrogen economy have a water problem? *ACS Energy Letters*, 6 （9）: 3167–3169. https: //doi. org/10. 1021/acsenergylett. 1c01375 （May 31, 2022）．

［48］Bockris J. O'M. （1972）. A hydrogen economy. *Science*, 176 （4041）: 1323 – 1323. https: //www. science. org/doi/10. 1126/science. 176. 4041. 1323 （May 17, 2022）．

［49］Cloete, Schalk, Oliver Ruhnau, and Lion Hirth. （2021）. On capital utilization in the hydrogen economy: The quest to minimize idle capacity in renewables-rich energy systems. *International Journal of Hydrogen Energy*, 46 （1）: 169 – 88. https: //linkinghub. elsevier. com/retrieve/pii/S0360319920336673 （December 31, 2020）．

［50］Glenk, Gunther, and Stefan Reichelstein （2019）. Economics of Converting Renewable Power to Hydrogen. *Nature Energy*, 4 （3）: 216 – 222. https: // doi. org/10. 1038/s41560-019-0326-1.

［51］Kuang, Yun et al. （2019）. Solar-driven, highly sustained splitting of seawater into hydrogen and oxygen fuels. *Proceedings of the National Academy of Sciences*, 116 （14）: 6624–29.

［52］Pflugmann, Fridolin, and Nicola De Blasio （2020）. Geopolitical and market implications of renewable hydrogen: New dependencies in a low-carbon energy world. *Belfer Center for Science and International Affairs*. https: //www. belfercenter. org/publication/geopolitical-and-market-implications-renewable-hydrogen-new-dependencies-low-carbon （May 31, 2022）．

［53］Sens, Lucas, et al. （2022）. Cost minimized hydrogen from solar and wind-production and supply in the European catchment area. *Energy Conversion and Management*, 265: 115742. https: //www. sciencedirect. com/science/article/pii/S0196890422005386 （May 31, 2022）．

［54］Shammugam, Shivenes, Joachim Schleich, Barbara Schlomann, and Lorenzo Montrone （2022）. Did Germany reach its 2020 climate targets thanks to the COVID-19 Pandemic? *Climate Policy*, 22 （8）: 1 – 15. https: //doi. org/10. 1080/14693062. 2022. 2063247 （May 31, 2022）．

［55］邹才能，李建明，张茜．（2022）．氢能产业技术进展及前景．https：//www. hxny. com/nd-70357-0-51. html.

## 第5章

［56］Blumsack S. （2021）．*What's behind* 4 $ 15，000 *electricity bills in Texas?* The Conversation. http：//theconversation. com/whats-behind-15-000-electricity-bills-in-texas-155822.

［57］Holland S. P. ，Kotchen M. J. ，Mansur E. T. ，Yates A. J. （2022）．Why marginal $CO_2$ emissions are not decreasing for US electricity：Estimates and implications for climate policy. *Proceedings of the National Academy of Sciences*，119（8），e2116632119. https：//doi. org/10. 1073/pnas. 2116632119.

［58］Levitt S. D. ，Dubner S. J. （2011）．*Superfreakonomics.* Sperling & Kupfer.

［59］Morstyn T. ，Savelli I. ，& Hepburn C. （2021）．Multiscale design for system-wide peer-to-peer energy trading. *One Earth*，4（5）：629-638. https：//doi. org/10. 1016/j. oneear. 2021. 04. 018.

［60］Newborough M. ，Augood P. （1999）．Demand-side management opportunities for the UK domestic sector. *IEE Proceedings-Generation，Transmission and Distribution*，146（3）：283-293.

［61］Noel L. ，de Rubens G. Z. ，Kester J. ，Sovacool B. K. （2019）．*Vehicle-to-Grid：ASociotechnical Transition Beyond Electric Mobility.* Springer.

［62］Sarker E. ，Halder P. ，Seyedmahmoudian M. ，Jamei E. ，Horan B. ，Mekhilef S. ，Stojcevski A. （2021）．Progress on the demand side management in smart grid and optimization approaches. *International Journal of Energy Research*，45（1）：36-64. https：//doi. org/10. 1002/er. 5631.

［63］Thomaßen G. ，Kavvadias K. ，Jiménez Navarro J. P. （2021）．The decarbonisation of the EU heating sector through electrification：A parametric analysis. *Energy Policy*，148，111929. https：//doi. org/10. 1016/j. enpol. 2020. 111929.

［64］Tirole J. （2017）．*Economics for the Common Good.*

［65］王鹤，庄冠群，李德鑫（2016）．蓄热式电锅炉融合储能的风电消纳优化控制．http：//der. tsinghuajournals. com/article/2016/2096-2185/101427TK-

2016-2-001. shtml.

［66］田大新，王云鹏，鹿应荣（2015）. 车联网系统. 机械工业出版社.

## 第 6 章

［67］Brown T. , et al. （2018）. Synergies of sector coupling and transmission reinforcement in a cost-optimised, highly renewable European energy system. *Energy*, 160：720 – 739. https：//www. sciencedirect. com/science/article/pii/S036054421831 288X（March 30, 2022）.

［68］Glenk Gunther, and Stefan Reichelstein（2022）. Reversible Power-to-Gas Systems for Energy Conversion and Storage. *Nature Communications*, 13（1）：2010. https：//www. nature. com/articles/s41467 – 022 – 29520 – 0（April 20, 2022）.

［69］Grübler Arnulf, Nebojša Nakićenović, and David G Victor（1999）. Dynamics of Energy Technologies and Global Change. *Energy Policy*, 27（5）：247 – 80. https：//www. sciencedirect. com/science/article/pii/S0301421598000676（June 22, 2022）.

［70］He, Guannan, et al. （2021）. Sector coupling via hydrogen to lower the cost of energy system decarbonization. *Energy & Environmental Science*, 14（9）：4635 – 46. https：//pubs. rsc. org/en/content/articlelanding/2021/ee/d1ee00627d（June 22, 2022）.

［71］Kalt Gerald, Dominik Wiedenhofer, Christoph Görg, and Helmut Haberl. （2019）. Conceptualizing energy services：A review of energy and well-being along the energy service cascade. *Energy Research & Social Science*, 53：47 – 58. https：// www. sciencedirect. com/science/article/pii/S2214629618311757（April 28, 2022）.

［72］Pickering Bryn, Francesco Lombardi, and Stefan Pfenninger（2022）. Diversity of options to eliminate fossil fuels and reach carbon neutrality across the entire European energy system. *Joule*, 6（6）：1253 – 1276. https：//www. cell. com/joule/abstract/S2542-4351（22）00236-7（June 22, 2022）.

［73］Ramsebner Jasmine, Reinhard Haas, Amela Ajanovic, and Martin Wietschel（2021）. The sector coupling concept：A critical review. *WIREs Energy and Environment*, 10（4）：e396. https：//onlinelibrary. wiley. com/doi/abs/10. 1002/wene.

396（June 22, 2022）.

［74］Ruhnau, Oliver, et al. （2019）. Direct or Indirect Electrification? A Review of Heat Generation and Road Transport Decarbonisation Scenarios for Germany 2050. *Energy*, 166: 989 - 999. http: //www. sciencedirect. com/science/article/pii/S0360544218 321042.

［75］Schmidt, Oliver, Sylvain Melchior, Adam Hawkes, and Iain Staffell. （2019）. Projecting the future levelized cost of electricity storage technologies. *Joule*, 3 （1）: 81 - 100. https: //www. cell. com/joule/abstract/S2542 - 4351 （18） 30583 - X （March 30, 2022）.

［76］Schöniger, Franziska, and Ulrich Morawetz （2022）. What comes down must go up: Why fluctuating renewable energy does not necessarily increase electricity spot price variance in Europe. *Energy Economics*, 106069. https: //www. sciencedirect. com/science/article/pii/S0140988322002353.

［77］Shirizadeh, Behrang, and Philippe Quirion （2021）. Low-carbon options for the french power sector: What role for renewables, nuclear energy and carbon capture and storage? *Energy Economics*, 95: 105004. https: //www. sciencedirect. com/science/article/pii/S0140988320303443 （March 30, 2022）.

［78］Sneum, Daniel Møller, Mario Garzón González, and Juan Gea-Bermúdez （2021）. Increased heat-electricity sector coupling by constraining biomass use? *Energy*, 222: 119986. https: //www. sciencedirect. com/science/article/pii/S0360544 221002358 （June 21, 2022）.

［79］Welder L., Ryberg D. S., Kotzur L., Grube T., Robinius M., Stolten D. （2018）. Spatio-temporal optimization of a future energy system for power-to-hydrogen applications in Germany. Energy, 158, 1130 - 1149. https: //doi. org/10. 1016/j. energy. 2018. 05. 059.

［80］Ueckerdt, Falko, et al. （2021）. Potential and risks of hydrogen-based e - fuels in climate change mitigation. *Nature Climate Change*, 11 （5）: 384 - 393. https: //www. nature. com/articles/s41558 - 021 - 01032 - 7 （May 31, 2022）.

# 第7章

［81］Paul S., Shankar S. （2022）. Regulatory reforms and the efficiency and productivity growth in electricity generation in OECD countries. *Energy Economics*, 108, 105888. https：//doi. org/10. 1016/j. eneco. 2022. 105888.

［82］Ritov I. , Baron J. （1992）. Status-quo and omission biases. *Journal of Risk and Uncertainty*, 5 （1）：49-61.

［83］Rogoff K. , Yang Y. （2020）. *Peak China housing* （No. w27697；p. w27697）. National Bureau of Economic Research. https：//doi. org/10. 3386/w27697.

［84］Zhang S. , Qin X. （2016）. Promoting large and closing small in China's coal power sector 2006-2013：A $CO_2$ mitigation assessment based on a vintage structure. *Economics of Energy & Environmental Policy*, 5 （2）：85-100.

［85］中国电力企业联合会（2015）. 电力史话. 社会科学文献出版社.

［86］中国电力企业联合会（2022）. 中国电力行业年度发展报告 2022. 中国建材工业出版社.

### 第 8 章

［87］Mays J. , Jenkins J. D. （2021）. *Electricity Markets under Deep Decarbonization*, 37.

［88］Price L. , Levine M. D. , Zhou N. , Fridley D. , Aden N. , Lu H. , McNeil M. , Zheng N. , Qin Y. , Yowargana P. （2011）. Assessment of China's energy-saving and emission-reduction accomplishments and opportunities during the 11th Five Year Plan. *Energy Policy*, 39 （4）：2165-2178. https：//doi. org/10. 1016/j. enpol. 2011. 02. 006.

［89］Zhang S. , & Qin X. （2016）. Promoting large and closing small in China's coal power sector 2006-2013：A $CO_2$ mitigation assessment based on a vintage structure. *Economics of Energy & Environmental Policy*, 5 （2）：85-100.

［90］中国电力企业联合会（CEC）（2011）. 中国电力行业年度发展报告 2011. https：//news. bjx. com. cn/html/20110309/272399-2. shtml.

［91］叶泽（2020）. 电力电量平衡的经济学分析. 中国电力企业管理. https：//mp. weixin. qq. com/s/VHDxol8v4bgarq5uDEAxxg.

［92］张希良，齐晔（2017）. 中国低碳发展报告. https：//www. pishu. com. cn/skwx_ps/bookdetail? SiteID=14&ID=9339071.

［93］张树伟，谢茜，殷光治（2016）. 中国实现风电 5%、20%、40% 份额的关键因素—— 一个基于系统（净）持续负荷曲线的框架. 内部报告.

## 第 9 章

［94］Hirth L., Ziegenhagen I. （2015）. Balancing power and variable renewables: Three links. *Renewable and Sustainable Energy Reviews*, 50: 1035 – 1051. https://doi.org/10.1016/j.rser.2015.04.180.

［95］Hogan W. W. （1998）. Competitive electricity market design: A wholesale primer. *December, John F. Kennedy School of Government, Harvard University.*

［96］Joskow P. L. （2019）. Challenges for wholesale electricity markets with intermittent renewable generation at scale: The US experience. *Oxford Review of Economic Policy*, 35 （2）: 291-331. https://doi.org/10.1093/oxrep/grz001.

［97］Lara J. D., Henriquez-Auba R., Callaway D. S., Hodge B.-M. （2021）. AGC simulation model for large renewable energy penetration studies. 2020 *52nd North American Power Symposium* （*NAPS*）, 1-6. https://doi.org/10.1109/NAPS 50074. 2021.9449687.

## 第 10 章

［98］Heilmann S., Perry E. J. （2011）. *Embracing Uncertainty: Guerrilla Policy Style and Adaptive Governance in China*, 38.

［99］Levi P. J., Kurland S. D., Carbajales-Dale M., Weyant J. P., Brandt A. R., Benson S. M. （2019）. Macro-Energy Systems: Toward a New Discipline. *Joule*, 3 （10）: 2282-2286. https://doi.org/10.1016/j.joule.2019.07.017.

［100］冯永晟（2020）. 电力体制改革 20 年的政策演化. https://news.bjx.com.cn/html/20170329/817365-2.shtml.

## 第 11 章

［101］Heptonstall P. J., Gross R. J. （2021）. A systematic review of the costs and impacts of integrating variable renewables into power grids. *Nature Energy*, 6 （1）, 72-83.

［102］Hirth L. （2013）. The market value of variable renewables: The effect of solar wind power variability on their relative price. *Energy Economics*, 38: 218-236.

[103] Ueckerdt F., Hirth L., Luderer G., Edenhofer O. (2013). System LCOE: What are the costs of variable renewables? *Energy*, 63, 61-75.

[104] Weber P., Woerman M. (2022). *Decomposing the Effect of Renewables on the Electricity*, *Sector*. 45. In Review.

## 第 12 章

[105] Gruber K., Gauster T., Laaha G., Regner P., Schmidt J. (2022). Profitability and investment risk of Texan power system winterization. *Nature Energy*, 1-8. https://doi.org/10.1038/s41560-022-00994-y.

[106] Kaivo-oja J. (2012). Weak signals analysis, knowledge management theory and systemic socio-cultural transitions. *Futures*, 44 (3): 206-217.

[107] Kay J.A., King M.A. (2020). *Radical uncertainty*. Bridge Street Press.

[108] Oehmen J., Locatelli G., Wied M., Willumsen P. (2020). Risk, uncertainty, ignorance and myopia: Their managerial implications for B2B firms. *Industrial Marketing Management*, 88: 330-338.

[109] Ruhnau O., Qvist S. (2021). *Storage requirements in a 100% renewable electricity system: Extreme events and inter-annual variability*, 16.

[110] Stirling A. (2003). Renewables, sustainability and precaution: Beyond environmental cost-benefit and risk analysis. *Issues in Environmental Science and Technology*, 19: 113-134.

[111] Taleb N.N. (2007). Black swans and the domains of statistics. *The American Statistician*, 61 (3): 198-200.

## 第 13 章

[112] Hörsch Jonas, Fabian Hofmann, David Schlachtberger, and Tom Brown. (2018). PyPSA-Eur: An open optimisation model of the European transmission system. *Energy Strategy Reviews* 22: 207-215. http://arxiv.org/abs/1806.01613 (May 8, 2023).

[113] Luderer Gunnar, et al. (2022). Remind-Dieter Coupling (v1.1).

https：//publications. pik－potsdam. de/pubman/faces/ViewItemOverviewPage. jsp? item Id＝item_27383 （May 8，2023）．

［114］Sullivan Patrick，Volker Krey，and Keywan Riahi （2013）. Impacts of Considering Electric Sector Variability and Reliability in the MESSAGE Model. *Energy Strategy Reviews*，1 （3）：157－163. https：//linkinghub. elsevier. com/retrieve/pii/ S2211467X13000023 （May 8，2023）．

［115］Ueckerdt Falko，Robert Brecha，and Gunnar Luderer （2015）. Analyzing major challenges of wind and solar variability in power systems. *Renewable Energy* 81：1-10. https：//www. sciencedirect. com/science/article/pii/S09601481 15001846 （May 8，2023）．

［116］舒印彪等 （2021）. 我国电力碳达峰、碳中和路径研究. 中国工程科学，23 （6）．

## 结语

［117］Kahn A. E. （1988）. *The economics of regulation：Principles and institutions* （Vol. 1）. MIT Press.

［118］Knittel C. R. （2014）. The political economy of gasoline taxes：Lessons from the oil embargo. *Tax Policy and the Economy*，28 （1）：97－131. https：// doi. org/10. 1086/675589.

［119］Mays J.，Craig M.，Kiesling L.，Macey J.，Shaffer B.，Shu H. （2022）. *Private Risk and Social Resilience in Liberalized Electricity Markets*，24.

［120］Tirole J. （2017）. *Economics for the common good.*

# 进一步阅读

------------------------------------------------------------

## 网络资源

- 电力数据可视化资源

德国电力结构数据：https：//www. smard. de.

欧盟（EU）天然气进口：https：//ec. europa. eu/eurostat/statistics-explained/index. php？title=File：Extra-EU_imports_of_natural_gas_by_partner. png.

欧洲天然气进口库存动态：https：//agsi. gie. eu/graphs/DE.

电力交易所 EPEX 每日竞价结果：https：//www. epexspot. com/en/market-data？data_mode=map&modality=Auction&sub_modality=DayAhead&product=60&delivery_date=2022-08-04&trading_date=2022-08-03.

Powernext 交易所天然气竞价结果：https：//www. powernext. com/spot-market-data.

- 风光水电出力

https：//www. renewables. ninja/.

https：//power. larc. nasa. gov/.

- 电力数据透明度平台

欧盟：https：//transparency. entsoe. eu/.

法国：https：//www. rte-france. com/eco2mix/la-consommation-delectricite-en-france.

美国加利福尼亚州：http：//www. caiso. com/TodaysOutlook/Pages/prices. html.

英国：https：//www. gridwatch. templar. co. uk/.

EEX 交易所：https：//www. eex-transparency. com/power.

第三方 API 汇总平台：https：//www. gridstatus. io/.

- 基于 Crowdsource 的电网拓扑

开放街道地图：https：//www. openstreetmap. org/# map = 5/51. 330/10. 453

Opengrid map：https：//github. com/OpenGridMap.

- 电力系统开源模型模拟平台

Pypsa 开源软件平台：https：//github. com/PyPSA/PyPSA.

零碳电力结构优化：https：//model. energy/.

Jump 模型框架：https：//jump. dev/JuMP. jl/v0. 21. 1/index. html.

DIW Dieter 模型开源工具：https：//www. diw. de/de/diw_ 01. c. 599753. de/
modelle. html#ab_ 599749.

可再生与电力价格：https：//emp. lbl. gov/renewables-and-wholesale-electric-ity-prices-rewep.

Power to X 全球图景 https：//maps. iee. fraunhofer. de/ptx-atlas/.

未来控制调度中心：https：//www. nrel. gov/grid/control-room. html.

- 其他

中国电煤指数：http：//www. imcec. cn/zgdm.